新工科建设之路·计算机类规划教材

高等学校应用型特色规划教材

计算机网络技术与实践

成宝芝　伞　兵　主编

电子工业出版社

Publishing House of Electronics Industry

北京·BEIJING

内 容 简 介

本书以项目式教学内容为主线，分为基础篇、任务篇和拓展篇，详细阐述了当前主流的计算机网络技术及其实践操作。具体内容包括网络基础知识、IPv4、交换机、VLAN、路由协议、IPv6 等。

作为一本按照行业、企业标准编写的校企合作教材，本书在具体网络环境下深入讨论以太网和互联网的基本原理、算法、协议及各协议间的相互作用过程，既有理论总结，又有应用实例，理论与实践紧密结合，实用性强。本书结合当前主流厂家的交换机和路由器设备，向读者介绍完整、深入的路由和交换技术，使读者能够学以致用，较全面地学习路由与交换的基本理论和实用技术，掌握路由器与交换机的配置方法，增强对中小型网络的管理与维护能力和工程实践能力。

本书内容丰富，实例众多，结构合理，适合作为本科院校、高职高专院校计算机网络相关课程的教材，也可供网络工程技术人员参考。

图书在版编目（CIP）数据

计算机网络技术与实践/成宝芝，伞兵主编. —北京：电子工业出版社，2020.2
ISBN 978-7-121-37703-7

Ⅰ. ①计⋯ Ⅱ. ①成⋯ ②伞⋯ Ⅲ. ①计算机网络－高等学校－教材 Ⅳ. ①TP393

中国版本图书馆 CIP 数据核字（2019）第 237517 号

责任编辑：刘　瑀
印　　刷：大厂聚鑫印刷有限责任公司
装　　订：大厂聚鑫印刷有限责任公司
出版发行：电子工业出版社
　　　　　北京市海淀区万寿路 173 信箱　邮编：100036
开　　本：787×1 092　1/16　印张：15　字数：408 千字
版　　次：2020 年 2 月第 1 版
印　　次：2022 年 6 月第 4 次印刷
定　　价：49.00 元

凡所购买电子工业出版社图书有缺损问题，请向购买书店调换。若书店售缺，请与本社发行部联系，联系及邮购电话：（010）88254888，88258888。

质量投诉请发邮件至 zlts@phei.com.cn，盗版侵权举报请发邮件至 dbqq@phei.com.cn。

本书咨询联系方式：liuy01@phei.com.cn。

前言

正在到来的第四次工业革命，使人类进入智能化时代，人们的工作和生活方式都将发生巨大的变化。为了适应未来科技的发展，人们需要掌握各类信息通信技术，其中计算机网络技术具有重要作用。从 1969 年美国的阿帕网（ARPANET）开始，人类在计算机网络方面的探索已经有 50 多年了，形成了较完备的计算机网络理论和技术标准，对这些网络理论及技术标准的掌握和理解，已经成为当前相关专业大学生和工程技术人员的必备能力。

为了满足人们学习和掌握计算机网络技术的需求，多年来，已经出版了各类计算机网络的相关教材，每部教材都从不同角度阐述了计算机网络的原理和技术，以便适应不同层次读者的需要。近年来，国内高等教育进入了一个新的发展阶段，应用型本科高校作为一个独立的人才培养序列已经成为社会的共识。应用型本科高校培养的是具备创新能力的应用型人才，这就要求高校在课程建设和师资力量支撑上满足这样的需要。其中，符合应用型人才培养的教材是重中之重，特别是 2017 年 2 月以来，教育部推进"新工科"建设，急需编写和出版符合新的人才培养要求的教材。目前，完全满足这一需求的教材并不多见。因此，作者在参阅大量的国内外计算机网络教材、总结教学经验的基础上，编写了这本适合应用型本科人才培养的教材。作为一本按照行业、企业标准编写的校企合作教材，本书以"实用、有效、先进"为原则，在内容上注意了广泛性、先进性和实用性。本书能够使读者了解计算机网络的基础知识，了解 OSI 参考模型与 TCP/CP 协议族的概念、理论知识和层次结构，理解常用网络的基本框架设计思路，熟悉各种网络设备的功能和区别，掌握常用网络设备的配置、管理和维护，具备对数据硬件设备进行安装、维护的动手能力，具备独自配置交换机和路由器进行通信的能力；同时为读者以后从事通信和计算机领域的工作打下扎实的理论与实践基础。

全书分为 9 个项目，以项目式教学内容为主线，分为基础篇、任务篇和拓展篇，详细阐述了当前主流的计算机网络技术及其实践操作。项目 1 是初识计算机网络，通过两个教学任务使读者熟悉计算机网络的拓扑结构和性能指标，能够通过网络性能指标评判网络的质量；项目 2 是解构网络协议框架，通过两个教学任务使读者掌握 OSI 参考模型和 TCP/IP 协议族；项目 3 是 IPv4 地址规划，通过两个教学任务使读者掌握 IPv4 编址的方法、IPv4 地址的分类，熟悉可变长子网掩码，学会进行 IPv4 地址规划设计；项目 4 是网络基础设备操作，通过两个教学任务使读者掌握网络设备交换机和路由器的使用、配置和维护；项目 5 是搭建局域网，通过 3 个教学任务使读者掌握 VLAN、STP 和链路聚合的基本工作原理和配置，学会进行交换网络环境的搭建设计；项目 6 是如何实现网络间的互通，通过 4 个教学任务使读者掌握 RIP、OSPF 和静态路由的配置、部署方式，学会应用动态路由协议组建网络；项目 7 是常用网络技术的研究，通过 4 个教学任务使读者掌握 ACL、NAT、DHCP 的配置方式，学会应用 VRRP 组建高可靠性网络；项目 8 是认识 BGP 协议，通过 3 个教学任务使读者熟悉 BGP 的报文类型与连接状态，掌握 BGP 的路由通告原则与通告方式；项目 9 是 IPv6 技术及应用，通过 5 个教学任务使读者掌握 IPv6 的配置，熟悉从 IPv4 到 IPv6 的过渡技术。

本书由大庆师范学院成宝芝副教授和北京华晟经世信息技术有限公司工程师伞兵主编，成宝芝完成了从项目 6 的 6.4 到项目 9 的全部内容，伞兵完成了从项目 1 到项目 6 的 6.3 的全部内容。全书由伞兵完成统稿工作。感谢大庆师范学院校教材基金项目和北京华晟经世信息技术有限公司提供的支持。本书部分内容参考了中兴通讯 NC 教育管理中心技术人员编写的相关资料，这里一并表示感谢。

由于编者水平有限，且计算机网络技术尚在不断发展和完善之中，书中难免存在一些错误和问题，希望读者批评指正。

编　者

目录

基 础 篇

任 务 篇

拓　展　篇

VII

基础篇

Part 1

初识计算机网络

【项目引入】

刚刚走出校园、步入社会的年轻人，他们的内心总是既彷徨又期待。通信专业的小李毕业后进入某大型跨国企业成为一名网络技术人员，主要负责维护公司的路由交换设备。为了使他能尽早上岗，成为一名合格的网络技术人员，主管领导要求小李提升对计算机网络的整体认知，尽快在短时间掌握网络基础知识。

小李：我天天上网，这些基础知识没必要学习了吧？

主管：你天天用宽带上网，问你个问题，家里办理宽带的"10 兆带宽"指的是什么？

小李：这个，我不知道。

主管：看来你还是要从计算机网络基础入手，好好学习啊！

本项目能够帮助小李了解计算机网络的基础知识，主管提到的问题，小李通过本章可以找到答案。

【学习目标】

1．识记：计算机网络的定义及分类。
2．领会：计算机网络的拓扑结构和性能指标。
3．应用：通过计算机网络的性能指标评判网络的质量。

1.1 任务 1：认知计算机网络

1.1.1 计算机网络的定义和功能

计算机网络由一组计算机及相关设备与传输介质组成，通过计算机网络，计算机之间可以相互通信，交换信息，共享外部设备（如硬盘与打印机），共享存储能力与处理能力，并可以访问远程主机或其他网络。我们通常所说的数据通信网络就是计算机网络。

一般来说，计算机网络可以提供以下主要功能。

1．资源共享

计算机网络的出现使资源共享变得很简单，通信的双方可以跨越空间的障碍，随时随地传递信息。

2．信息传输与集中处理

数据可以通过网络传递到服务器中，由服务器集中处理后再送回到终端。

3．负载均衡与分布处理

举一个典型的例子：一个大型 ICP（Internet 内容提供商）为了支持更多的用户访问其网站，在全世界多个地方放置了相同内容的 WWW（World Wide Web）服务器，通过一些技术能够实现使不同地域的用户看到离他最近的服务器上的相同页面，实现各服务器的负荷均衡，同时节省了用户的访问时间。

4．综合信息服务

计算机网络的一大发展趋势是多维化，即在一套系统上提供集成的信息服务，包括政治、经济等方面的信息资源，同时还提供多媒体信息，如图像、语音、动画等。在多维化发展的趋势下，许多网络应用的新形式不断涌现，如电子邮件（E-mail）、视频点播（Video On Demand，VOD）、电子商务（E-Commerce）、视频会议（Video Conference）等。

1.1.2　计算机网络的演进

截至目前，计算机网络的演进可以分为四个阶段，如图 1.1 所示。阶段一：单终端系统与多终端系统。阶段二：计算机网络——多机系统。阶段三：互联网——多网络系统。阶段四：物联网等其他以互联网为核心和基础的网络。

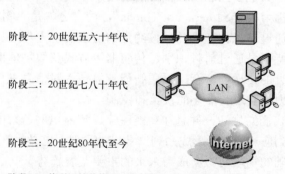

图 1.1　计算机网络的演进

阶段一：单终端系统与多终端系统

早期的计算机由于功能不强、体积庞大，是单机运行的，需要用户到机房上机。为解决不便，人们在远离计算机的地方设置远程终端，并在计算机上增加通信控制功能，经线路连接输送数据，进行批处理，这就产生了具有通信功能的单终端（联机）系统。1952 年，美国半自动地面防空系统的科研人员首次研究把远程雷达或其他测量设备的信息通过通信

3

线路汇接到一台计算机上，进行集中处理和控制。

20 世纪 60 年代初，美国航空公司与 IBM 联手研究并首先建成了由一台计算机及遍布全美 2000 多个终端组成的美国航空订票系统。在该系统中，各终端采用多条线路与中央计算机连接。美国航空订票系统的特点是出现了通信控制器和前端处理机，采用实时、分时与分批处理的方式，提高了线路的利用率，使通信系统发生了根本变革。从严格意义上讲，阶段一中远程终端与分时系统的主机相连的形式并不能视为计算机网络。

阶段二：计算机网络——多机系统

1969 年 9 月，美国国防部高级研究计划管理局和十几个计算机中心一起研制出了阿帕网（Advanced Research Projects Agency Network，ARPANET），该网的目的是将若干大学、科研机构和公司的多台计算机连接起来，实现资源共享。ARPANET 是第一个较为完善地实现了分布式资源共享的网络。20 世纪 70 年代后期，在全世界已经出现了众多的计算机网络，并且各个计算机网络均为封闭状态。

国际标准化组织在 1977 年开始着手研究网络互连问题，并在不久以后，提出了一个能使各种计算机在世界范围内进行互连的标准框架，也就是开放系统互连（Open System Interconnect，OSI）参考模型。

阶段三：互联网——多网络系统

互联网（Internet）是全球范围的计算机网络，它属于网络—网络的系统。目前，互联网采用 TCP/IP 协议，使网络可以在 TCP/IP 体系结构和协议规范的基础上进行互连。

1983 年，加州大学伯克利分校开始推行 TCP/IP 协议，并建立了早期的互联网。20 世纪 90 年代，互联网进入了高速发展时期。到了 21 世纪，互联网的应用越来越普及，互联网已进入我们生活的方方面面。

阶段四：物联网等其他以互联网为核心的网络

物联网的英文名称为"The Internet of Things"，简言之就是"物物相连的互联网"。

物联网的定义：通过信息传感设备，按约定的协议实现人与人、人与物、物与物全面互联的网络。其主要特征是通过射频识别、传感器等方式获取物理世界的各种信息，结合互联网等网络进行信息的传送与交互，采用智能计算技术对信息进行分析处理，从而提高对物质世界的感知能力，实现智能化的决策和控制。

物联网已经进入我们的生活，并且在智能医疗、智能电网、智能交通、智能家居、智能物流等多个领域得到应用，在其形成系列产业链的同时，也必将产生大规模的创业效益。以互联网为核心和基础的物联网将会成为未来的主要发展趋势。

📖 **大开眼界——ARPANET 的由来**

1962 年，加勒比海地区发生了一场震惊世界的古巴导弹危机。它是由 1959 年美国在意大利和土耳其部署的中程弹道导弹雷神导弹和朱比特导弹引起的。苏联为了扳回战略劣势，而在古巴部署导弹。这是冷战期间美、苏两大国之间一次激烈的对抗，史称古巴导弹危机。鉴于此，为防止在未来的战争中，己方的指挥系统受到核武器的打击，当时的美国总统艾森豪威尔指示美国国防部组建 ARPANET，进行战时指挥系统的研究。

1.2 任务2：了解网络基础知识

1.2.1 计算机网络的分类

按照覆盖范围，计算机网络可以分为局域网（LAN）、城域网（MAN）和广域网（WAN）。

局域网是一个高速数据通信系统，它在较小的区域内将若干独立的数据设备连接起来，使用户共享计算机资源。局域网的地域范围一般只有几千米。局域网的基本组成包括服务器、客户机、网络设备和通信介质。通常，局域网的线路和网络设备是由用户所在公司或组织拥有、使用和管理的。

局域网的特点如下。

1）覆盖范围有限。

2）实现资源共享、服务共享。

3）维护简单。

4）组网开销低。

5）主要传输介质为双绞线，少量使用光纤。

城域网在地域范围和数据传输速率两方面与局域网不同，其地域范围为从几千米至几百千米，数据传输速率为从几 Kb/s 到几 Gb/s。城域网能向分散的局域网提供服务。对于城域网最好的传输介质是光纤，因为光纤能够满足城域网在数据、声音、图形和图像业务上的性能要求。

城域网的特点如下。

1）组网方式相对复杂。

2）组网开销大。

3）实现资源共享。

4）主要传输介质为光纤。

5）提供高速率、高质量的数据传输。

广域网的地域范围为从几百千米至几千千米，由终端设备、节点交换设备和传送设备组成。一个广域网的骨干网络常采用分布式网络的网状结构，在本地网和接入网中通常采用树形或星形连接。广域网的线路与设备的所有权与管理权一般属于电信服务提供商，而不属于用户。

广域网的特点如下。

1）适应大容量与突发性、通用性的要求。

2）适应综合业务服务要求。

3）具备完善的通信服务与网络管理功能。

4）提供高速率、高质量的数据传输。

5）主要传输介质为光纤。

6）提供冗余措施。

目前，互联网发展迅速，互联网是由许多小的网络（子网）互连而成的一个逻辑网，每个子网中连接着若干台计算机（主机）。互联网以相互交流信息、资源为目的，基于一些共同的协议，并通过许多路由器和公共互联网相互连接而成。

1.2.2 计算机网络的性能指标

计算机网络的性能指标主要包含速率、带宽、吞吐量、时延、往返时间（RTT）等。

1. 速率

在计算机网络中，速率是指连接在计算机网络上的主机在数字信道上的传输速率，也称为数据率或比特率。速率的单位是 bit/s（比特每秒，也写为 b/s、bps）。

◀》 **小提示**

比特（bit）是计算机中数据量的单位，比特来源于 Binary Digit，意思是一个"二进制数字"，因此一比特就是二进制数字中的一个 1 或 0。

2. 带宽

在计算机网络中，带宽用来表示网络的通信线路传送数据的能力，因此带宽是指在单位时间内从网络中的某一点到另一点所能通过的"最高数据率"。

带宽的单位也是 bit/s，常用的带宽单位有：

1）千比特每秒，即 Kb/s，也常写为 Kbps；

2）兆比特每秒，即 Mb/s，也常写为 Mbps；

3）吉比特每秒，即 Gb/s，也常写为 Gbps；

4）太比特每秒，即 Tb/s，也常写为 Tbps。

◀》 **小提示**

家用的 2M 带宽，为什么下载速度最高只有 256KB/s？2Mb/s 中 b 是小写的，意思是 bit，8bit 是 1 字节（Byte），也就是大写的 B，所以 2Mb/s=2048Kb/s=256KB/s。

---

3. 吞吐量

吞吐量表示在单位时间内实际通过某个网络（或信道接口）的数据量。吞吐量经常用于现实世界中的网络测量，以便得到实际到底有多少数据能通过网络，吞吐量的单位也是 bit/s。

◀》 **小提示**

举个简单的例子，打开"Windows 任务管理器"窗口，在"联网"选项卡下，"线路速度"是传输介质可提供的最大带宽，"网络使用率"乘以"线路速度"就是实际吞吐量。显然，由于受到带宽或速率的限制，实际的网络吞吐量远远小于传输介质本身可以提供的最大带宽。

---

4. 时延

时延是指数据从网络的一端传送到另一端所需的时间。时延包括发送时延、传播时延、处理时延和排队时延。

1）发送时延：主机或路由器发送报文所需要的时间，也就是从发送报文的第一个比特开始，到最后一个比特发送完毕为止所需的时间，因此发送时延也称传输时延。

2）传播时延：信号在信道中传播一定的距离需要花费的时间。

3）处理时延：主机或路由器在收到报文时，进行存储转发处理需要花费的时间。

4）排队时延：报文在进入路由器后，要先在输入队列中排队等待处理，在路由器确定转发接口后，还要在输出队列中排队等待转发，这样就产生了排队时延。

因此，数据在网络中经历的总时间，也就是总时延，等于上述的四种时延之和：

总时延=发送时延+传播时延+处理时延+排队时延

◄» 小提示

对于高速网络，我们提高的仅仅是数据的发送速率而不是比特在线路上的传播速率。通常所说的"光纤信道的传输速率高"指的是光纤信道发送数据的速率很快，而光纤信道的实际传输速率比铜线还要低一点。

5. 往返时间（RTT）

RTT 也是一个非常重要的指标，它表示从发送方发送报文开始，到发送方收到来自接收方的确认为止经历的时间；RTT 还包括中间各节点的处理时延、排队时延及转发报文时的发送时延。

◄» 小提示

严格地说，Ping 命令是在 TCP/IP 协议中的三层与四层之间，利用定时器来计算 ICMP 分组的 RTT。

1.2.3　计算机网络的拓扑结构

1. 星形网络

星形网络的每一个终端均通过单一的传输线路与中心交换节点相连，具有结构简单、建网容易且易于管理的特点，其缺点是中心设备负载过重，一旦发生故障，整个网络都将处于瘫痪状态。另外，每一个终端均有专线与中心交换节点相连，使线路利用率不高，信道容量浪费较大。星形网络拓扑结构如图 1.2 所示。

2. 树形网络

树形网络是一种分层网络，适用于分级控制系统。树形网络的同一线路可以连接多个终端，与星形网络相比，具有节省线路、成本较低和易于扩展的特点，其缺点是对高层节点的要求较高。树形网络拓扑结构如图 1.3 所示。

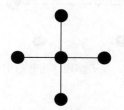

图 1.2　星形网络拓扑结构

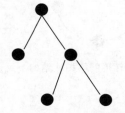

图 1.3　树形网络拓扑结构

3．分布式网络

分布式网络是由分布在不同地点且具有多个终端的节点互连而成的。网络中任意一个节点均至少与两条线路相连，当任意一条线路发生故障时，通信可转经其他线路完成，具有较高的可靠性。同时，分布式网络易于扩展，其缺点是网络控制机构复杂，线路增多使成本增加。分布式网络拓扑结构如图1.4所示。

分布式网络又称网型网络，较有代表性的网型网就是全连通网络。可以计算，一个具有 N 个节点的全连通网需要 $N*(N-1)$ 条线路，这样，当 N 较大时，传输线路数很大，而传输线路的利用率较低，因此，在实际应用中，一般不选择全连通网络，而是在保证可靠性的前提下，尽量减少冗余、降低造价。

4．总线型网络

总线型网络通过总线把所有节点连接起来，从而形成一条信道。总线型网络的结构比较简单，扩展十分方便，该网络常用于计算机局域网中。总线型网络拓扑结构如图1.5所示。

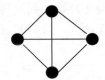
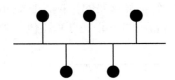

图 1.4　分布式网络拓扑结构　　　　图 1.5　总线型网拓扑结构

5．环形网络

在环形网络中，各节点经环路连成环形。信息流一般为单向，线路是公用的，采用分布控制方式。这种结构常用于计算机局域网中，有单环和双环之分，双环的可靠性明显优于单环。环形网络拓扑结构如图1.6所示。

6．复合型网络

复合型网络是现实世界中常见的组网方式，其典型特点是将分布式网络与树形网络结合起来。例如，可在计算机网络中的骨干网部分采用分布式网络结构，而在基层网中采用树形网络结构，这样既提高了网络的可靠性，又节省了线路成本。复合型网络拓扑结构如图1.7所示。

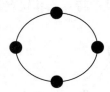
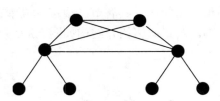

图 1.6　环形网络拓扑结构　　　　图 1.7　复合型网络拓扑结构

1.2.4　计算机网络的相关标准化组织

在计算机网络的发展过程中有许多国际标准化组织做出了重大贡献，统一了网络的标准，使各个网络产品厂家生产的产品可以相互连通。

1．国际标准化组织（ISO）

ISO 成立于 1947 年，是世界上最大的国际标准化专门机构。ISO 的宗旨是在世界范围内促进标准化工作的发展，其主要活动是制定国际标准，协调世界范围内的标准化工作。ISO 标准的制定过程要经过四个阶段，即工作草案、建议草案、国际标准草案和国际标准。

2．国际电信联盟（ITU）

ITU 成立于 1932 年，其前身为国际电报联合会。ITU 的宗旨是维护与发展成员国间的国际合作以改进和共享各种电信技术；帮助发展中国家大力发展电信事业；通过各种手段促进电信技术设施和电信网的改进与服务；管理无线电频带的分配和注册，避免各国电台的互相干扰。

国际电信联盟的电信标准部（ITU-T）是一个开发全球电信技术标准的国际组织，也是 ITU 的 4 个常设机构之一。ITU-T 的宗旨是研究与电话、电报、电传运作和关税有关的问题。ITU-T 对国际通信用的各种设备及规程的标准化分别制定了一系列建议书，具体包括如下。

F 系列：有关电报、数据传输和远程信息通信业务的建议书。

I 系列：有关数字网的建议书（含 ISDN）。

T 系列：有关终端设备的建议书。

V 系列：有关在电话网上的数据通信的建议书。

X 系列：有关数据通信网络的建议书。

3．电气和电子工程师协会（IEEE）

电气和电子工程师协会（IEEE）是世界著名的非营利性的专业性组织，其工作主要是开发通信和网络标准。IEEE 制定的关于局域网的标准已经成为当今主流的标准。

4．美国国家标准学会（ANSI）

美国在 ISO 中的代表是 ANSI，实际上该组织与其名称不相符，它是一个私人的非政府、非营利性组织，其研究范围与 ISO 相对应。

5．美国电子工业协会（EIA）

美国电子工业协会（EIA）曾经制定过许多有名的标准，是一个电子传输标准的解释组织。EIA 开发的 RS-232 和 ES-449 标准在数据通信设备中被广泛使用。

6．Internet 工程任务组（IETF）

IETF 成立于 1986 年，是推动 Internet 标准规范制定的最主要的组织之一。对于虚拟网络世界的形成，IETF 起到了十分重要的作用。除 TCP/IP 外，几乎所有互联网的基本技术都是由 IETF 开发或改进的。IETF 创建了网络路由、管理、传输标准，这些正是互联网赖以生存的基础。

IETF 是一个开放性国际组织，由网络设计师、运营者、服务提供商和研究人员等组成，致力于互联网架构的发展。大多数 IETF 的实际工作是由其工作组完成的，这些工作组又根据主题的不同划分到若干领域，如网络路由、传输、安全等。

7．Internet 架构委员会（IAB）

Internet 架构委员会负责定义整个互联网的架构，负责向 IETF 提供指导，是 IETF 的最高技术决策机构。

8．Internet 上的 IP 地址编号机构（IANA）

Internet 上的 IP 地址和 AS 号码分配是分级进行的。IANA 是负责全球互联网上的 IP 地址编号分配的机构。按照 IANA 的要求，将部分 IP 地址分配给地区级的互联网注册机构 IR，地区级的 IR 负责该地区的登记注册服务。现在，全球一共有 3 个地区级的 IR：InterNIC、RIPENIC、APNIC，InterNIC 负责北美地区，RIPENIC 负责欧洲地区，亚太地区的 IP 地址和 AS 号码分配由 APNIC 管理。

思考与练习

1．按照地域范围，常见的计算机网络可以分为哪几类？

2．计算机网络组建好之后，怎样评价该网络的好坏？

3．计算机网络的发展经历了哪几个阶段？各阶段有什么特点？你觉得计算机网络以后的发展趋势是什么？

4．常见的网络拓扑结构有哪几种？各自有什么特点？

 实践活动：总结生活中常见网络拓扑结构

1．实践目的

1）了解计算机网络的拓扑结构。

2）掌握每种拓扑结构的优缺点。

2．实践要求

能够独立识别常见的计算机网络拓扑结构并了解每种拓扑结构的优缺点。

3．实践内容

找到 3 种以上常见的计算机网络拓扑结构，画出对应的拓扑结构图。

解构网络协议框架

【项目引入】

小李入职后，公司会经常安排技术人员考核。在一次考核中，公司上层领导向小李提出一个问题，在使用 QQ 进行聊天时，为什么是指定的好友的 QQ 收到消息，而不是其他 QQ 好友收到消息。小李没有回答上，于是咨询他的主管。

小李：这个问题到底是什么原因呢？

主管：在网络中传输数据时，需要在数据前面添加一些控制信息，以使数据能够正确地在网络中进行传输，类似我们生活中的寄快递行为，我们寄的物品是要传递的信息，快递的外包装和填写的运单等是控制信息，至于这些控制信息是什么，你要好好查看 OSI 参考模型和 TCP/IP 模型里面的内容了。

本项目介绍 OSI 参考模型和 TCP/IP 模型、数据的封装和解封装过程，可以帮助小李解决困惑。

【学习目标】

1. 领会：OSI 参考模型及数据封装、解封装过程。
2. 熟悉：TCP 和 UDP 的区别、OSI 参考模型和 TCP/IP 模型的区别。
3. 掌握：ARP、RARP 的工作原理，常见的 TCP/IP 模型中各层的协议。
4. 了解：TCP/IP 模型中各层报文格式。

2.1 任务 1：初识 OSI 参考模型

计算机网络问世以来，国际上各大厂商为了在计算机网络领域占据主导地位，顺应信息化潮流，纷纷推出了各自的网络架构体系和标准，例如，IBM 公司的 SNA、Novell 公司的 IPX/SPX 协议、Apple 公司的 AppleTalk 协议、DEC 公司的网络体系结构（DNA），以及广泛流行的 TCP/IP 协议。同时，各大厂商针对自己的协议生产出了不同的硬件和软件。各大厂商的共同努力无疑促进了网络技术的快速发展和网络设备种类的迅速增长。

但由于多种协议的并存，网络变得越来越复杂，而且厂商之间的网络设备大部分不能兼容，很难进行通信。为了解决网络之间的兼容性问题，帮助各个厂商生产出可兼容的网络设备，ISO 于 1984 年提出了 OSI 参考模型（开放系统互连参考模型）。OSI 参考模型很快成为计算机网络通信的基础模型。

📖 **大开眼界**

- 从计算机网络的硬件设备来看，除终端、信道和交换设备外，为了保证通信的正常进行，必须事先进行一些规定，而且通信双方要正确执行这些规定。我们把这种通信双方必须遵守的规定称为协议。
- 协议的要素包括语法、语义和定时。语法规定通信双方"如何讲"，即确定数据格式、数据码型、信号电平等；语义规定通信双方"讲什么"，即确定协议元素的类型，如规定通信双方要发出什么控制信息、执行什么动作、返回什么应答等；定时则规定事件执行的顺序，即确定通信过程中通信状态的变化，如规定正确的应答关系等。
- 层次和协议的集合称为网络的体系结构。OSI 参考模型作为一个框架来协调和组织各层协议的制定，也是对网络内部结构精练的概括与描述。

2.1.1 OSI 参考模型的层次结构

OSI 参考模型定义了开放系统的层次结构、层次之间的相互关系及各层所包含的可能的服务，如图 2.1 所示。它采用分层结构化技术，将整个网络的通信功能分为 7 层。由低至高分别为物理层、数据链路层、网络层、传输层、会话层、表示层、应用层。每一层都有特定的功能，并且下一层为上一层提供服务。其分层原则为：根据不同功能进行抽象的分层，每层都可以实现一个明确的功能，每层功能的制定都有利于明确网络协议的国际标准，层次明确，避免各层的功能混乱。

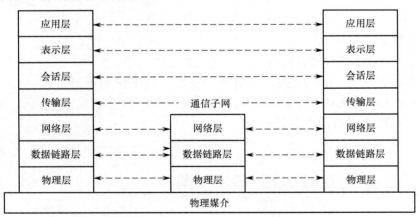

图 2.1 OSI 参考模型

具体的划分原则如下。

1）各节点都有相同的层次。

2）不同节点的同等层具有相同的功能。

3）同一节点内相邻层之间通过接口通信。

4）每一层使用下层提供的服务，并向其上层提供服务。

5）不同节点的同等层按照协议实现对等层之间的通信。

分层的好处是利用层次结构可以把开放系统的信息交换问题分解到不同的层中，各层可以根据需要独立进行修改或扩展，同时有利于不同制造厂家的设备互连，也有利于学习、理解数据通信网络。

在 OSI 参考模型中，各层的数据并不是从一端的第 N 层直接送到另一端的，而是第 N 层的数据在垂直的层次中自上而下地逐层传递至物理层，在物理层的两个端点进行物理通信，我们把这种通信称为实通信。而由于对等层的通信并不是直接进行的，因而称为虚拟通信。

OSI 参考模型具有以下优点。

1）简化了相关的网络操作。

2）提供即插即用的兼容性和不同厂商之间的标准接口。

3）使各个厂商能够设计出相互操作的网络设备，加快数据通信网络的发展。

4）防止一个区域网络的变化影响另一个区域的网络。

5）把复杂的网络问题分解为小的简单问题，易于学习和操作。

应该指出，OSI 参考模型只是提供了一个抽象的体系结构，从而根据它研究各项标准，并在这些标准的基础上设计系统。开放系统的外部特性必须符合 OSI 参考模型，而各个系统的内部功能是不受限制的。

2.1.2 OSI 参考模型各层的功能

在 OSI 参考模型中，不同层完成不同的功能，各层相互配合通过标准的接口进行通信。应用层、表示层和会话层合在一起常称为高层或应用层，其功能通常是由应用程序软件实现的；物理层、数据链路层、网络层、传输层合在一起常称为数据流层，其功能大部分是通过软硬件结合共同实现的。

1．应用层

应用层是 OSI 参考模型中的最高层，是直接面向用户以满足不同需求的层，是利用网络资源，向应用进程直接提供服务的层。应用层主要由用户终端的应用软件构成，常见的 Telnet、FTP、SNMP 等协议都属于应用层协议。

🔊 **小提示**

这里我们讨论的是网络应用进程，而不是通常主机上的应用程序（如 Word、PowerPoint 等）。

2．表示层

表示层主要解决用户信息的语法表示问题，它向上对应用层提供服务。表示层的功能是转换信息格式和编码，例如，将 ASCII 码转换成 EBCDIC 码等。此外，对传输的信息进行加密与解密也是表示层的任务之一。

🔊 **小提示**

表示层处于 OSI 参考模型中的第六层，简而言之，其任务就是为不同的通信系统制定一种相互都能理解的通信语言标准，这是因为不同的计算机体系结构使用的数据表示法不同，例如，IBM 公司的计算机使用 EBCDIC 编码，而大部分 PC 使用 ASCII 码。在这种情况下，便需要表示层来完成这种转换。除制定表示方法以外，表示层还可以规定传输的数据是否需要加密或压缩。从技术应用层面讲，这个过程一般由通信系统透明完成，用户的可操作性很少。

3．会话层

会话层的任务是提供一种有效的方法，以组织并协商两个表示层进程之间的会话，并管理他们之间的数据交换。会话层的主要功能是按照网络应用进程之间的原则，按照正确的顺序发/收数据，进行各种形态的对话，包括对对方是否有权参加会话的身份核实，以及保证选择功能方面的一致，如是选择全双工通信还是半双工通信。

📢 **小提示**

会话层为用户建立或删除会话，该层的服务可使网络应用进程建立和维持会话，并能使会话获得同步。从技术应用层面讲，这个过程一般由通信系统透明完成，用户的可操作性很少。

4．传输层

传输层可以为主机应用程序提供端到端的、可靠或不可靠的通信服务。

传输层的功能如下。

1）分割上层应用程序产生的数据。
2）在应用主机程序之间建立端到端的连接。
3）进行流量控制。
4）提供可靠或不可靠的服务。
5）提供面向连接与面向非连接的服务。

📢 **小提示**

传输层为 OSI 参考模型中的高层数据提供可靠的传输服务，并且它会将较大的数据段封装，分割成小块的数据段。因为较大的数据段在传输过程中容易造成很大的传输时延，如果传输失败，数据重传将花费很长时间，而将其分割成较小的数据段后，可以在很大程度上减小传输时延，提高传输效率。被分割成的较小的数据段会在信宿处进行有序重组，以还原成原始的数据。

5．网络层

网络层是 OSI 参考模型中的第三层，介于传输层与数据链路层之间，在数据链路层提供的服务上，进一步管理网络中的数据通信，将数据设法从源地址经过若干中间节点传输到目的地址，从而向传输层提供最基本的端到端的数据传输服务。网络层的关键技术是路由选择。

网络层的功能包括：定义逻辑源地址和逻辑目的地址，提供寻址的方法，连接不同的数据链路层等。

常见的网络层协议包括 IP 协议、IPX 协议和 Appletalk 协议等。

📢 **小提示**

IPX：Internetwork Packet Exchange Protocol（互联网分组交换协议）是一个专用的协议族，它主要由 Novell NetWare 操作系统使用。IPX 是 IPX 协议族中的第三层协议。IPX 协议与 IP 协议是两种不同的网络层协议，它们的路由协议也不一样，IPX 的路由协议不像 IP 的路由协议那样丰富，设置比较简单。Appletalk

（AT）是由 Apple 公司创建的一组网络层协议的名字，它用于 Apple 系列的个人计算机，支持网络路由选择、事务服务、数据流服务及域名服务，并且通过 Apple 硬件中的 LocalTalk 接口全面实现 Apple 系统间的文件和打印共享服务。

6. 数据链路层

数据链路层是 OSI 参考模型的第二层，它以物理层为基础，向网络层提供可靠的服务。

（1）数据链路层的主要功能

数据链路层主要负责数据链路的建立、维持和删除，并在两个相邻节点的线路上，将网络层送下来的数据包组成帧传输，每一帧包括数据和一些必要的控制信息。

数据链路层负责定义物理源地址和物理目的地址。在实际的通信过程中，依靠数据链路层的地址在设备间进行寻址。数据链路层的地址在局域网中是 MAC（媒体访问控制）地址，在不同的广域网链路层协议中采用不同的地址。例如，在 Frame Relay 中，数据链路层的地址为 DLCI（数据链路连接标识符）。

数据链路层负责定义网络拓扑结构，如以太网的总线型拓扑结构、交换式以太网的星形拓扑结构、令牌环的环形拓扑结构、FDDI 的双环形拓扑结构等。

数据链路层通常还定义帧的顺序控制、流量控制、面向连接或面向非连接的通信类型。

（2）MAC 地址（物理地址）

如图 2.2 所示，MAC 地址有 48 位，它可以转换成 12 位的十六进制数，这个数分成 3 组，每组有 4 个数字，中间以点分开。MAC 地址有时也称为点分十六进制数，一般被烧入 NIC（网络接口控制器）中。为了确保 MAC 地址的唯一性，IEEE 对 MAC 地址进行管理，规定每个地址由两部分组成，分别是供应商代码和序列号。供应商代码代表 NIC 制造商的名称，它占用 MAC 的前 6 位十六进制数字，即前 24 位二进制数字。序列号由设备供应商管理，它占用剩余的 6 位十六进制数字，即最后的 24 位二进制数字。若设备供应商用完了其所有的序列号，则必须申请另外的供应商代码。目前 ZTE 的 GAR 产品的 MAC 地址的前 6 位为 00.d0.d0。

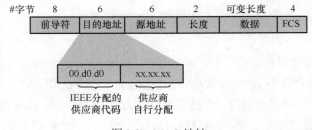

图 2.2　MAC 地址

📖 大开眼界

- MAC 地址是计算机网络中的硬件地址，用来定义网络设备的位置，属于 OSI 参考模型中的数据链路层，该地址被烧录到网卡的 ROM 中，换言之，在默认情况下这个地址是不可改写的，因此一个网卡会有一个全球唯一的 MAC 地址。
- 事实上，48 位的 MAC 地址由两部分组成，分别是机构唯一性标识（OUI）和扩展标识（EUI）。MAC 地址从左至右的前 24 位为 OUI，通常指示某个供应商，所以也称为公司标识，而后 24 位是由取得 OUI 的供应商在生产网卡时自行编码的，也就是 EUI，供应商只要保证在编码时不重复就可以了。OUI 标识是由网卡供应商向 IEEE 相关组织购买的。

（3）如何查找主机的 MAC 地址

第一种方式是在命令行窗口输入 ipconfig/all，按回车键，里面显示的 Physical Address 后面的信息就是主机的 MAC 地址，如图 2.3 所示。

第二种方法为在命令行窗口下输入 getmac，按回车键，可以查看主机的 MAC 地址，如图 2.4 所示。

```
C:\Program Files>ipconfig /all

Windows IP Configuration

        Host Name . . . . . . . . . . . . : X201
        Primary Dns Suffix  . . . . . . . :
        Node Type . . . . . . . . . . . . : Mixed
        IP Routing Enabled. . . . . . . . : Yes
        WINS Proxy Enabled. . . . . . . . : No

Ethernet adapter 无线连接:

        Connection-specific DNS Suffix  . :
        Description . . . . . . . . . . . : Intel(R) WiFi Link 1000 BGN
        Physical Address. . . . . . . . . : 00-26-C7-3D-AA-56
        Dhcp Enabled. . . . . . . . . . . : Yes
        Autoconfiguration Enabled . . . . : Yes
        IP Address. . . . . . . . . . . . : 192.168.97.198
        Subnet Mask . . . . . . . . . . . : 255.255.255.240
        Default Gateway . . . . . . . . . : 192.168.97.193
        DHCP Server . . . . . . . . . . . : 192.168.1.252
        DNS Servers . . . . . . . . . . . : 202.96.134.133
        Lease Obtained. . . . . . . . . . : 2012年1月13日 10:43:13
        Lease Expires . . . . . . . . . . : 2012年1月17日 10:43:13
```

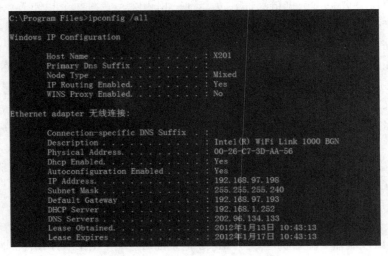

图 2.3　ipconfig /all 显示 MAC 地址

```
C:\Program Files>getmac

物理地址            传输名称
=================== ==========================================================
5C-FF-35-03-DB-DF   媒体被断开
00-26-C7-3D-AA-56   \Device\Tcpip_{0E7880D3-4681-4CA1-AC27-35DA93484C3A}
已停用              断开
```

图 2.4　getmac 显示 MAC 地址

7．物理层

物理层是 OSI 参考模型的第一层，也是最低层。在这一层中规定的既不是物理媒介，也不是物理设备，而是物理设备和物理媒介相连接时的一些方法和规定。物理层的功能是提供比特流传输。物理层提供用于建立、保持和断开物理接口的条件，以保证比特流的透明传输。

物理层协议主要规定了计算机或终端（DTE）与通信设备（DCE）之间的接口标准，包含接口的机械、电气、功能与规程四个方面的特性。物理层定义了媒介类型、连接头类型和信号类型。

小提示

RS-232 和 V.35 是同步串口的标准。

IEEE 802.3 是基于 CSMA/CD 的局域网的接入方法。

Ethernet 是 CSMA/CD 应用的一个实例。

2.1.3 OSI 数据封装过程

在 OSI 参考模型中，每一层接收到上层传递过来的数据后，都要将本层的控制信息加入数据单元的头部，一些层还要将校验和等信息加入数据单元的尾部，这个过程称为封装。

对于封装后的数据单元，每一层的叫法不同，在应用层、表示层、会话层统称为 Data（数据），在传输层称为 Segment（数据段），在网络层称为 Packet（数据包），在数据链路层称为 Frame（数据帧），在物理层称为 Bits（比特流），如图 2.5 所示。

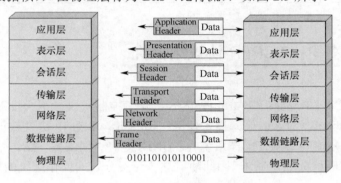

图 2.5   OSI 的数据封装

当数据到达接收端时，每一层读取相应的控制信息，根据控制信息中的内容向上层传递，在向上层传递之前去掉本层的控制头部信息和尾部信息（如果有），此过程称为解封装。这个过程逐层执行直至将对端应用层产生的数据发送给本端的相应的网络应用进程。

如图 2.6 所示，下面以用户浏览网站为例，说明数据的封装、解封装过程。

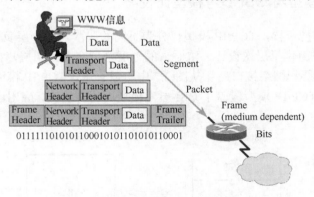

图 2.6   数据封装示例

步骤 1   当用户输入要浏览的网站信息后，由应用层产生相关的数据，通过表示层转换成为计算机可识别的 ASCII 码，再由会话层产生相应的主机进程传递给传输层。

步骤 2   传输层将以上信息作为数据并加上相应的端口号，以便目的主机辨别此数据，得知具体应由本机的哪个任务来处理。

步骤 3   在网络层加上 IP 地址，使数据能确认应到达具体哪台主机，再在数据链路层加上 MAC 地址，转成比特流信息，从而在网络上传输。

步骤 4   数据在网络上被各主机接收，主机通过检查目的 MAC 地址判断其是否是自己需要处理的数据。若 MAC 地址与自己需要的不一致，则丢弃该数据；若一致，则删掉 MAC 信息传输给网络层判断其 IP 地址。然后根据数据的目的端口号确定由本机的哪个进程来处理。

🔊 **小提示**

需要注意的是，由于种种原因，现在还没有一个完全遵循 OSI 参考模型的网络体系，但 OSI 参考模型的设计蓝图为我们更好地理解网络体系、学习计算机通信网络奠定了基础。

2.2 任务 2：TCP/IP 协议族探究

1973 年，TCP（Transfer Control Protocol，传输控制协议）正式投入使用；1981 年，IP（Internet Protocol，网际协议）投入使用；1983 年，TCP/IP 协议族正式被集成到美国加州大学伯克利分校的 UNIX 操作系统中。UNIX 这种"网络版"操作系统适应了当时各大学、机关、企业旺盛的连网需求，因此随着这个免费分发的操作系统的广泛使用，TCP/IP 协议族开始流行。

到 20 世纪 90 年代，TCP/IP 协议族已发展成计算机之间最常应用的连网形式。它是一个真正的开放系统，因为协议族的定义及其多种实现可以不用花钱或花很少的钱就可以公开地得到。

2.2.1 TCP/IP 模型与 OSI 参考模型比较

与 OSI 参考模型一样，TCP/IP 模型也分为不同的层次，每一层负责不同的通信功能。但是，TCP/IP 模型简化了层次设计，将原来的七层模型合并为四层，自顶向下分别是应用层、传输层、网络层和网络接口层。从图 2.7 中可以看出，TCP/IP 模型与 OSI 参考模型有清晰的对应关系，TCP/IP 模型覆盖了 OSI 参考模型的所有层次，应用层包含了 OSI 参考模型中三个高层。

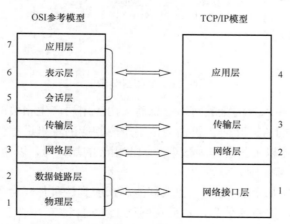

图 2.7 TCP/IP 模型与 OSI 参考模型比较

1．两种模型的相同点

1）两种模型都是分层结构，且工作模式一样，都需要层和层之间密切的协作关系。

2）两种模型都有应用层、传输层、网络层。

3）两种模型都使用包交换（Packet-Switched）技术。

2．两种模型的不同点

1）TCP/IP 模型把表示层和会话层归入了应用层。

2）TCP/IP 模型的结构比较简单，分层少。

3）TCP/IP 模型标准是在互联网的不断发展中建立的，基于实践；相比较而言，OSI 参考模型是基于理论的。

2.2.2　TCP/IP 协议族的层次结构

TCP/IP 协议族是由不同的网络层次的不同协议组成的，如图 2.8 所示。

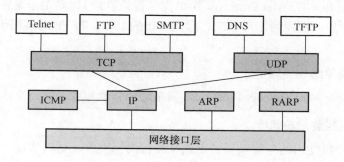

图 2.8　TCP/IP 协议族

网络接口层涉及在通信信道上传输的原始比特流，它规定了传输数据所需的机械、电气、功能及规程等特性，提供检错、纠错、同步等措施，使之对网络层提供一条无错线路，并且能进行流量控制。

网络层的主要协议有 IP、ICMP（Internet Control Message Protocol，互联网控制报文协议）、IGMP（Internet Group Management Protocol，互联网组管理协议）、ARP（Address Resolution Protocol，地址解析协议）和 RARP（Reverse Address Resolution Protocol，反向地址解析协议）等。

传输层的基本功能是为两台主机间的应用程序提供端到端的通信。传输层从应用层接收数据，并且在必要的时候把它分成较小的单元传递给网络层，并确保到达对方的各段数据正确无误。传输层的主要协议有 TCP、UDP（User Datagram Protocol，用户数据报协议）。

应用层负责处理特定的应用程序细节，显示接收到的数据，把用户的数据发送到低层，为应用程序提供网络接口。应用层包含大量常用的应用层协议，如 HTTP、Telnet、FTP（File Transfer Protocol）等。

2.2.3 TCP/IP 协议族的应用层协议

应用层为用户开发了各种应用程序，如文件传输、网络管理等，甚至包括路由选择。DNS（Domain Name System，域名系统）用于把网络节点中的易于记忆的名字转换为网络地址。

1. FTP 文件传输协议

FTP 是用于文件传输的应用层协议。FTP 支持一些文本文件（如 ASCII 文件、二进制文件等）和面向字节流的文件结构。FTP 使用传输层协议 TCP 在支持 FTP 的终端系统间执行文件传输，因此，FTP 被认为提供了可靠的、面向连接的服务，适用于远距离、可靠性较差线路上的文件传输。

2. TFTP 简单文件传输协议

TFTP（Trivial File Transfer Protocol，简单文件传输协议）也是用于文件传输的，但 TFTP 使用 UDP 提供服务，被视为不可靠的、面向连接的服务。TFTP 通常用于可靠的局域网内部的文件传输。

3. SMTP 简单邮件传输协议

SMTP（Simple Mail Transfer Protocol，简单邮件传输协议）支持文本邮件的传输。

4. Telnet 远程登录协议

Telnet 是客户机使用的与远端服务器建立连接的标准终端仿真协议。

5. SNMP 简单网络管理协议

SNMP（Simple Network Management Protocol，简单网络管理协议）负责网络设备的监控和维护，支持安全管理、性能管理等。

2.2.4 TCP/IP 协议族的传输层协议

传输层位于应用层和网络层之间，为终端主机提供端到端的连接及流量控制（由窗口机制实现）等。传输层协议有两种：TCP 和 UDP。虽然 TCP 和 UDP 都使用相同的网络层协议 IP，但是 TCP 和 UDP 却为应用层提供完全不同的服务。

1. TCP 传输控制协议

TCP 为应用程序提供可靠的、面向连接的通信服务，适用于要求得到响应的应用程序。目前，许多流行的应用程序都使用 TCP。

（1）TCP 报头格式

TCP 的整个报文由报头和数据两部分组成，TCP 报头格式如图 2.10 所示。

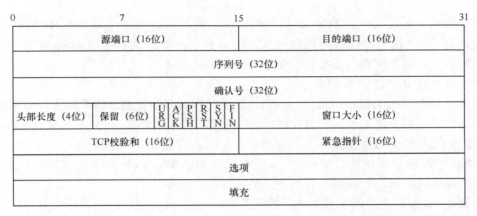

图 2.10　TCP 报头格式

1）源端口（Source Port）和目的端口（Destination Port）：用于标识和区分源端设备和目的端设备的应用程序。在 TCP/IP 协议族中，源端口和目的端口分别与源 IP 地址和目的 IP 地址组成套接字（Socket），唯一确定一个 TCP 连接。

2）序列号（Sequence Number）：用于标识 TCP 协议源端设备向目的端设备发送的字节流，它表示这个报文中的第一个数据字节。若字节流在两个应用程序间单向流动，则 TCP 用序列号对每字节进行计数。

3）确认号（Acknowledgement Number）：包含发送确认的一端所期望接收到的下一个序列号。因此，确认号应该是上次已成功收到的序列号加 1。

4）头部长度：占 4 位，指出 TCP 报头共有多少个字（4 字节），头部长度一般在 20~60 字节之间，所以，该字段值一般在 5~15 之间。

5）保留：占 6 位，保留为以后使用，但目前应置为 0。

6）URG：表示是否紧急，当 URG 为 1 时，表明紧急指针字段有效，它告诉系统此报文中有紧急数据，应尽快传输（相当于高优先级的数据）。

7）ACK：只有当 ACK 为 1 时，确认号才有效；当 ACK 为 0 时，确认号无效。

8）PSH（PuSH）：当收到 PSH=1 的报文时，会尽快地交付接收应用程序，而不再等到整个缓存都填满了后再向上交付。

9）RST（ReSeT）：当 RST = 1 时，表明 TCP 连接中出现严重错误（如主机崩溃），必须释放连接，然后再重新建立传输连接。

10）SYN：当 SYN = 1 时，表明这是一个连接请求或连接接收报文。

11）FIN（FINis）：用来释放一个连接，当 FIN=1 时，表明此报文的发送端的数据已发送完毕，并要求释放传输连接。

12）窗口大小：占 16 位（2 字节），是设置发送窗口的依据。例如，Windows size=1024 表示一次可以发送 1024 字节的数据。窗口大小可以由接收方调节，窗口实际上是一种流量控制机制。

13）TCP 校验和：占 16 位，用于校验报头和数据两部分的正确性。

14）紧急指针：占 16 位，指出在本报文中紧急数据共有多少字节（紧急数据放在报文数据的最前面）。

15）选项：长度可变，TCP 最初只规定了一种选项，即最大报文长度 MSS。MSS 用于告诉对方："我的缓存所能接收的报文的数据字段的最大长度是 MSS 字节。"

16）填充：用于使整个报头的长度是 4 字节的整数倍。

（2）TCP 建立连接/三次握手

TCP 是面向连接的传输层协议，面向连接就是在真正的数据传输开始前，要完成连接建立的过程，否则不会进入真正的数据传输阶段。

TCP 的连接建立过程通常称为三次握手，如图 2.11 所示。

步骤 1　A 向 B 发出连接请求报文，其头部中的同步位 SYN = 1，选择序列号 seq = x，表明传输数据时的第一个数据字节的序号是 x。

步骤 2　B 收到连接请求报文后，若同意，则发回确认，ACK = 1，确认号 ack = x +1。同时 B 向 A 发起连接请求，SYN = 1，选择序列号 seq = y。

步骤 3　A 收到此报文后对 B 给出确认，其 ACK = 1，确认号 ack = y+1。A 的 TCP 通知上层应用程序，连接已经建立。

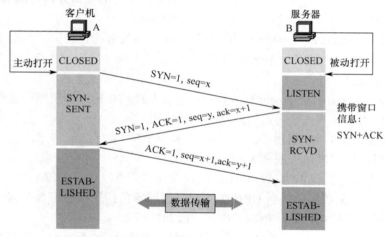

图 2.11　TCP 建立连接/三次握手

📖 **大开眼界——三次握手举例**

A 向 B 发出连接请求："我想给你发数据，可以吗？"，这是第一次对话。

B 向 A 发送同意连接，并要求同步（同步就是两台主机一台在发送，一台在接收，协调工作）："可以，你什么时候发？"，这是第二次对话。

A 向 B 再发出："我现在就发，你接着吧！"，这是第三次对话。

三次"对话"的目的是使报文的发送和接收同步，经过三次"对话"之后，A 才向 B 正式发送数据。

（3）TCP 终止连接/四次挥手

TCP 连接是全双工的（即数据在两个方向上能同时传递），因此每个方向都必须单独关闭。当一端完成它的数据发送任务后，就发送一个 FIN 来终止这个方向的连接。当一端收到一个 FIN 后，它必须通知应用层另一端已经终止了那个方向的数据传输。

所以 TCP 终止连接的过程需要四个步骤，称为四次挥手，如图 2.12 所示。数据传输结束后，通信双方都可终止连接。

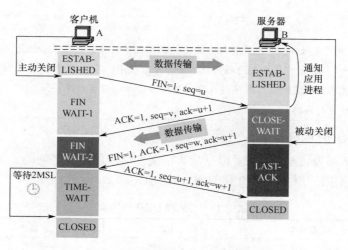

图 2.12　TCP 终止连接/四次挥手

步骤 1　A 的应用程序先向其 TCP 发出终止连接请求，并停止发送数据，主动关闭 TCP 连接。A 的终止连接报头的 FIN = 1，其选择序列号 seq = u，等待 B 确认。

步骤 2　B 发出确认报文，其 ACK=1，确认号 ack=u+1，选择序列号 seq = v。TCP 服务器进程通知高层应用进程。从 A 到 B 这个方向的连接终止，TCP 连接处于半关闭状态。此时，若 B 发送数据，A 仍要接收。

步骤 3　若 B 已经没有要向 A 发送的数据，其应用程序就通知 TCP 终止连接。B 的终止连接报头的 FIN=1，其选择序列号 seq=w，A 收到终止连接的报文后，必须发出确认。

步骤 4　在 A 发出的确认报文中，ACK = 1，确认号 ack =w +1，选择序列号 seq = u+1。

📖 **大开眼界——为什么建立连接是三次握手，而终止连接是四次挥手？**

这是因为服务器端的 LISTEN 状态下的 Socket 当收到 SYN 报文的建立连接请求后，它可以把 ACK 和 SYN（ACK 起应答作用，而 SYN 起同步作用）放在一个报文里来发送。但关闭连接时，当收到对方的 FIN 报文终止连接请求时，它仅仅表示对方没有数据发送给你了；但未必你所有的数据都全部发送给对方了，所以你未必马上会关闭 Socket，你可能还需要发送一些数据给对方之后，再发送 FIN 报文给对方，表示你同意终止连接，所以这里的 SYN 报文和 FIN 报文多数情况下都是分开发送的。

2. UDP

UDP 提供不可靠的、不面向连接的通信，适用于一次传输少量数据的情况，可靠性则由应用层来负责。

如图 2.13 所示，相对于 TCP 报头，UDP 报头只有少量的字段：源端口、目的端口、UDP 长度、UDP 校验和等，各个字段的功能和 TCP 报头的相应字段相同。

0	15	31
源端口（16位）		目的端口（16位）
UDP长度（16位）		UDP校验和（16位）
填充		

图 2.13　UDP 报头格式

◁⁾） **小提示**

　　UDP 报头中没有可靠性保证、顺序保证、流量控制字段等，可靠性较差。但是，使用 UDP 的应用程序也有优势。正因为 UDP 较少的控制选项，在数据传输过程中，其延迟时间较小，数据传输效率较高，适用于对可靠性要求不高的实时应用程序或者可以保障可靠性的应用程序（如 DNS、TFTP、SNMP 等），以及用于传输链路可靠的网络。

3．TCP 与 UDP 的区别

　　TCP 和 UDP 同为传输层协议，但是从其报文便可发现两者之间的差别，它们为应用层提供了两种截然不同的服务。TCP 和 UDP 的区别见表 2.1。

表 2.1　TCP 和 UDP 的区别

比较内容	TCP	UDP
是否面向连接	面向连接	不面向连接
是否提供可靠性	提供可靠性	不提供可靠性
是否提供流量控制	提供流量控制	不提供流量控制
传输速度	慢	快
协议开销	大	小

　　1）从面向连接的角度来看，TCP 是面向连接的协议，UDP 是不面向连接的协议。也就是说，TCP 在正式收/发数据前，必须和对方建立可靠的连接。一个 TCP 连接必须要经过三次"对话"才能建立起来。UDP 是不面向连接的协议，也就是说，不与对方建立连接，就能够直接就把数据发送过去。

　　2）从可靠性的角度来看，TCP 的可靠性优于 UDP。

　　3）从传输速度的角度来看，TCP 的传输速度比 UDP 慢。

　　4）从协议开销和流量控制的角度来看，TCP 的协议开销大，但是 TCP 具备流量控制功能；UDP 的协议开销小，但是 UDP 不具备流量控制功能。

　　5）从应用场合的角度来看，TCP 适用于传输大量数据，UDP 适用于传输少量数据。

2.2.5　TCP/IP 协议族的网络层协议

　　网络层位于 TCP/IP 模型的数据链路层和传输层中间，网络层接收传输层的数据，将其分段，调整为合适的大小，将其头部封装，交给数据链路层。网络层为了保证报文的成功转发，主要定义了以下协议。

　　1）IP（Internet Protocol）：与路由协议协同工作，寻找能够将报文传输到目的端的最优路径。IP 协议不关心报文的内容，提供无连接的、不可靠的服务。

　　2）ICMP（Internet Control Message Protocol，因特网控制信息协议）：定义了网络层控制和传递信息的功能。

　　3）ARP（Address Resolution Protocol，地址解析协议）：把已知的 IP 地址解析为 MAC地址。

　　4）RARP（Reverse Address Resolution Protocol，反向地址解析协议）：在数据链路层地

址已知时，用于解析 IP 地址。

1．IP 报头格式

普通的 IP 报头长度为 20 字节，不包含 IP 选项字段。IP 报头格式如图 2.14 所示。

1）版本号：标明 IP 协议的版本号。

2）头部长度：是指 IP 报头中字（4 字节）的数量，包括任选项。由于它是一个 4 位的字段，因此头部最长为 60 字节。

0	3	7	15 18		31
版本号（4位）	头部长度（4位）	服务类型（8位）	总长度（16位）		
标识（16位）			标志	片偏移（13位）	
生存时间（8位）		协议（8位）	头部校验和（16位）		
源IP地址（32位）					
目的IP地址（32位）					
选项					
填充					

图 2.14　IP 报头格式

3）服务类型：包括一个 3 位的优先权子字段，一个 4 位的 TOS 子字段和一个 1 位、未用但必须置 0 的子字段。4 位的 TOS 分别代表最小时延、最大吞吐量、最高可靠性和最小费用，4 位中最多只能置其中 1 位为 1。如果 4 位均为 0，那么意味着是一般服务。路由协议如 OSPF 和 IS-IS 都能根据这些字段的值进行路由决策。

4）总长度：是指整个 IP 报文的长度，以字节为单位。利用头部长度和总长度，可以得到 IP 报文中数据内容的起始位置和长度。由于该字段占 16 位，所以 IP 报文最长可达65535 字节。尽管可以传输一个长达 65535 字节的 IP 报文，但是大多数的数据链路层都会对它进行分片。总长度是 IP 报头中必要的内容，因为一些数据链路（如以太网）需要填充一些数据以达到最小长度。虽然以太网的最小帧的长度为 46 字节，但是 IP 报文可能会更短。如果没有总长度字段，那么网络层就不能得到 46 字节中有多少是 IP 报文的内容。

5）标识：能够唯一标识主机发送的每一个报文。每发送一个报文，标识字段的值就会加 1。IP 协议把 MTU（Maximum Transmission Unit，最大传输单元）与报文长度进行比较，判断是否需要分片。分片可以发生在原始发送端主机上，也可以发生在中间路由器上。把一个 IP 报文分片以后，只有到达目的地后才能进行重新组装。重新组装由目的端的网络层来完成，其目的是使分片和重新组装过程对传输层透明，即使只丢失一片数据也要重传整个报文。

6）标志：包括 R、DF、MF，共 3 位，目前只有后两位有效。DF 为 1 表示不分片，为 0 表示分片。MF 为 1 表示"更多的片"，为 0 表示这是最后一片。

7）片偏移：是指该片相对于原始报文开始处所偏移的位置。当报文被分片后，每片的总长度值要改为该片的长度值。

8）生存时间（TTL）：该字段设置了报文可以经过的最多路由器数。它指定了报文的生存时间。TTL 的初始值由源主机设置（通常为 32 或 64），一旦经过一个处理它的路由器，它的值就减 1。当该字段的值为 0 时，报文就会被丢弃，并发送 ICMP 报文通知源主机。

9）协议：根据协议字段可以识别出哪个协议向网络层传输数据。由于 TCP、UDP、ICMP 和 IGMP 及其他协议都要利用 IP 报文传输数据，因此必须在生成的 IP 报头中加入某种标识，以表明其传输层的数据属于哪一类协议。为此，在 IP 报头中，存在一个 8 位的数值，称为协议，如图 2.15 所示。协议为 1 表示为 ICMP 协议，协议为 2 表示为 IGMP 协议，协议为 6 表示为 TCP 协议，协议为 17 表示为 UDP 协议。

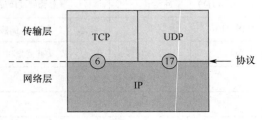

图 2.15　协议

10）头部校验和：是指根据 IP 报头计算的校验和，检验报头的完整性，它不对报头后面的数据进行计算。

每一个 IP 报文还包含 32 位的源 IP 地址和 32 位的目的 IP 地址。

📖 大开眼界

选项字段是可选项，是 IP 报头中的一个可变长的可选信息。这些选项很少被使用，并非所有的主机和路由器都支持这些选项。这些可选项包括：

- 安全和处理限制（用于军事领域）
- 记录路径（让每个路由器都记下它的 IP 地址）
- 时间戳（让每个路由器都记下它的 IP 地址和时间）
- 宽松的源站选路（为报文指定一系列必须经过的 IP 地址）
- 严格的源站选路（与宽松的源站选路类似，但是要求只能经过指定的地址，不能经过其他地址）

2. ICMP

ICMP 是一种集差错报告与控制于一身的协议，它传递差错报文及其他需要注释的信息。ICMP 消息被封装在 IP 报文里，经常被认为是网络层的组成部分。

（1）Ping

常用的 Ping 使用的就是 ICMP 协议。Ping 这个名字源于声呐定位操作，目的是测试另一台主机是否可达。利用网络上主机 IP 地址的唯一性，Ping 发送一个 ICMP 回应请求报文给主机，并等待返回 ICMP 应答。一般来说，如果不能 Ping 到某台主机，那么就不能到达（Telnet 或者 FTP）那台主机。反过来，如果不能到达某台主机，那么通常可以用 Ping 来确定问题出在哪里。Ping 还能检测出到达某台主机的往返时间，以表明该主机离我们有"多远"。

Ping 的应用格式：

Ping   IP 地址

应用 Ping 时还可以加入许多参数，输入 Ping 后按回车键，即可看到具体参数的详细说明。

🔊 **小提示**

利用 Ping 只能检测到达目的主机的连通性，却不能了解报文的传递路径，因而在不能连通时也难以了解问题发生在网络中的哪个位置。使用 "Tracert" 可以追踪报文的转发路径，探测到某一个目的地途中经过哪些中间转发设备。

使用 Ping 的方法和步骤如下。

1）如图 2.16 所示，在 Windows 操作系统中单击"开始"按钮，在搜索框中输入"CMD"，然后按回车键。

图 2.16　输入 CMD 命令

2）如图 2.17 所示，这里输入 Ping 192.69.69.1 -t 再按回车键。-t 表示一直 Ping 该 IP 地址，直到在键盘上按下 Ctrl+C 中断。Ping 通后的显示结果如图 2.18 所示。

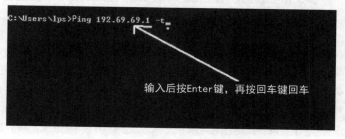

图 2.17　输入 Ping 命令及参数

3）大概几分钟后，按下键盘上的 Ctrl+C，查看网络连接的状态。主要关注两点，一是有没有丢包，二是有没有延时。如图 2.19 所示，"丢失=0"表明没有丢包；"最短=1ms，最长=106ms，平均=4ms"表明有一定的延时。

4）如果 Ping 通了对方主机的 IP 地址，说明本主机和对方主机之间的连接是正常的，反之，说明这段连接出现问题，如图 2.20 所示。

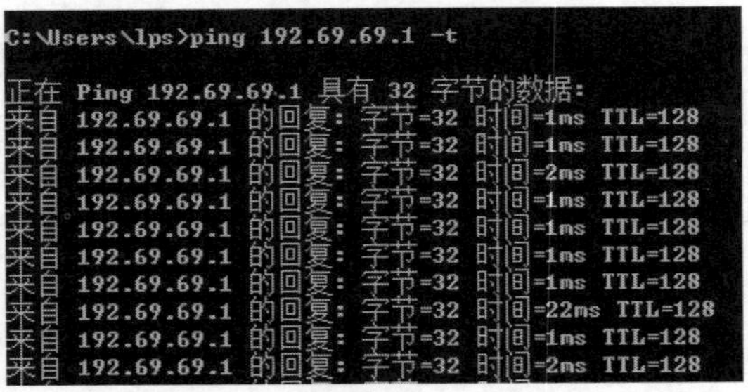

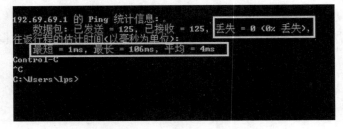

图 2.18　Ping 通后的显示结果

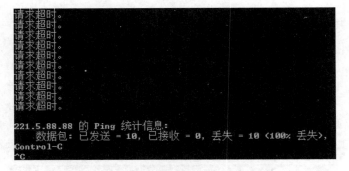

图 2.19　Ping 通后的统计信息

图 2.20　Ping 不通的显示结果

（2）Tracert

Tracert 用于确定 IP 报文访问目标所经过的路径。Tracert 用 IP 报文的生存时间（TTL）字段和 ICMP 错误消息来确定从一台主机到网络上其他主机的路由。

通过向目标发送不同 TTL 值的 ICMP 回应报文，Tracert 诊断程序能确定到目的地址所经过的路由。要求路由上的每个路由器在转发报文之前至少将报文中的 TTL 递减 1，报文中的 TTL 减为 0 时，路由器应该将"ICMP 已超时"的消息发回源主机。

应用 Tracert 时也可以加入许多参数。输入 Tracert 后按回车键，即可看到具体参数的详细说明。

使用 Tracert 的方法和执行结果如图 2.21 所示。

1）Tracert 用于确定 IP 报文访问目标所经过的路由，显示从本地到目的地址所在网络服务器的一系列网络节点的访问速度，最多支持显示 30 个网络节点。

2）左侧的 1~8 表明在当前使用的网络上，经过 7 个网络节点（不包括本地），可以到达目的地址。

3）中间的三列数据单位为 ms，表示本地连接到每个网络节点的时间、返回时间和多次连接得到的平均值。

4）最后一列的 IP 地址就是每个网络节点对应的 IP 地址。

5）如果返回消息超时，表示这个网络节点和当前使用的网络是无法连通的。原因包括在路由上做了过滤限制等，需要具体问题具体分析。

UNIX 中的 Traceroute 相当于 Windows 中的 Tracert。

```
管理员 C:\Windows\system32\cmd.exe

C:\Users\Qian>Tracert www.baidu.com

通过最多 30 个跃点跟踪
到 www.a.shifen.com [119.75.218.70] 的路由:

1    <1 毫秒    1 ms    <1 毫秒 vrouter [192.12.2.1]
2     78 ms     *       *       10.255.30.209
3    108 ms    102 ms           124.205.98.1
4     *         88 ms           14.197.243.45
5     95 ms              97 ms  14.197.178.102
6     85 ms     *        80 ms  192.168.0.50
7     *         85 ms           10.34.240.22
8     74 ms     68 ms    74 ms  119.75.218.70

跟踪完成。

C:\Users\Qian>
```

图 2.21　Tracert 实例

3．ARP 的工作机制

当一台主机把以太网数据帧发送给位于同一局域网中的另一台主机时，是根据以太网地址来确定目的端口的。ARP 需要为 IP 地址和 MAC 地址这两种不同的地址形式提供对应关系。ARP 的工作过程如图 2.22 所示。

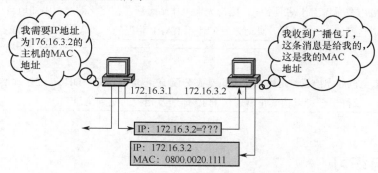

图 2.22　ARP 的工作过程

步骤 1　发送端 ARP 发送一个称为 ARP 广播包的数据帧给以太网上的每台主机。这个过程称为广播，ARP 广播包中包含目的主机的 IP 地址，其意思是"如果你是这个 IP 地址的拥有者，请应答你的 MAC 地址。"

步骤 2　连接到同一局域网的所有主机都接收并处理 ARP 广播包，目的主机的 ARP 收到这个广播包后，根据目的 IP 地址判断这是发送端在询问它的 MAC 地址。于是发送一个 ARP 应答。这个 ARP 应答包含其 IP 地址及对应的 MAC 地址。收到 ARP 应答后，发送端就知道接收端的 MAC 地址了。

步骤 3 每台主机都有一个 ARP 高速缓存是 ARP 高效运行的关键。这个高速缓存存放了最近 IP 地址到 MAC 地址之间的映射记录。当主机查找某个 IP 地址与 MAC 地址的对应关系时，首先在本机的 ARP 缓存表中查找，找不到时才进行 ARP 广播。

4．RARP 的工作机制

RARP 的工作过程是：主机从接口卡上读取唯一的 MAC 地址，然后发送 RARP 请求，请求某台主机（如 DHCP 服务器或 BOOTP 服务器）响应该主机的 IP 地址，DHCP 服务器或 BOOTP 服务器接收到 RARP 请求，为其分配 IP 地址，并通过 RARP 回应给源主机。

RARP 的工作过程如图 2.23 所示。

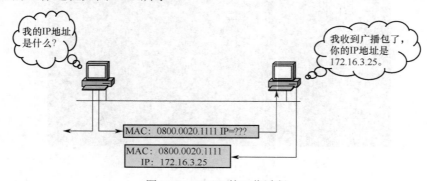

图 2.23 RARP 的工作过程

📖 **大开眼界**

ARP：已知目标主机的 IP 地址，解析对应的 MAC 地址。

RARP：已知自己的 MAC 地址，解析自己的 IP 地址。

RARP 通常被用在无盘工作站网络中，因为无盘工作站无法在初始化的过程中知道自己的 IP 地址，但是它们永远都知道自己的 MAC 地址，此时，它们使用 RARP 将已知的 MAC 地址解析成自己的 IP 地址。

📖 **大开眼界**

DHCP（动态主机分配协议）是用来给主机动态分配 IP 地址的协议。DHCP 能够让网络上的主机从一个 DHCP 服务器上获得一个可以让其正常通信的 IP 地址及相关的配置信息。

📐 思考与练习

1. 常用的 TCP/IP 应用层协议有哪些？
2. 简述 ARP 将 IP 地址映射为 MAC 地址的过程。
3. UDP 和 TCP 最大的区别是什么？
4. Ping 是用什么协议来实现的？
5. 简述 TCP 的可靠性有哪些机制？

实践活动：利用抓包工具分析报文的逐层封装过程

1. 实践目的

1）了解 TCP/IP 模型的层次结构。

2）掌握报文的封装内容。

2. 实践要求

能够独立运用抓包工具对报文进行抓包分析。

3. 实践内容

1）利用抓包工具进行抓包。

2）对抓取的报文进行分析，掌握每层封装的内容。

IPv4 地址规划

【项目引入】

主管：小李，咱们客服部有部分主机无法上网，你过去看看。

小李：好的。

过了很久……

小李：主管，这个问题需要您亲自出马，我看了那些主机的 IP 地址，掩码地址填写的怎么是 255.255.255.240 呢？不都是 255.255.255.0 吗？

主管：看来你需要把 IP 编址知识好好学习学习，弄懂什么是 IP 地址和子网掩码，这是主机上网的基础配置信息。

本项目介绍了小李需要学习的 IP 编址问题。通过本项目的学习，小李能够解决子网掩码的划分问题。

【学习目标】

1. 掌握：IPv4 编址的方法。
2. 领会：IPv4 地址的分类。
3. 熟悉：可变长子网掩码。
4. 应用：IPv4 地址规划设计。

3.1　任务 1：初识 IPv4 地址

每台连网的计算机都需要有全局唯一的 IP 地址才能实现正常通信。我们可以把"个人计算机"当成"一台电话"，那么"IP 地址"就相当于"电话号码"，通过拨打电话号码实现通信。

📖 大开眼界

IP 地址相当于某人住宅位置的具体地址，如哪一个城市的哪一条街道及具体的门牌号。住宅地址是为了寻找某一个人，而网络通信领域中的 IP 地址是为了确定一个具体网络设备所处的具体位置。

IP 地址由 32 位二进制数构成，为方便书写及记忆，一个 IP 地址通常采用 0～255 之内的 4 个十进制数表示，数之间用点号分开。这些十进制数中，每个数都代表 32 位地址中的 8 位，即所谓的 8 位位组，称为点分十进制。

📖 **大开眼界**

一个 IPv4 地址有两种表示形式：

● 点分十进制形式：10.110.192.111。

● 二进制形式：00001010.01101110.10000000.01101111。

为了清晰地区分各个网段，IP 地址采用了结构化分层方案。

结构化分层方案将 IP 地址分为网络部分和主机部分，网络部分称为网络地址，网络地址用于唯一地标识一个网段或者若干个网段的聚合，同一网段中的网络设备有同样的网络地址；主机部分称为主机地址，主机地址用于唯一地标识同一网段内的网络设备。

🔊 **小提示**

IP 地址的结构化分层方案类似于电话号码，电话号码也是唯一的。例如，对于电话号码 010-12345678，前面的字段 010 代表北京，后面的字段 12345678 代表北京地区的一部电话。IP 地址也是一样，前面的网络部分代表一个网段，后面的主机部分代表这个网段中的一台设备。

IP 地址采用结构化分层方案后，每一台第三层的网络设备就不必储存每一台主机的 IP 地址，而是储存每个网段的网络地址（网络地址代表了该网段内的所有主机），大大减少了路由表条目，增加了路由的灵活性。

区分网络部分和主机部分需要借助地址掩码（Mask）。网络部分位于 IP 地址掩码前面连续的二进制"1"位，主机部分位于 IP 地址掩码后面连续的二进制"0"位。

3.1.1 IPv4 地址分类

按照定义，IP 寻址标准并没有提供地址类，为了便于管理，我们增加了地址类的定义。地址类将地址空间分解为数量有限的特大型网络（A 类）、数量较多的中等网络（B 类）和数量非常多的小型网络（C 类），以及特殊的地址类 D 类（用于多点传送）和 E 类（实验或研究类），如图 3.1 所示。

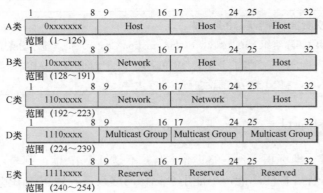

图 3.1 IP 地址分类

1．A 类地址

在 A 类地址中，前 8 位分配给网络地址，后 24 位分配给主机地址。若一个 IP 地址的第 1 个 8 位位组中的最高位是 0，则该地址是 A 类地址。A 类地址的第 1 个 8 位位组对应的值为 0～127，其中，0 和 127 具有保留功能，所以实际的范围是 1～126。A 类地址中仅仅有 126 个网络可以使用。因为仅仅为网络地址保留了 8 位，且第 1 位必须是 0。然而，主机地址占 24 位，每个网络可以有 16 777 214 台主机。

2．B 类地址

在 B 类地址中，前 16 位分配给网络地址，后 16 位分配给主机地址。若一个 IP 地址的第 1 个 8 位位组中的前两位为 10，则该地址是 B 类地址。B 类地址的第 1 个 8 位位组对应的值为 128～191。因为前两位已经预先定义，所以可以设置的网络地址只有 14 位，组合产生了 16 384 个网络，而每个网络中包含 65 534 台主机。

3．C 类地址

在 C 类地址中，前 24 位分配给网络地址，后 8 位分配给主机地址。若一个 IP 地址的第 1 个 8 位位组中的前 3 位为 110，则该地址是 C 类地址。C 类地址的第 1 个 8 位位组对应的值为 192～223。在 C 类地址中，仅仅最后 8 位用于主机地址，这限制了每个网络最多仅仅能有 254 台主机。因为网络地址中有 21 位可以设置（前 3 位已经预先设置为 110），所以共能产生 2 097 152 个网络。

4．D 类地址

D 类地址以 1110 开头，代表的第 1 个 8 位位组对应的值为 224～239，这些地址并不用于标准的 IP 地址。相反，D 类地址作为多点传送小组的成员而注册。多点传送小组和电子邮件分配列表类似。正如可以使用电子邮件分配列表将一条消息发布给一群人一样，可以通过多点传送小组将数据发送给一些主机。多点传送需要特殊的路由配置，在默认情况下，它不会转发。

5．E 类地址

E 类地址的第 1 个 8 位位组的前 4 位为 1111，其第 1 个 8 位位组对应的值为 240～254，这类地址并不用于标准的 IP 地址，这类地址被保留，用于实验或研究。

📖 **大开眼界——谁负责发放和管理 IP 地址？**

所有的 IP 地址都由国际组织 NIC（Network Information Center）负责统一分配，目前全世界共有 3 个这样的网络信息中心。InterNIC 负责北美地区；RIPENIC 负责欧洲地区；APNIC 负责亚太地区。我国申请 IP 地址要通过 APNIC，APNIC 的总部设在日本东京大学。

3.1.2　保留的 IP 地址

IP 地址用于唯一地标识一台网络设备，但并不是每个 IP 地址都是可用的，一些特殊的 IP 地址用于实现各种各样的功能，不能用于标识网络设备。保留的 IP 地址如下。

1）主机部分中的二进制数全为 0 的 IP 地址，称为网络地址，用来标识一个网段，例如 A 类地址 1.0.0.0，私有地址 10.0.0.0、192.168.1.0 等。

2）主机部分中的二进制数全为 1 的 IP 地址，称为网段广播地址，用于标识一个网段的所有主机，例如 10.255.255.255、192.168.1.255 等。路由器可以在 10.0.0.0 或者 192.168.1.0 等网段转发广播。网段广播地址用于向本网段的所有网络节点发送数据包。

3）网络部分为 127 的 IP 地址。例如，127.0.0.1 往往用于环路测试。

4）全 0 的 IP 地址 0.0.0.0，代表临时通信地址（也可表示默认路由）。

5）全 1 的 IP 地址 255.255.255.255，称为广播地址，代表所有主机，用于向所有网络节点发送数据包，不能被路由器转发。

3.1.3 可用的主机 IP 地址数量的计算

综上所述，每个网段会有一些 IP 地址不能作为主机 IP 地址。下面来计算一下可用的主机 IP 地址数量，如图 3.2 所示。

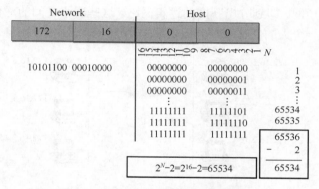

图 3.2 可用的主机 IP 地址数量的计算

网络层设备（如路由器等）使用网络地址来代表本网段内的所有主机，大大减少了路由器的路由表条目。例如，B 类网段 172.16.0.0，有 16 位主机地址，因此有 216 个 IP 地址，去掉一个网络地址 172.16.0.0 和一个广播地址 172.16.255.255（不能用于标识主机），那么共有 216－2=214 个可用地址。我们可以这样计算每个网段可用主机地址：假定这个网段的主机部分的位数为 N，那么可用的主机地址个数为 2^N-2 个。

3.2 任务 2：带子网划分的编址

对于没有子网的 IP 地址组织，外部将该组织视为单一网络，不需要知道内部结构。例如，所有到 172.16.X.X 的路由被视为同一方向，不考虑地址的第 3 个和第 4 个 8 位分组，如图 3.3 所示。这种方案的好处是减少路由表的条目，但这种方案不能区分一个大的网络内不同的子网网段，这使网络内所有主机都能收到在该大的网络内的广播，会降低网络的性能，不利于管理。

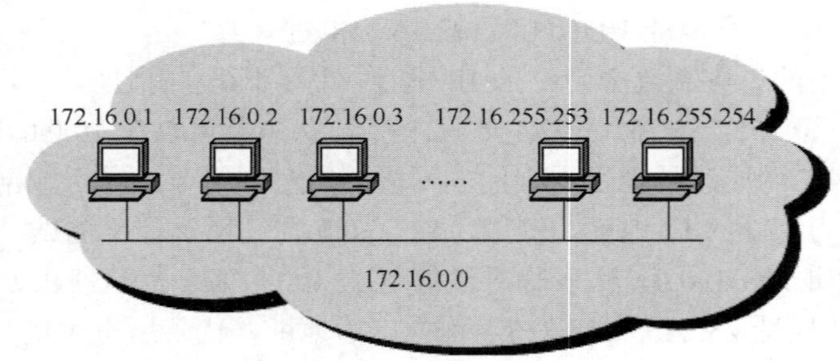

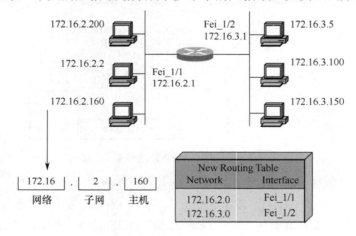

图 3.3　无子网编址

比如，一个 B 类网络可容纳 65000 多台主机在网络内，但是没有任何一个单位能够同时管理这么多主机。这就需要一种方法将这类网络分为不同的网段，按照各个子网段进行管理。通常主机部分可以被细分为子网位与主机位。在本例中，子网位占用了整个第 3 个 8 位位组，一个 B 类网络被划分成了 256 个子网，每个子网可容纳的主机数量减少为 254 台。

划分出不同的子网，即划分出不同的逻辑网络。这些网络之间的通信通过路由器完成，也就是说，将原来一个大的广播域划分成了多个小的广播域，如图 3.4 所示。

图 3.4　带子网编址

3.2.1　子网掩码

网络设备使用子网掩码（Subnet Mask）确定哪些部分为网络位，哪些部分为子网位，哪些部分为主机位。网络设备根据自身配置的 IP 地址与子网掩码可以识别出一个 IP 数据包的目的地址是否与自己处在同一子网或同一主网中。IP 地址在没有相关的子网掩码的情况下是没有意义的。

如图 3.5 所示，子网掩码使用与 IP 地址一样的格式。子网掩码的网络位和子网位全为 1，主机位全为 0。默认状态下，如果没有进行子网划分，A 类网络的子网掩码为 255.0.0.0，B 类网络的子网掩码为 255.255.0.0，C 类网络的子网掩码为 255.255.255.0。利用子网，网络地址的使用会更有效。划分子网其实就是将原来地址中的主机位中的一部分作为子网位来使用，规定借位必须从左向右连续借位，即子网掩码中的 1 和 0 必须是连续的。

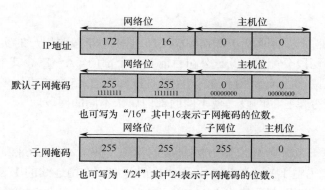

图 3.5　子网掩码

3.2.2　IP 地址子网划分的计算

如图 3.6 所示，对于给定的 IP 地址和子网掩码，计算该 IP 地址所处的子网的网络地址、子网的广播地址及可用 IP 地址范围。

步骤如下。

1）将 IP 地址转换为二进制数表示。

2）将子网掩码转换为二进制数表示。

3）在子网掩码的 1 与 0 之间划一条竖线，竖线左边为网络位（包括子网位），竖线右边为主机位。

4）将主机位全部置 0，网络位照写就是子网的网络地址。

5）将主机位全部置 1，网络位照写就是子网的广播地址。

6）介于子网的网络地址与子网的广播地址之间的地址即为子网内可用的 IP 地址。

7）将前 3 段网络地址写全。

8）将 IP 地址转换为点分十进制形式。

	172	16	2	160

172.16.2.160	10101100	00010000	00000010	10100000	❶
255.255.255.192	11111111	11111111	11111111	11000000	❷
172.16.2.128	10101100	00010000	00000010	10000000	❹
172.16.2.191	10101100	00010000	00000010	10111111	❺
172.16.2.129	10101100	00010000	00000010	10000001	❻
172.16.2.190	10101100	00010000	00000010	10111110	❼

图 3.6　地址计算示例

3.2.3 子网划分案例

1．案例描述

给定一段 IP 地址总的网段 192.168.2.0/24，要求小李按照用户的实际需求，把大的网段划分为不同的小网段分配给用户。公司目前有 5 个部门（A～E），其中 A 部门有 10 台主机，B 部门有 20 台主机，C 部门有 32 台主机，D 部门有 15 台主机，E 部门有 20 台主机，需要为每个部门划分单独的网段，使不同的部门属于不同的网段。

2．案例分析

实际上，这是一个很典型的 IP 子网划分的问题，其中，192.168.2.0/24 是一个 C 类网络，24 表示子网掩码中 1 的个数为 24，子网掩码从左到右由连续的 1 表示，也就是说，这个网段的子网掩码的二进制形式为 11111111.11111111.11111111.00000000，转换为点分十进制形式为 255.255.255.0。子网掩码中的 1 代表网络位，不能变化，0 代表主机位，可以变化。所以这个大的网段总的 IP 地址数量就是 8 位 0，每一位都有 0 和 1 的两种取值，共有 2^8（256）个 IP 地址，但是可用的 IP 地址要去除掉网络地址和广播地址，所以可用的 IP 地址数量为 2^8-2。

要划分子网，必须制定每个子网的掩码规划，换句话说，就是要确定每个子网能容纳的最多的主机数，即 0 的个数，显然，应该以拥有主机数量最多的部门为准。在本例中，C 部门有 30 台主机，也就是说，这个子网中至少应包含 30 个可用 IP 地址。我们在操作中可以套用以下公式：

$$可用 IP 地址数量=2^N-2$$

式中，N 为二进制形式子网掩码中 0 的个数。

C 部门需要 30 个可用 IP 地址，那么 2 的几次方减 2 大于等于 30？很明显，2 的 6 次方是 64，减去 2 得到 62 个可用 IP 地址，6 代表二进制形式子网掩码中最后 6 位必须为 0，前面 26 位均为 1，也就是 11111111.11111111.11111111.11000000，该子网掩码的点分十进制形式表示为 255.255.255.192；也就是说，如果要给 C 部门分配 IP 地址，那么子网掩码为 255.255.255.192 就够用了。

以此类推，A 部门需要 10 个可用 IP 地址，那么 2 的几次方减 2 大于等于 10？2 的 4 次方就可以，所以 A 部门二进制形式子网掩码的后 4 位为 0，即子网掩码为 255.255.255.240。

B 部门和 E 部门需要 20 个可用 IP 地址，因为 2 的 5 次方减 2 大于等于 20，所以 B 部门和 E 部门二进制形式子网掩码的后 5 位为 0，即子网掩码为 255.255.255.224。

D 部门需要 15 个可用 IP 地址，2 的 4 次方减 2 小于 15，2 的 5 次方减 2 大于等于 15，D 部门的二进制形式子网掩码后 5 位为 0，即子网掩码为 255.255.255.224。

接下来，我们需要把大的网段 192.168.2.0/24 按照不同部门的需求划分成小的网段，划分网段的原则是从需求数量最多的部门开始划分，上例中 C 部门需要的可用 IP 地址数量最多，我们从 C 部门开始划分。

步骤 1 确定 C 部门所在网段的网络地址。

已知当前的 IP 地址范围为从 192.168.2.0 到 192.168.2.255，而我们已经算出 C 部门的子网掩码是 255.255.255.192，即掩码是/26 位的，从大网段中的第一个 IP 地址依次向上划分不同的小段，所以 C 部门的 IP 地址就可以表示为 192.168.2.0/26。C 部门所在的网段是由 IP 地址与子网掩码进行"与运算"的结果。"与运算"是一种逻辑运算，其规则是：1 与 1 的结果为 1；0 与 0、0 与 1、1 与 0 的结果均为 0。

将 IP 地址与子网掩码进行"与运算"：

192.168.2.0 → 11000000.10101000.00000010.00000000

255.255.255.192 → 11111111.11111111.11111111.11000000

运算结果：11000000.10101000.00000010.00000000 → 192.168.2.0

因此，C 部门所在网段的网络地址是 192.168.2.0。

步骤 2 计算网段的广播地址。

广播地址就是主机位全是 1 的 IP 地址。

192.168.2.0 → 11000000.10101000.00000010.00000000

将主机位全部设置为 1 → 11000000.10101000.00000010.00111111 → 192.168.2.63

所以广播地址为 192.168.2.63，C 部门所在网段是 192.168.2.0/26，网络的第一个 IP 地址是 192.168.2.0，最后一个 IP 地址是 192.168.2.63，可用的 IP 地址范围是 192.168.2.1～192.168.2.62。

继续划分 B 部门的 IP 地址，B 部门的子网掩码是 255.255.255.224，并且剩下可用的 IP 地址是从 192.168.2.64 开始的，所以我们就从 192.168.2.64 开始，使用"与运算"计算出该网段的网络地址。

步骤 3 确定 B 部门所在网段的网络地址。

192.168.2.64 → 11000000.10101000.00000010.01000000

255.255.255.224 → 11111111.11111111.11111111.11100000

运算结果：11000000.10101000.00000010.01000000 → 192.168.2.64

因此，B 部门所在网段的网络地址是 192.168.2.64。

步骤 4 计算网段的广播地址。

192.168.2.64 → 11000000.10101000.00000010.01000000

将主机位全部设置为 1 → 11000000.10101000.00000010.01011111 → 192.168.2.95

所以广播地址为 192.168.2.95，B 部门所在网段是 192.168.2.64/27，网络的第一个 IP 地址是 192.168.2.64，最后一个 IP 地址是 192.168.2.95，可用的 IP 地址范围是 192.168.2.65～192.168.2.94。

步骤 5 按照上面划分方式依次规划各部门的 IP 地址，结果如下：

A 部门的网段：192.168.2.0/28。地址范围：192.168.2.160～192.168.2.175。

B 部门的网段：192.168.2.64/27。地址范围：192.168.2.64～192.168.2.95。

C 部门的网段：192.168.2.0/26。地址范围：192.168.2.0～192.168.2.63。

D 部门的网段：192.168.2.128/27。地址范围：192.168.2.128～192.168.2.159。

E 部门的网段：192.168.2.96/27。地址范围：192.168.2.96～192.168.2.127。

3．案例思考

如果最开始从 192.168.2.0 开始，分配给用户最少的 A 部门使用，那么 A 部门占用的地址范围为 192.168.2.0～192.168.2.15，下一个地址从 192.168.2.16 开始。假设我们从 192.168.2.16 开始分配给 C 部门，按照前面的计算方法，把 192.168.2.16 和 C 部门的掩码 255.255.255.192 进行"与运算"，得出 192.168.2.0 这个网络地址，该网段的广播地址是 192.168.2.63，这个网段的地址范围就是 192.168.2.0～192.168.2.63，但是从 192.168.2.0 到 192.168.2.15 这个网络地址已经被 A 部门使用了，会产生冲突，所以只能跳过这个段，从 192.168.2.64 开始算起。在规划 IP 地址时，一定要先从需求量最多的部门开始，从大到小依次计算。

3.2.4　可变长子网掩码

把一个网络划分成多个子网，要求每个子网使用不同的网络地址。但是每个子网的主机数不一定相同，而且相差很大，如果我们每个子网都采用固定长度的子网掩码，而每个子网上分配的地址数相同，就会造成地址的大量浪费。这时可以采用可变长子网掩码（VLSM，Variable Length Subnet Mask）技术。

🔊 **小提示**

172.16.1.1 在传统的 IP 地址分类中应该分为 B 类，掩码应该是 255.255.0.0 或者写成 172.16.1.1/16。但由于某种原因，把 172.16.1.1 这个 B 类 IP 地址套用了 255.255.255.0 掩码，即 172.16.1.1/24。这就是一个典型的 VLSM 地址形式。

假如有一个子网，它通过串口连接了两台路由器。在这个子网上仅仅有两台主机，每个端口有一台主机，但是我们已经将整个子网分配给了这两个端口。这将浪费很多 IP 地址。

如果我们使用其中的一个子网，并进一步将其划分为 2 级子网，将有效地建立"子网的子网"，并保留其他的子网，那么可以最大限度地利用 IP 地址。建立"子网的子网"的想法构成了 VLSM 的基础。

为使用 VLSM，通常定义一个基本的子网掩码，它将用于划分 1 级子网，然后用 2 级子网掩码来划分一个或多个 1 级子网。这种方法能节省大量的 IP 地址，节省的这些 IP 地址可用于其他子网。

📐 思考与练习

1. 若网络中 IP 地址为 131.55.223.75 的主机的子网掩码为 255.255.224.0，IP 地址为 131.55.213.73 的主机的子网掩码为 255.255.224.0，这两台主机属于同一子网吗？为什么？

2. 某主机 IP 地址为 172.16.2.160，子网掩码为 255.255.255.192，请计算此主机所在子网的网络地址、广播地址。

3. 127.0.0.100 是什么地址？

4. 国际上负责分配 IP 地址的专业组织划分了几个网段作为私有网段，可以供人们在私有网络上自由分配使用，以下不属于私有地址的网段是（　　　　）。

A. 10.0.0.0/8　　　B. 172.16.0.0/12　　　C. 192.168.0.0/16　　　D. 224.0.0.0/8

5. 下面哪个 IP 地址可能出现在公网中？（　　　）

A. 10.62.31.5　　　B. 172.60.31.5　　　　C. 172.16.10.1　　　　D. 192.168.100.1

6. 10.254.255.19/255.255.255.248 的广播地址是（　　　）。

A. 10.254.255.23　　　　　　　　　　B. 10.254.255.255

C. 10.254.255.16　　　　　　　　　　D. 10.254.0.255

7. 下列说法中，正确的是（　　　）。

A. 主机位全为"0"的 IP 地址，称为网络地址，网络地址用来标识一个网段

B. 主机位全为"1"的 IP 地址，称为广播地址

C. 主机位全为"1"的 IP 地址，称为主机地址

D. 网络部分为 127 的 IP 地址，例如 127.0.0.1 往往用于环路测试

8. 在一个 C 类地址的网段中要划分出 15 个子网，哪个子网掩码比较适合？（　　　）

A. 255.255.255.240　　　　　　　　　B. 255.255.255.248

C. 255.255.255.0　　　　　　　　　　D. 255.255.255.128

　实践活动：查看你所在机房计算机使用的网段，利用所学知识验证机房
　　　　　规划是否合理

1. 实践目的

1）掌握 IPv4 地址的分类。

2）重点掌握 IPv4 可用主机地址的计算。

2. 实践要求

能够运用所学知识对网络进行 IP 地址划分。

3. 实践内容

1）查看你所在机房计算机的 IP 地址。

2）掌握网络中计算机的大致数量，根据 IP 地址划分规则验证机房规划是否合理。

Part 2

任务篇

网络基础设备操作

【项目引入】

主管：小李，咱们在机房有台交换机出现故障，这样吧，你晚上在上网用户数量不多的时间段把该设备替换下来，安装一台新的交换机。把基本的远程 Telnet 脚本配置上去即可，这样我就可以远程配置其他信息了，有没有问题？

小李：没问题。

本项目主要介绍路由器和交换机的登录操作及其基础的配置。为了完成主管安排的任务，小李仔细地学习了本项目的内容。

【学习目标】

1. 识记：以太网的工作原理。
2. 领会：交换机与路由器的工作原理。
3. 熟悉：常见的传输线缆和网络端口。
4. 应用：交换机与路由器的基本操作。

4.1　任务 1：交换机的基本操作

4.1.1　预备知识

1. 以太网概述

（1）以太网的发展历史

以太网是一种计算机局域网技术。IEEE 802.3 制定了以太网的技术标准，规定了物理层的连线、电子信号和介质访问层协议等内容。以太网是目前应用最普遍的局域网技术，逐渐取代了其他局域网标准，如令牌环、FDDI 和 ARCNET。

在 Xerox 公司的 Palo Alto 研究中心诞生了世界上第一个以太网。和今天的以太网不同，Palo Alto 的以太网并没有中心设备，只是在一条粗同轴电缆上连接了多台终端设备，就像一条蔓上结了几个瓜。粗同轴电缆仅仅作为传输介质，没有外接电源。1980 年 9 月 30 日，

DEC、Intel 和 Xerox 公司联合发布了 10Mbps 以太网规范，即 DIX 标准。1982 年 11 月，又发布了 DIX 标准的第二个版本——Ethernet II 标准。1983 年 6 月，IEEE 802.3 通过了第一个以太网标准——10BASE5 标准。10BASE5 标准最终由 IEEE 标准委员会于 1985 年正式发布，即 IEEE 802.3-1985。10BASE5 标准基于 Ethernet II 标准，和 Ethernet II 标准在技术上差别不大。10BASE5 标准的以太网的传输速率也是 10Mbps，使用的传输介质仍然是粗同轴电缆，但节点间的最长距离为 500m。

📖 **大开眼界**

以太网这个名字，起源于一个科学假设：声音是通过空气传播的，那么光呢？在外太空没有空气，光也可以传播。于是，有人提出光是通过一种叫以太的物质传播的。后来，爱因斯坦证明以太根本就不存在。

那么光是通过什么传播的呢？在牛顿运动定律中，物体的运动是相对的。比如，地铁车厢里面的人看见你在车厢里原地踏步走，而位于车厢外面的人却看见你以 120km/h 的速度前进。但光的运动并不是这样，无论以什么物体作为参照物，它的运动速度始终都是 299 792 458m/s。爱因斯坦在 1905 年提出，无论观察者以何种速度运动，相对于他们而言，光的速度是恒久不变的，相对论便由此诞生。

世界上根本就不存在以太这种物质，因为光速是恒定不变的，为其找个运动参照物是个笑话。鉴于此，以太网的命名也是一个笑话。但以太网并不会消失，它正随着人们的追求而不断蜕变。以前，只要数据链路层遵从 CSMA/CD 协议通信，它就可以称为以太网，但随着接入共享网络设备的增加，冲突会使网络的传输效率越来越低。后来，交换机的出现使全双工以太网得到了更好的实现。

（2）CSMA/CD 算法

CSMA/CD（Carrier Sense Multiple Access/Collision Detect）算法，即载波监听多路访问/冲突检测算法。以太网技术采用的就是 CSMA/CD 算法。

CSMA/CD 算法是一种在共享介质的条件下实现多点通信的有效手段，它在以太网中对所有节点共享传输介质，并保证传输介质有序、高效地为许多节点提供传输服务。其工作机制如图 4.1 所示。

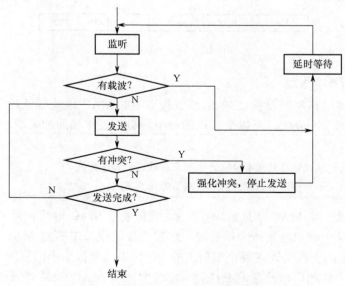

图 4.1　CSMA/CD 算法的工作机制

1）消息发送前先监听线路中是否有载波；

2）若没有载波，则发送消息；

3）若有载波，则延时等待，一直监听直到没有载波；

4）若在传输过程中检测到冲突，则发出一个短小的人为干扰信号，使得所有节点都知道发生了冲突，并且自身停止发送，等待一段随机的时间后，再次试图发送。

总之，我们可以以下从三点来理解 CSMA/CD 算法。

1）CS：载波监听。在发送数据之前进行监听，以确保线路空闲，减少冲突的机会。

2）MA：多址访问。每个节点发送的数据，可以同时被多个节点接收。

3）CD：冲突检测。边发送边检测，发现冲突就停止发送，然后延迟一个随机时间之后继续发送。

📖 **大开眼界**

- 使用过集线器后会发现，在集线器上连接 4 台主机后，"同一时间"内所有的计算机都可以相互复制文件，并不用等待某台主机将文件传送完成后，另外的主机再传送数据，视觉上连接到一个集线器上的多台主机是同时在发送数据的，所以会对 CSMA/CD 的定义产生怀疑。

- 事实上，这是因为人类的视觉器官对真相的理解永远是有限的，在"同一时间"只有一台主机向另一台主机发送数据。

（3）以太网帧结构

以太网帧结构如图 4.2 所示。DMAC 代表目的 MAC 地址、SMAC 代表源 MAC 地址；Length/T 根据值的不同有不同的含义：当 Length/T>1500 时，代表该数据帧的类型（比如上层协议类型）；当 Length/T<1500 时，代表该数据帧的长度。DATA/PAD 代表具体的数据，因为以太网帧的最小长度必须不小于 64 字节（根据半双工模式下最大距离计算获得），所以如果数据长度加上帧头不足 64 字节，需要在数据部分增加填充内容、FCS 是帧校验字段，判断该数据帧是否出错。

DMAC	SMAC	Length/T	DATA/PAD	FCS

图 4.2　以太网帧结构

2．交换机的基本原理

交换机是数据链路层的设备，它能够读取报文中的 MAC 地址信息并根据 MAC 地址来进行交换。它隔离了冲突域，所以交换机的每个端口都是单独的冲突域。

🔊 **小提示**

冲突域：共享同一物理链路的所有节点产生冲突的范围称为冲突域。

广播域：收到同一个广播消息的节点组成的范围称为广播域。

交换机内部有一个 MAC 地址表，这个地址表标明了 MAC 地址和交换机端口的对应关系。当交换机从某个端口收到一个报文时，它首先读取报头中的源 MAC 地址，这样它就知道源 MAC 地址的主机是连在哪个端口上的，它再去读取报头中的目的 MAC 地址，并在地址表中查找相应的端口，若在表中找到了与这个目的 MAC 地址对应的端口，则把报文直接复制到这端口上；若在表中找不到相应的端口，则把报文广播到所有端口上，当目的主机对源主机回应时，交换机又可以记录下这个目的 MAC 地址与哪个端口对应，在下次传送数据时就不再需要对所有端口进行广播了。

交换机就是这样建立和维护自己的 MAC 地址表的。由于交换机一般具有很宽的交换总线带宽，所以它可以同时为很多端口进行数据交换。如果交换机有 N 个端口，每个端口的带宽是 M，而它的交换机总线带宽超过 $N×M$，那么这台交换机就可以实现线速转发。交换机对广播包不做限制，能够把广播包复制到所有端口上。

交换机一般都含有专门用于处理报文转发的 ASIC 芯片，因此转发速度非常快。

交换机的三个主要功能如下。

（1）地址学习功能

交换机基于目的 MAC 地址做出转发决定，所以它必须获取 MAC 地址的位置，这样才能准确地做出转发决定。当交换机与物理网段连接时，它会对它监测到的所有帧进行检查，读取帧的源 MAC 地址后，与接收端口关联并记录到 MAC 地址表中。由于 MAC 地址表是保存在交换机的内存之中的，所以当交换机启动时，MAC 地址表是空的，如图 4.3 所示。

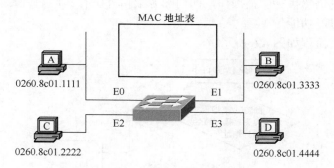

图 4.3　MAC 地址学习过程一

此时工作站 A 给工作站 C 发送了一个单播数据帧，交换机通过 E0 端口收到了这个数据帧，读取出帧的源 MAC 地址后将工作站 A 的 MAC 地址与端口 E0 关联，记录到 MAC 地址表中，如图 4.4 所示。

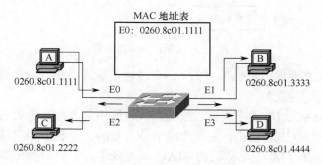

图 4.4　MAC 地址学习过程二

由于此时这个帧的目的 MAC 地址对交换机来说是未知的，为了让这个帧能够到达目的地，交换机执行广播操作，即向除源端口外所有其他端口转发。

工作站 D 发送一个单播数据帧给工作站 C 时，交换机执行相同的操作，通过这个过程交换机学习到了工作站 D 的 MAC 地址，并与端口 E3 关联，同时记录到 MAC 地址表中，如图 4.5 所示。

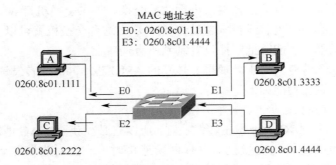

图 4.5　MAC 地址学习过程三

由于此时这个帧的目的 MAC 地址对交换机来说仍然是未知的，为了让这个帧能够到达目的地，交换机仍然执行广播操作，即向除源端口外所有其他端口转发。

（2）转发和过滤功能

交换机的转发流程如图 4.6 所示。

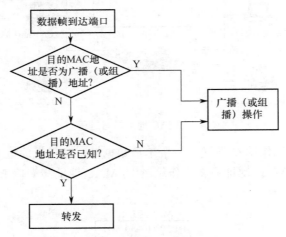

图 4.6　交换机的转发流程

1）交换机首先判断此数据帧的目的 MAC 地址是否为广播（或组播）地址，如果是，即进行广播（或组播）操作。

2）如果目的 MAC 地址不是广播（或组播）地址而是去往某个设备的单播地址，交换机在 MAC 地址表中查找此地址。如果此地址是未知的，也将按照广播（或组播）的方式进行转发；如果此地址存在在交换机的 MAC 地址表中，交换机将把数据帧转发至与此目的 MAC 地址关联的端口。

所有的工作站都发送过数据帧后，交换机学习到了所有的工作站的 MAC 地址与端口的对应关系，并记录到 MAC 地址表中，如图 4.7 所示。此时工作站 A 给工作站 C 发送了一个单播数据帧，交换机查找到了此帧的目的 MAC 地址已经存在于 MAC 地址表中，并和 E2 端口相关联，于是交换机将此帧直接向 E2 端口转发，做出转发决定。对其他的端口并不转发此数据帧，即做出过滤操作。

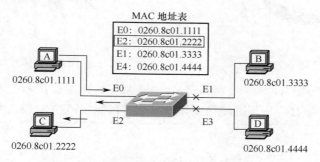

图 4.7　数据帧的过滤转发

（3）环路避免功能

交换机本身不具备环路避免功能，需要结合生成树协议（STP）实现。

3. 局域网常见的线缆及端口

局域网一般是在小范围内，通过线缆及端口将网络设备相互连接起来的网络。用于局域网设备互连的线缆及端口有以下几种。

（1）同轴电缆

如图 4.8 所示，同轴电缆由一根空心的外圆柱导体及其所包围的单根内导线组成。柱体和导线用绝缘材料隔开，其频率特性比双绞线好，能进行较高速率的数据传输。由于它的屏蔽性能好、抗干扰能力强，通常用于基带传输。

图 4.8　同轴电缆

同轴电缆分成粗同轴电缆（AUI）和细同轴电缆（BNC），粗与细是指同轴电缆的直径。粗同轴电缆适用于比较大型的局域网，传输距离长、可靠性高；细同轴电缆的使用和安装方便，成本较低。

无论是粗同轴电缆还是细同轴电缆，均用于总线型拓扑结构，即一根电缆上连接多台主机，这种拓扑结构适用于主机密集的环境。但是当某一连接点发生故障时，故障会串联影响到整根电缆上的所有主机，故障的诊断和修复都很麻烦。所以，同轴电缆已逐步被非屏蔽双绞线或光缆取代。

（2）双绞线

双绞线是由两条相互绝缘的导线按照一定的规格互相缠绕（一般以逆时针方向缠绕）在一起而制成的一种通用配线，如图 4.9、图 4.10 所示。双绞线采用一对互相绝缘的金属导线互相缠绕的方式来抵御一部分外界电磁波的干扰，更主要的是降低自身信号的对外干扰。目前，按照粗细进行分类，EIA/TIA 为双绞线定义了第一类、第二类、第三类、第四类、第五类、超五类、第六类等不同型号。

图 4.9　双绞线（一）

图 4.10　双绞线（二）

双绞线的制作方法有两种：直连和交叉。直连双绞线两端都按照 T568B 标准线序制作；交叉双绞线一端按照 T568B 标准线序制作，另一端按照 T568A 标准制作。

📖 **大开眼界**

早期，由于网络设备的端口不支持自适应，所以一般对等设备之间用交叉双绞线互连，非对等设备之间用直连双绞线互连。现在由于端口支持自适应技术，端口可以根据所用线缆是交叉双绞线还是直连双绞线来调整自身的工作模式。

（3）光纤

光纤是光导纤维的简写，是一种利用光在玻璃或塑料制成的纤维中的全反射原理而制成的光传导工具，如图 4.11 所示。香港中文大学前校长高锟和 George A. Hockham 首先提出光纤可以用于通信传输的设想，高锟因此获得 2009 年的诺贝尔物理学奖。

图 4.11　光纤

光纤分为两种：多模光纤和单模光纤。

单模光纤和多模光纤可以通过纤芯的尺寸大小进行简单判别。单模光纤的纤芯尺寸很小，约 4～10um。单模光纤只允许一束光线穿过光纤，因为只有一种模态，所以不会发生色散。使用单模光纤传输数据的质量更高、频带更宽、距离更长。单模光纤通常用于连接办公楼之间或地理分散更广的网络，适用于大容量、长距离的通信，是未来光纤通信与光波技术发展的必然趋势。

多模光纤允许多束光线穿过光纤，因为不同光线进入光纤的角度不同，所以到达光纤末端的时间也不同，这就是色散。色散从一定程度上限制了多模光纤所能实现的带宽和传输距离。基于这种原因，多模光纤一般用于同一办公楼或距离相对较近的区域内的网络连接。

📖 **大开眼界**

　　通常光纤与光缆两个名词会被混淆。多数光纤在使用前必须由几层保护结构包覆，包覆后的缆线即称为光缆。光纤外层的保护结构可防止周围环境对光纤的伤害，如水、火、电击等。光缆包括光纤、缓冲层及披覆。光纤和同轴电缆相似，只是没有网状屏蔽层，中心是光传播的玻璃芯。

　　（4）同轴电缆端口

　　与同轴电缆相对应，以太网使用一个 T 型的"BNC"接头插入电缆。同轴电缆端口如图 4.12 所示。

　　（5）双绞线端口

　　和双绞线相对应，关于 RJ-45 水晶头现行的接线标准有 T568A 和 T568B 两种，平常用得较多的是 T568B 标准。这两种标准本质上并无区别，只是线的排列顺序不同。RJ-45 水晶头如图 4.13 所示。

图 4.12　同轴电缆端口

图 4.13　RJ-45 水晶头

　　（6）光纤端口及光模块

　　光纤端口的类型比较丰富，常用的光纤端口如下。

　　ST 端口：ST 端口广泛应用于数据网络，是最常见的光纤端口。该端口使用了尖刀型端口，其在物理构造上的特点可以保证两条连接的光纤更准确地对齐，防止光纤在配合时旋转。

　　SC 端口：SC 端口采用推拉型连接配合方式。当连接空间很小、光纤数目又很多时，SC 端口的设计能够使其快速、方便地连接光纤。

　　LC 端口：类似于 SC 端口，LC 端口是一种插入式光纤端口，有一个 RJ-45 型的弹簧产生的有保持力的小突起。LC 型端口与 SC 型端口一样，都是全双工端口。

　　MT-RJ 端口：MT-RJ 是一种更新型号的端口，其外壳和锁定机制类似 RJ 风格，而体积大小类似 LC 端口，标准大小的 MT-RJ 端口可以同时连接两条光纤，有效密度增加了一倍。MT-RJ 端口采用全双工设计，体积只有传统 SC 或 ST 端口的一半，因而可以安装到普通的信息面板上，使光纤到桌面轻易成为现实。MT-RJ 端口采用插拔式设计，易于使用。

　　光纤无法直接插在设备端口上，必须连接一个光模块。简单地说，光模块的作用就是光电转换，发送端把电信号转换成光信号，通过光纤传输后，接收端再把光信号转换成电信号。

　　GBIC 光模块：该模块为可插拔千兆位以太网端口的模块，主要用于两端口、千兆位以太网端口板上，如图 4.14 所示。

　　SFP 光模块：该模块主要用于 1 端口单通道 POS48 端口板、4 端口 POS3 端口板、1 端口 ATM 155M 端口板上，如图 4.15 所示。

图 4.14　GBIC 光模块

图 4.15　SFP 光模块

4．交换机上的常用端口

（1）RJ-45 端口

如图 4.16 所示，这种端口就是最常见的网络设备端口，专业术语为 RJ-45 端口，属于双绞线以太网端口类型。RJ-45 插头只能沿固定方向插入，设有一个塑料弹片与 RJ-45 插槽卡住以防止脱落。这种端口在 10Base-T 以太网、100Base-TX 以太网、1000Base-TX 以太网中都可以使用，传输介质都是双绞线，不过根据带宽的不同，其对介质也有不同的要求，特别是与 1000Base-TX 千兆以太网连接时，至少要使用超五类线，要保证传输稳定、高速，还要使用六类线。

（2）SC 端口

如图 4.17 所示，SC 端口在 100Base-TX 以太网时代就已经得到了应用，当时称为 100Base-FX（F 是单词 Fiber 的缩写），不过当时由于性能并不比双绞线突出，但是成本却较高，因此没有得到普及，现在业界大力推广千兆位网络，SC 端口则重新受到重视。

图 4.16　交换机上的 RJ-45 端口

图 4.17　交换机上的 SC 端口

（3）SFP 端口

如图 4.18 所示，SFP 端口用于信号转换和数据传输，其端口符合 IEEE 802.3ab 标准（如 1000Base-T），最大传输速率可达 1000Mbps（交换机的 SFP 端口支持 100/1000Mbps）。SFP 端口对应的模块是 SFP 光模块，一种将千兆位电信号转换为光信号的端口器件，可插在交换机、路由器、媒体转换器等网络设备的 SFP 端口上，用来连接光或铜网络线缆进行数据传输，通常用在以太网交换机、路由器、防火墙和网络端口卡中。

千兆位交换机的 SFP 端口可以通过连接各种不同类型的光纤（如单模、多模光纤）和网络跳线（如 cat5e 和 cat6）来扩展整个网络的交换功能，不过千兆位交换机的 SFP 端口在使用前，必须先插入 SFP 光模块，然后再使用光纤跳线和网络跳线进行数据传输。

现如今市面上大多数交换机都至少具备两个 SFP 端口，可通过光纤和网络跳线等线缆的连接构建不同建筑物、楼层或区域之间的环形或星形网络拓扑结构。

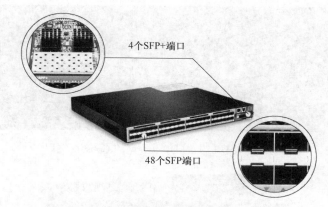

图 4.18　交换机上的 SFP 端口

（4）Console 端口

Console 端口是用来配置交换机的，所以只有网管型交换机才有。而且还要注意，并不是所有网管型交换机都有 Console 端口，那是因为交换机的配置方法有多种，如 Telnet 命令行方式、Web 方式、TFTP 方式等。虽然从理论上来说，交换机的基本配置必须通过 Console 端口，但有些品牌的交换机的基本配置在出厂时就已经配置好了，不需要进行诸如 IP 地址、基本用户名之类的基本配置，所以这类网管型交换机也就不用提供 Console 端口了，这类交换机通常只需要通过简单的 Telnet 或 Java 程序的 Web 方式进行一些高级配置即可。

对于提供了 Console 端口的交换机，用于配置的 Console 端口并不都一样，有的采用与 Cisco 路由器一样的 RJ-45 类型 Console 端口，有的则采用串口作为 Console 端口。

从图 4.19 和图 4.20 可以看出，两个 Console 端口的类型不一样，图 4.19 中是 RJ-45 类型的端口，图 4.20 中是一个"公"头 9 针"D"型端口，它俗称为 DB-9 类型的端口，但它们都是用于进行交换机配置的。

图 4.19　交换机上的 RJ-45 类型 Console 端口

（5）Combo 端口

Combo 在交换机中是指光电复用的意思，是指设备面板上有两个以太网端口（通常一个是光口一个是电口），而在设备内部只有一个转发端口。用户可根据实际组网情况选择其中的一个使用，但两者不能同时工作，当激活其中一个端口时，另一个端口就自动处于禁用状态。交换机上的 Combo 端口如图 4.21 所示。

图 4.20　交换机上的 DB-9 类型的 Console 端口

图 4.21　交换机上的 Combo 端口

5. 交换机命名规则说明

（1）H3C 交换机

$$\underset{A}{H3C}\ \underset{B}{S}\ \underset{C}{5}\ \underset{D}{5}\ \underset{E}{00\text{-}}\ \underset{F}{28}\ \underset{G}{C\text{-}}\ \underset{H}{EI}$$

其中：

A：包括 3 位，且为固定值，表示"H3C"这个品牌。

B：代表产品系列，包括 1 位或 2 位，"S"代表交换机，"SR"代表业务路由器。

C：代表产品子系列的数字（对区分产品基本特性很重要），包括 1 位，3 系列是千兆上行、百兆下行的盒式交换机，如 S3600、S3100 等；5 系列是全千兆的盒式交换机，如 S5100-EI/SI、S5120-EI/SI 等，7 系列是高端箱式交换机，如 S7500、S7500E 等；9 系列是核心箱式交换机，如 S9500、S9500E 等。

D：代表是否是路由交换机，大于等于 5 的为路由交换机，小于 5 的为二层交换机。

E：低端用于区分一类的多个系列，如 S3600 系列和 S3610 系列。高端用于代表插槽位，如 S9505 中的"5"代表 5 个插槽。

F：代表端口数量。

G：代表上行端口类型的字母，包括 1 位或 2 位，C 代表通过扩展插槽上行，如 S5500-28C-26F。

H：SI 代表标准型，EI 代表增强型。

（2）Cisco 交换机

$$\underset{A}{WS\text{-}}\ \underset{B}{C}\ \underset{C}{3750}\ \underset{D}{G\text{-}}\ \underset{E}{24}\ \underset{F}{TS\text{-}}\ \underset{G}{E}$$

其中：

A：Cisco 交换机的固定部分，固定值为 WS。

B：包括 1 位，C 或 XC 表示固定配置结构，X 表示模块化结构。

C：包括 4 位，代表 Catalyst 交换机系列号，其中第一位代表对应产品系列，第二位代表对应产品是上一位指定系列产品的第几代，第三位和第四位代表产品最多能支持的端口号。

D：包括 0 位或 1 位，一般为 G，代表端口全是千兆或以上速率的端口；如果没有这一位，表明交换机存在快速以太网端口。

E：包括 2 位，代表交换机固定配置端口的数量。

F：包括 1 位或 2 位，T 代表端口是电口，S 代表带有扩展 SFP 模块光口上行，TS 代表同时支持电口和 SFP 端口，C 代表光/电复用模块端口上行，W 代表支持无线接入。

G：包括 1 位，E 代表增强型，S 代表标准型，L 代表采用 LAN Base Image 二层特性集映像。

（3）交换机端口命名规则

大多数交换机的端口命名格式为：

端口类型/框号/插槽号/端口号

端口类型包括以 S、E、F、G 开头的不同端口，E 是以太网的意思，通常为 RJ-45 类型端口，速率为 10MB/s；F 是快速以太网的意思，通常为 RJ-45 类型端口，速率为 100MB/s；G 是吉比特以太网的意思，通常有光、电两种端口类型，速率为 1000MB/s；S 是路由器中的串行端口，速率为 1.544MB/s。例如，C2900 中的 F0/1 是快速以太网的意思，0 是插槽号，1 是端口号。

4.1.2　典型任务

1．任务描述

图 4.22 所示为 Cisco WS-C2950-24 交换机，将计算机通过串口线与交换机相连，如图 4.23 所示，登录交换机进行以下操作。

1）登录并配置交换机。

2）查看交换机的版本信息、基本配置、系统资源等信息。

3）设置和清除交换机密码。

4）配置 Telnet。

图 4.22　Cisco WS-C2950-24 交换机

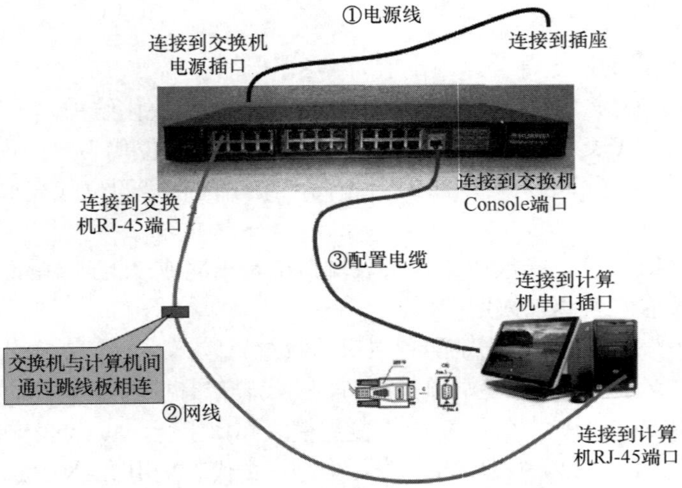

①电源线

连接到交换机
电源插口

连接到插座

连接到交换机
Console端口

连接到交换
机RJ-45端口

③配置电缆

连接到计算
机串口插口

交换机与计算机间
通过跳线板相连

②网线

连接到计算
机RJ-45端口

图 4.23　交换机的基本操作

2．任务分析

要实现对交换机的基本操作，首先需要登录设备，然后进行信息查看、密码的设置和清除、Telnet 配置等操作。

3．任务实施

步骤 1　登录交换机。

Cisco WS-C2950-24 交换机可以通过多种方式进行配置。

（1）带外方式

Console 端口：直接和计算机的串口相连，进行管理和配置（密码清除必须在这种方式下进行）。

（2）带内方式

1）Telnet 远程登录：通过网络，Telnet 远程登录到交换机进行配置。

2）修改配置文件：将交换机的配置文件，通过 TFTP 的方式下载到终端上，进行编辑和修改，之后再上传到交换机上。

3）网管软件：通过网管软件对交换机进行管理和配置。

（3）Console 端口登录方法

Cisco WS-C2950-24 的登录和配置一般通过连接 Console 端口的方式进行，Console 端口配置采用超级终端方式，下面以 Windows XP 操作系统提供的超级终端工具配置为例进行说明（Window 7 及以上版本不再提供超级终端工具，若要使用应先自行下载并安装该工具）。

1）将计算机与 Cisco WS-C2950-24 进行正确连线之后，单击"开始→程序→附件→通信→超级终端"（或者在"开始→运行"中输入 Hypertrm），即可进入超级终端界面，如图 4.24 所示。

图 4.24　超级终端

2）在出现图 4.25 所示的对话框时，按要求输入有关的位置信息：国家/地区代码、地区电话号码编号和用来拨外线的电话号码。

3）弹出"连接描述"对话框时，为新建的连接输入名称并为该连接选择图标，如图 4.26 所示。

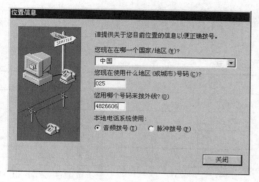

图 4.25　设置位置信息

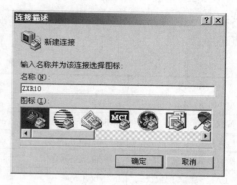

图 4.26　设置超级终端名称

4）根据配置线所连接的串口，选择连接串口为 COM1（可通过设备管理器查看实际使用的串口），如图 4.27 所示。

5）设置所选串口的端口属性。端口设置主要包括以下内容：每秒位数（波特率）设置为"9600"，数据位设置为"8"，奇偶校验设置为"无"，停止位设置为"1"，数据流控制设置为"无"，如图 4.28 所示。

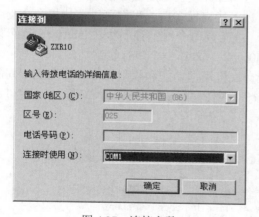

图 4.27　连接参数

图 4.28　端口设置

检查前面设定的各项参数正确无误后，Cisco WS-C2950-24 交换机就可以加电启动了，进行系统的初始化，进入配置模式进行操作。可以看到如图 4.29 所示的界面，输入"n"不进入向导模式后，进入交换机用户模式，会出现用户模式提示符"Switch>"。

```
Would you like to enter the initial configuration dialog? [yes/no]: n
Switch>
Switch>
```

图 4.29　进入用户模式

如果想进入特权模式，输入 enable 命令（第一次启动时不需要密码）。这时，交换机的命令提示符变为 Switch#。

步骤 2　配置交换机。

Cisco 交换机或路由器命令行端口使用一个分等级的结构，这个结构使得用户需要登录到不同的模式下来完成详细的配置任务。从安全的角度考虑，Cisco 的系统模式如表 4.1 所示。

表 4.1　系统模式

模　　式	提　示　符	进　入　命　令	功　　能
用户模式	switch>	登录系统后直接进入	查看简单信息
特权模式	switch#	enable（用户模式下）	配置系统参数
全局模式	switch(config)#	configure terminal（特权模式下）	配置全局业务参数
端口模式	switch(config-if)#	interface <interface-name>（全局模式下）	配置端口参数
VLAN 数据库配置模式	switch(vlan)#	vlan database（特权模式下）	批量创建或删除 VLAN
VLAN 端口配置模式	switch(config-if)#	interface vlan<vlan-id>（全局模式下）	配置 VLAN 端口 IP 参数
路由 RIP 配置模式	switch(config-router)#	router rip（全局模式下）	配置 RIP 参数
路由 OSPF 配置模式	switch(config-router)#	router ospf <process-id>（全局模式下）	配置 OSPF 参数

用户模式仅允许基本的监测命令，在这种模式下不能改变交换机的配置。特权模式可以使用所有的配置命令，在用户模式下访问特权模式一般都需要密码。在特权模式下，还可以进入全局模式和其他特殊的配置模式，这些特殊模式都是全局模式的一个子集。从用户模式切换到特权模式的命令为 enable。在进入特权模式后，我们可以在特权命令提示符下输入 configure terminal 命令进入全局模式。在全局命令提示符下输入 interface e0 可以进入第一个以太网端口，而输入 interface serial0 可以进入第一个串行线路端口。

为方便用户对交换机进行配置和管理，交换机根据功能和权限将命令分配到不同的模式下，一条命令只有在特定的模式下才能执行。在任何命令模式下输入问号（?）都可以查看该模式下允许使用的命令，如图 4.30 所示。

```
switch(config)#?
Configure commands:
  aaa                        Authentication, Authorization and Accounting.
  aal2-profile               Configure AAL2 profile
  access-list                Add an access list entry
  alarm-interface            Configure a specific Alarm Interface Card
  alias                      Create command alias
  alps                       Configure Airline Protocol Support
  application                Define application
  archive                    Archive the configuration
  arp                        Set a static ARP entry
  async-bootp                Modify system bootp parameters
  atm                        Enable ATM SLM Statistics
  backhaul-session-manager   Configure Backhaul Session Manager
  banner                     Define a login banner
  bba-group                  Configure BBA Group
  boot                       Modify system boot parameters
  bridge                     Bridge Group.
  bstun                      BSTUN global configuration commands
  buffers                    Adjust system buffer pool parameters
  busy-message               Display message when connection to host fails
  call                       Configure Call parameters
  call-history-mib           Define call history mib parameters
```

图 4.30　输入问号显示命令关键字与解释

在字符或字符串后面输入问号，可显示以该字符或字符串开头的命令或关键字列表。注释在字符（字符串）与问号之间没有空格。举例如下：

```
switch#co?
configure copy
switch#co
```

在字符串后面按 Tab 键时，如果以该字符串开头的命令或关键字是唯一的，则将其补齐，并在后面加上一个空格。注释在字符串与 Tab 键之间没有空格。举例如下：

```
switch#con<Tab>
switch#configure        (configure 和光标之间有一个空格)
```

在命令、关键字、参数后输入问号，可以列出下一个要输入的关键字或参数，并给出简要解释。注释问号之前需要输入空格。举例如下：

```
switch#configure ?
terminal  Enter configuration mode
switch#configure
```

如果输入了不正确的命令、关键字或参数，按回车键后用户界面会用"^"符号提示错误。"^"出现在所输入的不正确的命令、关键字或参数的第一个字符的下方。举例如下：

```
switch#con ter
      ^
% Invalid input detected at '^' marker.
switch#
```

Cisco WS-C2950-24 交换机允许把命令和关键字缩写成能够唯一标识该命令或关键字的字符或字符串，例如，可以把 show 命令缩写成 sh 或 sho。

Cisco WS-C2950-24 交换机常用的基本命令如表 4.2 所示。

表 4.2　Cisco WS-C2950-24 交换机常用的基本命令

功　能	命　令
设置系统名称	switch(config)#hostname myswitch
设置系统时间	switch #clock set 17:00:00 Jun 13 2018
设置 Enable 密码	switch (config)#enable secret cisco
关闭端口	switch (config-if)#shutdown
开启端口	switch (config-if)#no shutdown
查看所有配置信息	switch #show running-config
查看单一端口的信息	switch #show interface g2/1
查看所有端口信息	switch #show ip interface brief

步骤 3　设置交换机密码。

我们在最初进行交换机配置的时候通常需要限制一般用户的访问，这对于交换机是非常重要的。在默认的情况下，交换机是一个开放的系统，访问控制选项都是关闭的，任何用户都可以登录设备从而进行进一步的攻击，所以需要网络管理员配置密码来限制非授权用户通过直接的连接、Console 终端和从 Modem 线路访问设备。

下面介绍如何在 Cisco 交换机产品上设置交换机的密码。配置进入特权模式的密码和密匙：

```
switch(config)#enable password cisco    \\命令解释：开启特权密码保护
switch(config)#enable secret cisco      \\命令解释：开启特权密匙保护
switch(config)#copy running-config startup-config  \\命令解释：保存配置
```

密码用来限制非授权用户进入特权模式。因为特权密码是未加密的，所以推荐用户使用特权密匙，且特权密码仅在特权密匙未使用的情况下才会有效。

步骤 4 清除密码。

1）启动交换机，加电过程中按住"mode"按钮，直到 sys 灯不闪烁为止（即常亮状态），进入交换机的底层模式 switch，如图 4.31 所示。

图 4.31　加电过程中按住"mode"按钮

2）输入命令 flash_init，按回车键，初始化 flash 文件系统。注意，该模式下不支持命令的缩写，如图 4.32 所示。

图 4.32　输入命令 flash_init

3）输入命令 dir flash，按回车键，查看交换机配置文件，为下一步工作做准备，如图 4.33 所示。

图 4.33　输入命令 dir flash

4）输入命令 rename flash:config.text flash:config.old，按回车键，重命名交换机原始配置文件，如图 4.34 所示。

```
switch:
switch:
switch:
switch: rename flash:config.text flash:config.old
switch:
```
———→ 重命名原来的
配置文件

图 4.34　重命名交换机原始配置文件

5）输入命令 dir flash，按回车键，查看文件名是否修改成功；修改成功后，输入命令 boot，重启交换机，如图 4.35 所示。

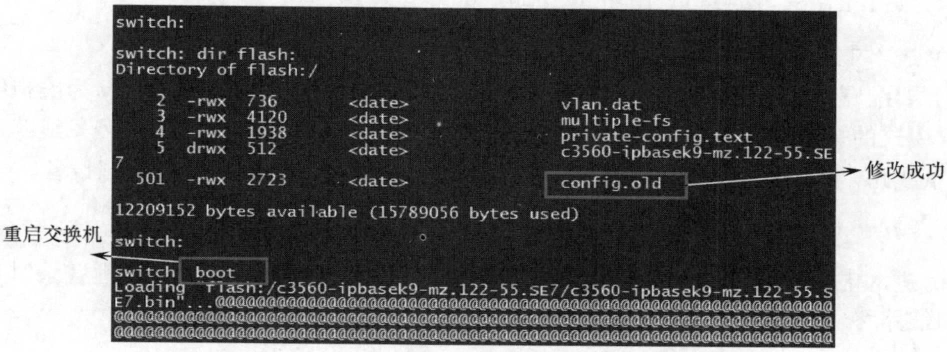

```
switch:
switch: dir flash:
Directory of flash:/

      2  -rwx  736      <date>         vlan.dat
      3  -rwx  4120     <date>         multiple-fs
      4  -rwx  1938     <date>         private-config.text
      5  drwx  512      <date>         c3560-ipbasek9-mz.122-55.SE
7
    501  -rwx  2723     <date>         config.old
12209152 bytes available (15789056 bytes used)
switch:
switch  boot
Loading  flash:/c3560-ipbasek9-mz.122-55.SE7/c3560-ipbasek9-mz.122-55.S
E7.bin"...@@@@@@@@@@@@@@@@@@@@@@@@@@@@@@@@@@@@@@@@@@@@@@@@@@@@@@@@@@@@@@@@
@@@@@@@@@@@@@@@@@@@@@@@@@@@@@@@@@@@@@@@@@@@@@@@@@@@@@@@@@@@@@@@@@@@@@@@@@@@@
```
重启交换机 ←———

———→ 修改成功

图 4.35　查看文件名后重启交换机

6）重启交换机后，恢复出厂配置，交换机密码清除成功，如图 4.36 所示。

```
Would you like to enter the initial configuration dialog? [yes/no]: n
Switch>
Switch>
```

图 4.36　密码清除成功

步骤 5　配置 Telnet。

如图 4.37 所示，通过 Console 端口实现 Telnet 配置，并通过 Telnet 远程登录交换机。对交换机进行操作。

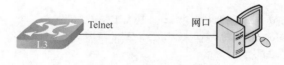
Telnet　　　　　　网口

图 4.37　配置 Telnet

刚拿到一台交换机时，一项最基本的配置就是 Telnet 远程登录，以便通过远程登录方便地对交换机进行管理和操作，只要配置好 Telnet 服务，后续的一些其他配置都可以直接通过远程登录来进行。

1）要远程访问设备，首先要配置一个端口 IP 用来进行远程连接，对于一般的二层接入交换机，不能像路由器一样直接配置端口 IP，只能在虚拟 VLAN 端口上配置一个管理 IP，用来进行远程登录，配置命令如下。

① 创建虚拟 VLAN 用于配置端口 IP（全局模式下）。

```
switch(config)#vlan <vlan-id>
```

② 进入 VLAN 端口配置模式（全局模式下）。

```
switch(config)#interface vlan <vlan-id>
```

③ 配置端口 IP 的地址（VLAN 端口配置模式下）。

```
switch(config-if)#ip address <ip-addr> <subnet-mask>
```

④ 激活当前虚拟端口（VLAN 端口配置模式下）。

```
switch(config-if)#no shutdown
```

2）进入虚拟线路终端配置模式（全局模式下）。

① 要配置认证方式，首先要进入虚拟线路终端配置模式，其中 line vty 为虚拟线路终端配置模式的关键字，后面为要启用的线路终端号，可以启用其中一条或多条线路，一般有 16 条线路，也就是说，可以支持 16 台设备通过不同的线路同时登录到该设备。

```
switch(config)#line vty <0-15>
```

② 进入虚拟线路终端配置模式后，选择 login 就会开启密码认证，远程登录时直接使用虚拟线路终端配置模式中设置好的密码来进行登录验证。

```
switch(config-line)#login
```

③ 配置虚拟终端密码（虚拟终端线路配置模式下）。

```
switch(config-line)#password <password>
```

示例如下：

```
switch> enable \\进入全局模式
switch#configure terminal \\进入配置模式
switch(conf)#hostname Nuctech-Core-01 \\交换机命名
Nuctech-Core-01#enable password nuctech
\\或者 Nuctech-Core-01#enable secret cisco
\\配置密码
Nuctech-Core-01#interface vlan 1\\进入 VLAN1
Nuctech-Core-01(conf)#ip address 192.168.111.201 255.255.255.0
\\给 VLAN1 配置 IP 地址
Nuctech-Core-01(conf-if)#no shut \\打开端口
Nuctech-Core- 01(conf if)#exit \\退出配置模式（也可不退出）
Nuctech-Core 01(confline vty 0 4 \\配置虚拟连接数量
Nuctech-Core-01(conf-line)#login \\设置允许登录
Nuctech-Core-01(conf-line)#password nuctech \\设置登录密码
Nuctech-Core-01(conf-line)#exit \\退出
Nuctech-Core-01(conf-if)#exit \\退出
Nuctech-Core-01#write\\保存配置
```

可能是出于安全性考虑，Cisco 交换机上如果开启了 Telnet 服务，就必须同时配置特权模式的密码，不管是无认证方式还是有认证方式下，都需要配置，否则登录到命令行后只能进入用户模式，进入特权模式时会提示"No password set"，所以配置完认证模式后不要忘了配置特权模式的密码。

4.2　任务 2：路由器的基本操作

4.2.1　预备知识

1. 路由器的基本原理

在介绍 OSI 参考模型时提到，路由器工作在网络层，它的核心作用是实现网络互连和数据转发。它主要具备以下功能：

1）路由（寻径）：包括路由表的建立与刷新。

2）转发：在网络之间转发报文，涉及从接收端口收到报文，解封装，对数据包做相应处理，根据目的地查找路由表，决定转发端口，做新的数据链路层封装等过程。

3）隔离广播：指定访问规则，阻止广播的通过，可以设置访问控制列表（ACL）对流量进行控制。

4）异种网络互连：支持不同的数据链路层协议，连接异种网络。

路由器是如何实现寻址和数据转发的？如图 4.38 所示，路由器内部有一张路由表，这张表标明了如果要去某个地方，下一步应该往哪走。路由器从某个端口收到一个报文，它首先把数据链路层的数据帧解封装，读取目的 IP 地址，然后查找路由表，若能确定下一步往哪走，则再加上数据链路层的数据帧的头部，打包，把该数据包转发出去；如果不能确定下一步的地址，则向源地址返回一个信息，并把这个报文丢掉。

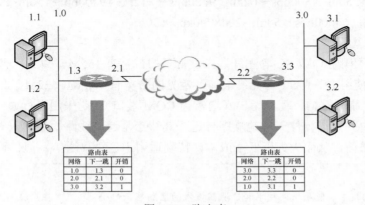

图 4.38　路由表

2. 广域网常见的端口及线缆

广域网端口包括窄带广域网端口和宽带广域网端口。

（1）窄带广域网端口

1）E1：传输速率为 64Kbps~2Mbps，采用 RJ-45 和 BNC 两种端口。

2）V.24：常见的路由器端口为 DB50 接头，外接网络端口为 25 针接头，常接低速 Modem。

① 在异步工作方式下，通常封装数据链路层协议 PPP，最高传输速率是 115.2Kbps；

② 在同步工作方式下，可以封装数据链路层协议 X.25、帧中继、PPP、HDLC、SLIP 和 LAPB 等，支持网络层协议 IP 和 IPX，而最高传输速率仅为 64Kbps 。

③ V.24 端口的传输距离与传输速率有关：

2400bps→60m；4800bps→60m；9600bps→30m；19200bps→30m；38400bps→20m；64000bps→20m；115200bps→10m。

3）V.35：常见的路由器端口为 DB50 接头，外接网络端口为 34 针接头，常接高速 Modem，如图 4.39 所示。

图 4.39　V.35 端口

① V.35 一般只用于以同步方式传输数据，可以封装数据链路层协议 X.25、帧中继、PPP、SLIP、LAPB 等，支持网络层协议 IP 和 IPX。V.35（在同步方式下）的公认最高传输速率是 2Mbps。

② V.35 端口的传输距离与传输速率有关：

2400bps→1250m；4800bps→625m；9600bps→312m；19200bp→156m；38400bps→78m；56000bps→60m；64000bps→50m；2048000bps→30m。

（2）宽带广域网端口

1）ATM：使用 LC 或 SC 等光纤端口，常见的带宽有 155M、622M 等。

2）POS：使用 LC 或 SC 等光纤端口，常见的带宽有 155M、622M、2.5G 等。

3）Serial：串行端口，简称串口（通常指 COM 端口），是采用串行通信方式的扩展端口。串行端口中的数据一位一位地顺序传送，其特点是通信线路简单，只要一对传输线就可以实现双向通信，从而大大降低了成本，特别适用于远距离通信，但传输速率较低。

◄)) 小提示

局域网技术的发展，使局域网技术和广域网技术的区别越来越小，现在，在广域网中也使用很多局域网中的端口和线缆。

4.2.2 典型任务

1. 任务描述

如图 4.40 和图 4.41 所示，将计算机通过串口线与 Cisco 2911 路由器相连，登录 Cisco 2911 路由器进行配置。

配置要求如下：

1）登录 Cisco 2911 路由器；

2）查看路由器的基本信息；

3）设置和清除 Cisco 2911 路由器密码；

4）配置 Telnet。

图 4.40　Cisco 2911 路由器

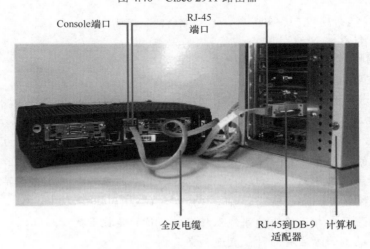

图 4.41　路由器配置连线

2. 任务分析

要实现对路由器的基本操作，首先需要登录设备，然后进行信息查看、密码的设置和清除、Telnet 配置等操作。路由器的配置命令和交换机一致，详细命令格式请查阅 4.1 节内容。

3. 任务实施

1）登录路由器：使用 Console 端口登录。用配置线把计算机的串口和路由器的 Console 端口连接起来。参照 4.1 节交换机的登录方法登录路由器。

2）配置路由器：方法和交换机一致，此处不再阐述。

注意：路由器的密码清除步骤如下。

1）在路由器加电 60s 内，在超级终端按"Ctrl+Break"键 3~5s，可以进入 rommon 模式，提示符为"rommon1>"。

2）输入命令如下。

```
rommon1>confreg 0x2142                          //修改配置寄存器的值
rommon2>reset                                   //重启
router>en                                       //此时应是用空密码进入特权模式
router#enable password cisco                     //修改密码
router(config)#config-register 0x2102           //修改配置寄存器的值
router#copy startup-config running-config        //保存配置
```

思考与练习

1. 以太网的核心算法是什么？

2. 交换机的工作机制有哪些？

3. 下列说法正确的是（　　　）。

A. DMAC 代表目的 MAC 地址

B. SMAC 代表源 MAC 地址

C. 以太网帧的最小长度必须不小于 64 字节

D. 数据在数据链路层叫帧

4. 关于交换机说法，正确的是（　　　）。

A. 交换机工作在数据链路层　　　　　　B. 交换机可以分割冲突域

C. 交换机可以分割广播域　　　　　　　D. 交换机没有逻辑计算能力

5. 交换机的功能包括（　　　）。

A. 地址学习　　　B. 转发和过滤　　　　　C. 环路避免　　　D. 寻找路由

6. 关于双绞线说法，正确的是（　　　）。

A. 双绞线用两条相互绝缘的导线互相缠绕，目的是抗干扰

B. 双绞线的制作方法有两种：直连和交叉

C. 交换机与交换机之间互连用交叉线

D. 计算机与路由器之间互连用直连线

实践活动：通过 Console 端口实现路由器的 Telnet 配置

1. 实践目的

1）掌握路由器、交换机的基本操作命令。

2）能够应用所学操作命令对路由器、交换机进行基本配置。

2. 实践要求

能够独立对路由器、交换机进行基本配置。

3. 实践内容

1）使用 Console 端口登录设备。

2）配置设备的远程登录用户名、密码，进行 Telnet 相关配置。

搭建局域网

【项目引入】

　　每周一上午，公司领导和技术骨干都要例行开会，小李作为新人，上午负责网络维护工作，碰巧，公司财务小梅上报办公室网络非常慢，由于上次小李独立更换网络设备非常成功，小李自信满满地去现场解决问题。结果一个小时都过去了，小李还是没有头绪，后来还是请出了公司的技术主管才解决了网络故障。小李问主管故障的原因，主管告诉他周末有人改动线路导致网络形成环路，影响了网络的性能，并告诉他需要规划好 VLAN，最好启用生成树功能防环。

　　为了避免以后发生类似的问题，小李决定好好看看环路问题，本项目主要介绍小李想要学习的环路问题，介绍 VLAN 和 STP 等常见的二层交换技术，这些技术可以解决小李的困惑。

【学习目标】

1. 熟悉：VLAN、STP 和链路聚合技术的基本工作原理。
2. 掌握：VLAN、STP 和链路聚合技术的配置。
3. 应用：交换网络环境搭建设计。

5.1 任务 1：玩转 VLAN 技术

5.1.1 预备知识

　　传统以太网使用 CSMA/CD 算法，在 CSMA/CD 方式下，同一个时间段只有一个节点能够在缆线上传输数据。如果其他节点想传输数据，必须等到正在传输的节点的数据传输结束。以太网之所以称为共享介质就是因为节点共享同一传输介质。

　　Hub（集线器）与 Repeater（中继器）工作在 CSMA/CD 方式下，集线器只对信号做简单的放大，设备必须遵循 CSMA/CD 进行通信。使用集线器连接的传统共享式以太网中的所有工作站处于同一个冲突域和同一个广播域中。

1．集线器与交换机的区别

集线器是一种物理层设备，本身不能识别 MAC 地址和 IP 地址，当集线器下连接的主机设备间传输数据时，报文是以广播的方式进行传输的，由每一台主机自己眼中 MAC 地址来确定是否接收。在这种情况下，同一时刻由集线器连接的网络中只能传输一组数据，若发生冲突，则需要重传。集线器下连接的所有端口共享整个带宽，即所有端口处于同一个冲突域。

交换机则是工作在数据链路层的设备，在接收到报文后，通过查找自身 MAC 地址表中的 MAC 地址与端口的对应关系，将报文传输到目的端口。交换机在同一时刻可进行多个端口之间的数据传输，每个端口都是独立的物理网段，连接在端口上的网络设备独自享有全部的带宽。因此，交换机起到了分割冲突域的作用，每个端口为一个冲突域。

📖 **大开眼界**

- 中继器又称为放大器，是一种传统的网络设备，作用是放大信号，解决物理线路不够长而引起的信号衰减问题。中继器本身有不可避免的缺点：中继器在放大正常通信信号的同时，也放大了噪声信号；它是一种物理层设备，无法读懂和修改 OSI 参考模型上层的报文，无法完成更多的选路及优化转发的操作，只起到放大信号与延长线路的作用，而且端口较少，不是一种密集型端口的网络设备。中继器现已被淘汰。
- 集线器是一种用于星形网络拓扑结构的中心设备，它具备中继器的信号放大功能，所以它有延长线路的特性。但是集线器在放大正常信号的同时也放大了噪声信号，将对正常的网络通信造成影响。集线器的端口比中继器密集，它们的特性又很相似，所以在某种情况下，集线器又称为"具有更多端口的中继器"。
- 集线器的安全威胁：只要在集线器的任意端口接入协议分析器，安装了协议分析软件的计算机就都可以成功地监听集线器上其他端口所有接收和发送的数据，这些数据中也包括比较重要和敏感的信息。

交换机根据目的 MAC 地址转发或过滤数据帧，隔离了冲突域，工作在数据链路层，由于硬件的发展，交换机每个端口都实现了全双工转发，所以交换机每个端口都是单独的冲突域。

如果工作站直接连接到交换机的端口，此工作站独享带宽。但是由于交换机对目的地址为广播地址的报文进行广播，报文会被转发到所有端口，所以所有通过交换机连接的工作站都处于同一个广播域之中，如图 5.1 所示。

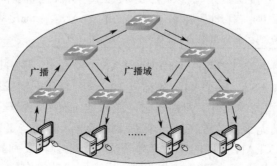

图 5.1　广播域

交换机、网桥、集线器、中继器都在一个广播域内，其中集线器与中继器是一个冲突域，交换机与网桥能终止冲突域。通常要想终止广播和多播，需要用路由器或三层设备来实现，但 VLAN 技术在二层就实现了广播域的分隔，如图 5.2 所示。

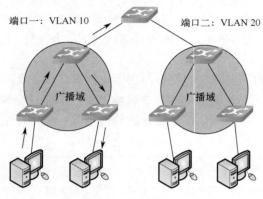

图 5.2　隔离广播域

📖 **大开眼界**

网桥的广播与集线器的广播有很大区别，网桥的广播只是一个单纯的 ARP 广播，它没有真实的数据负载，所以报文很小，而且在某种情况下，这种广播的报文的大小可以忽略不计。它只广播一次，这次广播的目的是构造 MAC 地址表，利用网桥的 MAC 地址表自学习功能，记录计算机的源 MAC 地址对应的网桥端口，当 MAC 地址表成功构造后，网桥将不再进行广播，而是利用 MAC 地址表进行快速选路并转发。而集线器每次传输数据都需要依靠广播，而且该广播带有真实数据负载。

2．VLAN 的定义及功能

（1）VLAN 的定义

VLAN（Virtual Local Area Network，虚拟局域网）是一种通过将局域网内的设备逻辑地（而不是物理地）划分成一个个网段，从而实现虚拟工作组的技术。

📖 **大开眼界**

802.1Q 标准：1996 年 3 月，IEEE 802.1 Internet 工作委员会结束了对 VLAN 初期标准的修订工作。新出台的标准进一步完善了 VLAN 的体系结构，统一了 VLAN 标记方式中不同厂商的标签格式，并制定了 VLAN 标准在未来一段时间内的发展方向，以此形成的 802.1Q 标准在业界获得了广泛推广。802.1Q 标准的出现打破了虚拟局域网依赖厂商标准的僵局，从而推动了 VLAN 的标准化发展。另外，来自市场需求的压力促使各大网络厂商立刻将新标准融合到他们各自的产品开发中。

VLAN 技术允许网络管理者将一个物理的 LAN（局域网）逻辑地划分成不同的广播域（或称虚拟 LAN，即 VLAN），每个 VLAN 都包含一组有着相同需求的计算机工作站，与物理上形成的 LAN 有着相同的属性。但由于它是逻辑地（而不是物理地）划分，所以同一个 VLAN 内的各个工作站无须被放置在同一个物理空间里，即这些工作站不一定属于同一个物理 LAN 网段。一个 VLAN 内部的广播和单播流量都不会转发到其他 VLAN 中，从而有助于控制流量、减少设备投资、简化网络管理、提高网络的安全性。

VLAN 技术要求在以太网帧的基础上增加 VLAN 头，用 VLAN ID 把用户划分为更小的工作组，限制不同工作组间用户的二层互访，每个工作组就是一个虚拟局域网，如图 5.3 所示。

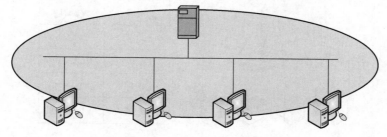

图 5.3　主机处在同一广播域

划分在同一广播域中的成员并没有任何物理或地理上的限制，它们可以连接到一个交换网络中的不同交换机上。广播分组、未知分组及成员之间的数据分组都被限定在 VLAN 之内。

VLAN 技术的特点如下。

1）区段化：使用 VLAN 技术可将单一的交换架构、一个广播域分隔成多个广播域，相当于分隔出物理上分离的多个单独的网络。即将一个网络进行区段化，减少每个区段的主机数量，提高网络性能。

2）灵活性：VLAN 配置，成员的添加、移去和修改都是通过在交换机上进行配置实现的。一般情况下，无须更改物理网络、增添新设备及更改布线系统，所以 VLAN 技术为用户提供了极大的灵活性。

3）安全性：将一个网络划分 VLAN 后，不同 VLAN 内的主机间通信必须通过 3 层设备，而在 3 层设备上可以通过设置 ACL 等实现第 3 层的安全性，即 VLAN 间的通信是在受控的方式下完成的，相对于没有划分 VLAN 的网络（所有主机可直接通信），其具有较高的安全性。另外，用户想加入某一 VLAN 必须通过网络管理员在交换机上进行配置实现，也一定程度上提高了安全性。

（2）规划 VLAN 的方法

VLAN 的类型取决于一个标准：怎样将一个已接收的数据帧视为属于某个特定的 VLAN。规划 VLAN 的方法主要有以下 6 种。

1）基于端口的 VLAN。这种方法根据交换机的端口来划分，比如交换机的 1~4 端口为 VLAN A，5~17 端口为 VLAN B，18~24 端口为 VLAN C。当然，这些属于同一 VLAN 的端口可以不连续，如何配置，由网络管理员决定。

如图 5.4 所示，端口 Fei_0/1 和端口 Fei_0/7 被指定属于 VLAN 5，端口 Fei_0/2 和端口 Fei_0/10 被指定属于 VLAN 10。主机 A 和主机 C 连接在端口 Fei_0/1、Fei_0/7 上，因此它们就属于 VLAN 5；同理，主机 B 和主机 D 属于 VLAN 10。如果有多个交换机，例如，可以指定交换机 1 的 1~6 端口和交换机 2 的 1~4 端口为同一 VLAN，即同一 VLAN 可以跨越数个交换机，根据端口划分是目前定义 VLAN 的最常用的方法。这种划分方法的优点是定义 VLAN 成员时非常简单，只要将所有端口都指定一个 VLAN 即可。其缺点是如果 VLAN

A 的用户离开了原来的端口，到了一个新的交换机的某个端口中，那么就必须重新定义VLAN。

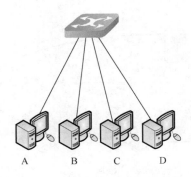

VLAN表

端口	VLAN
Fei_0/1	VLAN 5
Fei_0/2	VLAN 10
Fei_0/7	VLAN 5
Fei_0/10	VLAN 10

图 5.4　基于端口的 VLAN

2）基于 MAC 地址的 VLAN。这种方法中的每个交换设备（或一个中心 VLAN 信息服务器）保持追踪网络中的所有 MAC 地址，根据网络管理器配置的信息将它们映射到相应的 VLAN 上。在端口接收报文时，根据目的 MAC 地址查询 VLAN 数据库，VLAN 数据库将该报文所属 VLAN 的名字返回。

这种划分方法的优势表现在诸如打印机和工作站这些网络设备可在不需要重新配置的情况下在网络内部任意移动。但是由于需要掌握和配置网络上所有主机的 MAC 地址，所以其管理任务较重。

3）基于协议的 VLAN。这种方法将物理网络划分成基于协议的逻辑 VLAN。在端口接收报文时，它的 VLAN 由其协议决定。例如，IP，IPX 和 Appletalk 可能有各自独立的 VLAN。IP 广播包只被广播到 IP VLAN 中的所有端口。

4）基于子网的 VLAN。基于子网的 VLAN 是基于协议的 VLAN 的一个子集，根据报文所属的子网决定其所属的 VLAN。要做到这点，交换机必须查看输入报文的网络层报头。这种 VLAN 划分方法与路由器相似，把不同的子网分成不同的广播域。

5）基于组播的 VLAN。基于组播的 VLAN 是为组播分组动态创建的，典型的例子就是每个组播分组都与一个不同的 VLAN 对应，这就保证了组播报文只被相应的组播分组成员的那些端口接收。

6）基于策略的 VLAN。基于策略的 VLAN 是 VLAN 最基本的定义。对于每个输入报文都查询策略数据库，从而决定该报文所属的 VLAN。比如，可以建立一个公司的管理人员之间来往电子邮件的特别 VLAN 的策略。

❦ **注意**

现实网络中应用最多的是基于端口的 VLAN 的划分方式，主要因为配置简单明了，配置工作量小，易于后期维护。

（3）VLAN 标准

IEEE 制定了通用 VLAN 标准 IEEE 802.1Q，定义了 VLAN 的帧格式，为识别帧属于哪个 VLAN 提供了一个标准的方法。这个帧格式统一了标识 VLAN 的方法，保证不同厂家设备的 VLAN 可以互通。

在原始以太网帧中加入 4 字节的标记报头,这样以太网的最大帧长度变为 1518 字节(这个值大于 IEEE 802.3 标准中规定的 1514 字节,但是目前正预期对其进行修改,以便使带有 VLAN 标记长度为 1518 字节以太网帧能够被支持)。4 字节的标记报头的组成如图 5.5 所示。

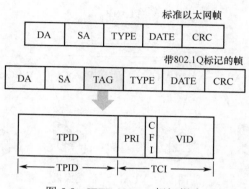

图 5.5　IEEE 802.1Q 标记报头

1)标记协议标识符(TPID):2 字节的 TPID 字段的值为十六进制数 8100,表明了这个帧承载的是 802.1Q/802.1P 标记信息,这个值必须区别于以太网类型字段中的任何值。

2)标记控制信息(TCI):TCI 中包含一个 3 位的用户优先级字段(PRI),用来在支持 IEEE 802.1P 规范的交换机进行帧转发的过程中标识帧的优先级;TCI 中还包含一个 1 位的规范格式标识符(CFI),用于标识 MAC 地址信息是否是规范格式的;TCI 中还有一个 12 位的 VLAN 标识符(VID),指明数据帧所属 VLAN 的 ID,取值范围为 0~4095(0 和 4095 是保留的,不能作为 VID 使用,可用的 VID 范围为 1~4094)。

在一个交换网络环境中,以太网帧有两种格式:有些帧是没有加上 4 字节的标记报头的,称为未标记的帧(Untagged Frame),有些帧加上了 4 字节的标记报头,称为带有标记的帧(Tagged Frame)。

📖 **大开眼界**

- 规划 VLAN 的方法还可以分为静态 VLAN 规划与动态 VLAN 规划。静态 VLAN 规划是指将交换机的某个端口以手动的方式静态地指派到一个具体的 VLAN 中,需要使用命令对交换机进行配置,被规划到某个具体 VLAN 的交换机端口,将永久性地属于某个具体 VLAN,除非改变配置。在通常情况下,建议使用静态 VLAN 规划。在这种情况下,网络中的主机较为固定,主机的移动性所增加的成本不会高于其 VLAN 本身的管理成本。

- 如果网络中主机的移动性很强,且移动频繁,带来了更高的管理开销,那么建议使用动态 VLAN 规划。所谓动态 VLAN 规划,就是交换机的某个端口不与某个具体的 VLAN 构成永久性对应关系,随着主机的移动,交换机端口所属的 VLAN 关系也会发生变化。在动态 VLAN 规划的环境中,需要一台 VMPS(VLAN Management Policy Server,VLAN 管理策略服务器),该服务器的作用是将主机的 MAC 地址与某个具体的 VLAN 形成对应关系,并记录下来。

- 例如,在 VMPS 上记录主机 A 的 MAC 地址对应 VLAN 2,那么无论主机 A 在网络中移动到交换机的哪个端口,它所连接的端口就属于 VLAN 2,不需要再对交换机端口做任何配置。

（4）VLAN 的链路类型

如图 5.6 所示，VLAN 可以跨越交换机。不同交换机上相同 VLAN 的成员处于一个广播域，可以直接相互访问。所有 VLAN 3 的成员都能通过中间的过渡交换机实现通信，同样，所有 VLAN 5 的成员也可以相互通信。

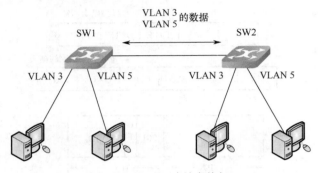

图 5.6　VLAN 跨越交换机

VLAN 的链路类型包括接入链路和中继链路两种。

1）接入链路：连接主机和交换机的链路称为接入链路。通常情况下，主机并不需要知道自己属于哪些 VLAN，主机的硬件也不一定支持带有标记的帧。主机要求发送和接收的帧都是未标记的帧。接入链路属于某一个特定的端口，这个端口只能属于一个 VLAN。这个端口不能直接接收其他 VLAN 的信息，也不能直接向其他 VLAN 发送信息。不同 VLAN 的信息必须通过三层路由处理才能转发到这个端口上。

2）中继链路：交换机之间的互连的链路称为中继链路。中继链路是可以承载多个不同 VLAN 数据的链路，或者用于交换机和路由器之间的连接。中继链路的英文为"Trunk Link"。报文在中继链路上传输的时候，交换机必须用一种方法来识别报文是属于哪个 VLAN 的。IEEE 802.1Q 定义了 VLAN 的帧格式，所有在中继链路上传输的帧都是带有标记的帧。通过标记报头，交换机就可以确定哪些帧分别属于哪个 VLAN。

和接入链路不同，中继链路是用来在不同的设备之间（如交换机和路由器之间、交换机和交换机之间）传输数据的，因此中继链路是不属于任何一个具体的 VLAN 的。通过配置，中继链路可以传输所有的 VLAN 数据，也可以只传输指定的 VLAN 数据。中继链路虽然不属于任何一个具体的 VLAN，但是可以配置一个 PVID（Port Vlan ID）。当中继链路上出现了未标记的帧（无论什么原因）时，交换机就给这个帧增加带有 PVID 的 VLAN 标记，然后再进行处理。

（5）VLAN 的端口类型

VLAN 的端口分为三种类型：Access 端口、Trunk 端口、Hybrid 端口（Cisco 交换机中没有 Hybrid 端口）。

1）Access 端口一般在连接计算机时使用，发送未标记的帧。一个 Access 端口只属于一个 VLAN。默认所有端口都包含在 VLAN 1 中，且都是 Access 端口。Access 端口的 PVID 值和它所属的 VLAN 相关。

2）Trunk 端口一般用于交换机级联端口传递多组 VLAN 数据时使用。一个 Trunk 端口可以属于多个 VLAN。Trunk 端口的 PVID 与所属的 VLAN 无关，默认值为 1。

3）Hybrid 端口是混合端口，可以用于交换机之间连接，也可以用于连接用户的计算机。Hybrid 端口可以属于多个 VLAN，可以接收和发送多个 VLAN 数据。Hybrid 端口和 Trunk 端口在接收报文时，处理方法基本相同，唯一不同之处在于发送报文时，Hybrid 端口允许多个 VLAN 发送未标记的帧，而 Trunk 端口只允许默认 VLAN 发送未标记的帧。

（6）VLAN 转发原则

1）Access 端口。如图 5.7 所示，Access 端口转发报文分为两个环节：一是接收报文，判断其是否带有 VLAN 信息，若没有，则增加端口的 PVID，并进行交换转发；若有，则直接丢弃（默认）。二是发送报文，将报文中的 VLAN 信息剥离，直接发送出去。

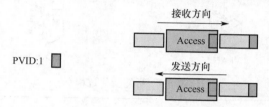

图 5.7　Access 端口转发

2）Trunk 端口。如图 5.8 所示，Trunk 端口转发报文分为两个环节：一是接收报文，判断其是否带有 VLAN 信息，若没有，则增加端口的 PVID，并进行交换转发；若有，则判断该 Trunk 端口是否允许该 VLAN 的报文进入，若允许，则转发，否则丢弃。二是发送报文，比较端口的 PVID 和将要发送报文的 VLAN 信息，若两者相等，则剥离 VLAN 信息再发送；若两者不相等，则直接发送。

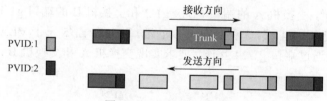

图 5.8　Trunk 端口转发

3）Hybrid 端口。Hybrid 端口转发报文分为两个环节：一是接收报文：判断其是否带有 VLAN 信息，若没有，则增加端口的 PVID，并进行交换转发；若有，则判断该 Hybrid 端口是否允许该 VLAN 的报文进入，若允许，则转发，否则丢弃。二是发送报文，按照以下两个原则发送：首先判断该 VLAN 在本端口的属性，如果未标记的，则剥离 VLAN 信息，再发送；如果是带有标记的，则直接发送。

如图 5.9 所示，网络中有两台交换机，并且配置了两个 VLAN。主机和交换机之间的链路是接入链路，交换机之间通过中继链路互相连接。

对于主机来说，它是不需要知道 VLAN 的存在的。主机发出的报文都是未标记的帧；交换机接收到这样的帧之后，根据配置规则（如端口信息）判断出该帧所属的 VLAN，并进行处理。如果报文需要通过另外一台交换机发送，则该帧必须通过中继链路传输到另外一台交换机上。为了保证其他交换机正确处理报文的 VLAN 信息，在中继链路上发送的报文都是带有标记的帧。当交换机最终确定数据发送端口后，将报文发送给主机之前，再将标记从帧中删除，这样主机接收到的报文都是未标记的帧。

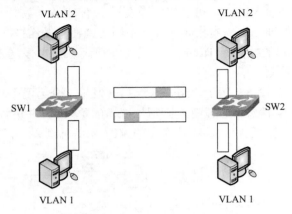

图 5.9　标签变化过程

📖 **大开眼界**

一般情况下，中继链路上传输的都是带有标记的帧，接入链路上传输的都是未标记的帧。这样做的最终结果是：网络中配置的 VLAN 可以被所有的交换机正确处理，而主机不需要了解 VLAN 信息。

5.1.2　VLAN 的配置及应用

1．任务描述

如图 5.10 所示，交换机 A 的端口 g1/1、g1/2 和交换机 B 的端口 g1/1、g1/2 属于 VLAN 10；交换机 A 的端口 g1/4、g1/5 和交换机 B 的端口 g1/4、g1/5 属于 VLAN 20，均为 Access 端口。两台交换机通过端口 g1/24 互连，要求实现交换机 A 和交换机 B 之间相同 VLAN 的互通。

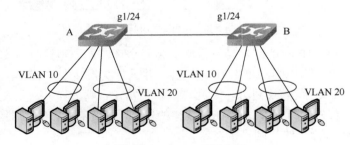

图 5.10　VLAN 互通实例

2．任务分析

在本任务中，需要在交换机上设置 VLAN，使同一个 VLAN 的所有主机之间能够互通。

1）在两个交换机上分别创建 VLAN 10 和 VLAN 20。

2）把和主机相连的 Access 端口加入 VLAN 中。

3）把交换机之间互连的端口设置成 Trunk 端口，并中继 VLAN 10 和 VLAN 20。

4）验证任务是否完成。

3. 配置流程

1）以交换机 A 为例，配置流程如图 5.10 所示。

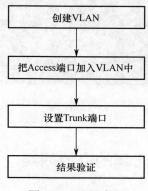

图 5.10 配置流程

① 创建 VLAN。

```
SWITCH_A#VLAN database
SWITCH_A(VLAN)#VLAN 10
SWITCH_A(VLAN)#VLAN 20
```

② 把 Access 端口加入 VLAN 中。

```
SWITCH_A(config-if)interface g1/1
SWITCH_A(config-if)#switchport access VLAN 10
SWITCH_A(config-if)#exit
```

③ 设置 Trunk 端口，允许 Trunk 端口传递 VLAN 10 和 VLAN 20 的数据。

```
SWITCH_A(config)#interface g1/24
SWITCH_A(config-if)#switchport mode trunk
SWITCH_A(config-if)#switchport trunk allowed VLAN 10
SWITCH_A(config-if)#switchport trunk allowed VLAN 20
```

交换机 B 的配置参考交换机 A，请读者自行完成。

2）结果验证，验证任务是否完成。

① 查看所有 VLAN 的配置信息。

```
SWITCH_A(config)#show VLAN-brief
```

② 查看端口为 Trunk 模式的所有 VLAN 信息。

```
SWITCH#show interface g1/24 switchport
```

③ 同一个 VLAN 中的主机相互 Ping，如图 5.11 所示，在 VLAN 10 的主机上 Ping 另一台主机，结果显示可以 Ping 通。

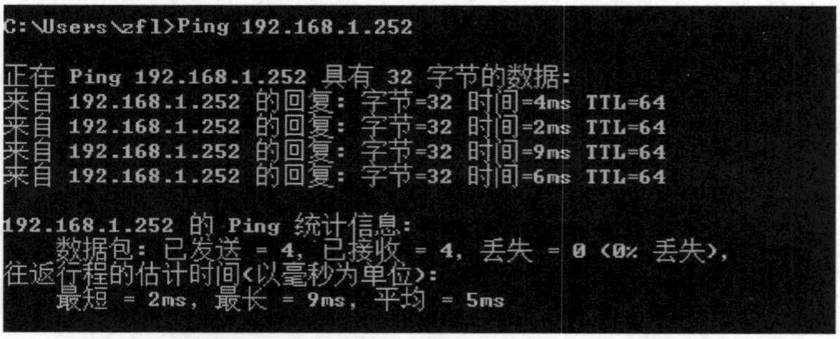

```
C:\Users\zfl>Ping 192.168.1.252

正在 Ping 192.168.1.252 具有 32 字节的数据:
来自 192.168.1.252 的回复: 字节=32 时间=4ms TTL=64
来自 192.168.1.252 的回复: 字节=32 时间=2ms TTL=64
来自 192.168.1.252 的回复: 字节=32 时间=9ms TTL=64
来自 192.168.1.252 的回复: 字节=32 时间=6ms TTL=64

192.168.1.252 的 Ping 统计信息:
    数据包: 已发送 = 4, 已接收 = 4, 丢失 = 0 (0% 丢失),
往返行程的估计时间(以毫秒为单位):
    最短 = 2ms, 最长 = 9ms, 平均 = 5ms
```

图 5.11　通过 Ping 命令验证

5.2　任务 2: 打造无环的交换网络

5.2.1　预备知识

1. 二层环路导致的问题

为了提高整个网络的可靠性, 消除单点失效故障, 通常在网络设计中采用多台设备、多个端口、多条线路的冗余连接方式, 如图 5.12 所示。

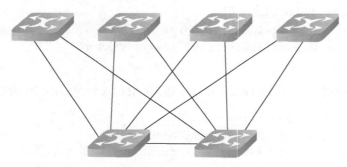

图 5.12　二层冗余

但是, 物理上的冗余, 是否能保证通信的顺畅? 二层冗余也会给网络带来一定的问题, 在存在物理环路的情况下可能导致二层环路的产生。如果交换机不对二层环路进行处理, 将会导致严重的网络问题, 例如, 广播风暴、帧的重复复制、交换机 MAC 地址表的不稳定 (MAC 地址漂移) 等。

(1) 广播风暴

广播风暴是如何形成的? 如图 5.13 所示, 在一个存在物理环路的二层网络中, 主机 X 发出一个广播帧, 交换机 A 从上方端口 Port 0 接收广播帧, 做广播处理, 转发至下方端口 Port 1。通过下方端口的连接, 广播帧将被发送到交换机 B 的下方端口 Port 1。

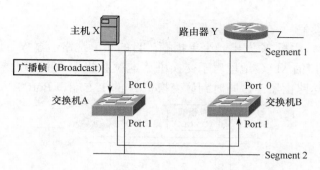

图 5.13 主机 X 发出广播帧，交换机 A 转发广播帧

交换机 B 在下方端口 Port 1 接收到了广播帧，将做广播处理，通过上方端口 Port 0 转发此帧，如图 5.14 所示，交换机 A 将在上方端口 Port 0 重新接收到这个广播帧。

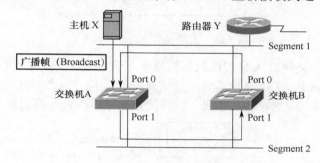

图 5.14 交换机 B 转发广播帧

由于交换机执行的是透明桥的功能，转发数据帧时不做任何处理。所以对于再次到来的广播帧，交换机 A 不能识别出此帧已经被转发过，交换机 A 还将对此广播帧做广播操作，广播帧到达交换机 B 后，交换机 B 做同样的操作，并且此过程会不断进行下去，无限循环，如图 5.15 所示。

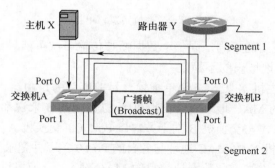

图 5.15 产生广播风暴

以上分析的只是广播帧被传播的一个方向，实际环境中会在两个不同的方向上产生这一过程。

在很短的时间内大量重复的广播帧被不断转发，会消耗整个网络的带宽，连接在这个网段上的所有主机设备也会受到影响，极大地消耗系统的处理能力，严重时可能导致死机。一旦产生广播风暴，系统无法自动恢复，必须由系统管理员人工干预，才能恢复网络状态。

（2）帧的重复复制

如图 5.16 所示，主机 X 发出一个单播帧，目的端口是路由器 Y 的本地端口，而此时路由器 Y 的本地端口的 MAC 地址对于交换机 A 与交换机 B 来说都是未知的。数据帧通过上方的网段直接到达路由器 Y，同时到达交换机 A 的上方端口 Port 0。

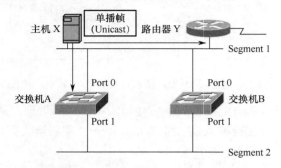

图 5.16　主机 X 发出一个单播帧

如图 5.17 所示，交换机 A 会将此数据帧从下方端口 Port 1 转发出来，数据帧到达交换机 B 的下方端口 Port 1，交换机 B 的情况与交换机 A 相同，也会对此数据帧进行广播操作从上方端口 Port 0 将此数据帧转发出来，同样的数据帧再次到达路由器 Y 的本地端口。

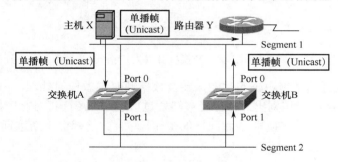

图 5.17　交换机转发该单播帧

根据上层协议与应用的不同，同一个数据帧被传输多次可能导致应用程序的错误。

（3）交换机 MAC 地址表的不稳定

如图 5.18 所示，主机 X 发出一个单播帧，目的端口为路由器 Y 的本地端口，而此时路由器 Y 的本地端口的 MAC 地址对于交换机 A 与交换机 B 来说都是未知的。数据帧通过上方的网段到达交换机 A 与交换机 B 的上方端口 Port 0。交换机 A 与交换机 B 将此数据帧的源 MAC 地址，即主机 X 的 MAC 地址与各自的 Port 0 关联并记录到 MAC 地址表中。

而此时两个交换机不知道此数据帧的目的 MAC 地址，交换机进行广播操作。如图 5.19 所示，两台交换机都会将此数据帧从下方的 Port 1 转发出来并将到达对方的 Port 1。两个交换机都从下方的 Port 1 接收到一个数据帧，其源地址为主机 X 的 MAC 地址，交换机会认为主机 X 连接在 Port 1 所在网段而意识不到此数据帧是经过其他交换机转发的，所以会将主机 X 的 MAC 地址改为与 Port 1 相关联并记录到 MAC 地址表中。交换机学习到了错误的信息，造成交换机 MAC 地址表的不稳定，这种现象也称为 MAC 地址漂移。

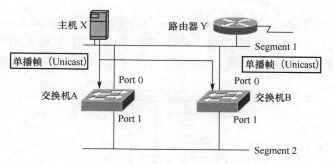

图 5.18 主机 X 发出一个单播帧

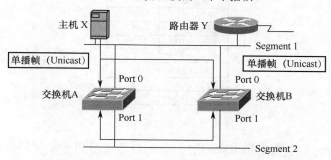

图 5.19 交换机多个端口收到该帧

📖 **大开眼界**

在二层网络中一旦形成物理环路即可能形成二层环路，而二层环路给网络带来的损害是很严重的。在实际的组网应用中经常会形成复杂的多环路连接，面对如此复杂的环路，网络设备必须有一种解决办法在存在物理环路的情况下阻止二层环路的发生。

2. 生成树协议 STP

用生成树协议（Spanning-Tree Protocol，STP）可以阻止二层环路的产生。在二层网络中，STP 通过在有物理环路的网络上构建一个无环路的二层网络结构，提供冗余连接，消除了环路的威胁。

STP 的基本思想十分简单。我们都知道，自然界中生长的树一般情况下是不会出现环路的，如果网络也能够像树一样生长，就不会出现环路了。STP 通过构造一棵树，达到裁剪冗余环路的目的，同时实现链路备份和路径最优化。

于是，STP 中定义了很多概念，例如，根桥（Root Bridge）、根端口（Root Port）、指定端口（Designated Port）、路径开销（Path Cost）。

STP 能够自动发现冗余网络拓扑结构中的环路，保留一条最佳链路作为转发链路，阻塞其他冗余链路，并且在网络拓扑结构发生变化的情况下重新计算，保证所有网段可达且无环路。

3. 桥接数据单元 BPDU

BPDU（Bridge Protocol Data Unit，桥接数据单元）泛指交换机之间运行的协议在交换信息时使用的数据单元。为了计算生成树，交换机之间需要交换相关信息和参数，这些信息和参数被封装在配置 BPDU（Configuration Bridge Protocol Data Unit）中，配置 BPDU 是 BPDU 的一种在交换机之间传输。BPDU 的作用除在 STP 刚开始运行时选举根桥外，还包括检测发生环路的位置、通告网络状态的改变、监控生成树的状态等。BPDU 结构如图 5.20 所示。

值域	占用字节
协议ID	2
协议版本	1
BPDU类型	1
标志位	1
根桥ID	8
路径开销	4
指定桥ID	8
指定端口ID	2
Message Age	2
Max Age	2
Hello Time	2
Forward Delay	2

图 5.20 BPDU 结构

根桥 ID、路径开销、指定桥 ID 和指定端口 ID 四部分用于检测最优的配置 BPDU，进行生成树计算。Message Age 随时间增长而变大；Max Age 默认为 20 秒，如果 Message Age 达到 Max Age，则此配置 BPDU 被视为已经过期；Hello Time 默认为 2 秒，即在指定端口上，配置 BPDU 每隔 2 秒发送一次；Forward Delay 默认为 15 秒。

🔊 **小提示**

理解 STP 的原理后，应该思考一个问题：在成环后的链路中，交换机会阻塞一个端口，这个被阻塞的端口是被什么算法确定的？为什么会阻塞它？

3. STP 算法

在介绍 STP 算法前，首先介绍 STP 定义的三种端口角色：根端口、指定端口、非指定端口，如表 5.1 所示。

表 5.1 端口角色描述

端口角色	描　　　　述
根端口	是所在交换机上离根交换机最近的端口，处于转发状态
指定端口	转发所连接的网段发往根交换机方向的数据和从交换机方向发往所连接的网段的数据
非指定端口	不向所连网段转发任何数据

STP 算法很复杂，但是其过程可以归纳为以下三个步骤：选举根桥，选举根端口，选举指定端口。

（1）选举根桥

选举根桥的依据是桥 ID，桥 ID 由两部分组成：2 字节的交换机优先级和 6 字节的 MAC 地址。交换机优先级是可以配置的，取值范围是 0～65535，默认值为 32768。在网络中比较桥 ID 时，首先比较优先级，若优先级相同，则比较 MAC 地址，MAC 地址的值越小越优先。

开始启动 STP 时，所有交换机将根桥 ID 设置为与自己的桥 ID 相同，即认为自己是根桥。当收到其他交换机发出的 BPDU 且其中包含比自己的桥 ID 小的桥 ID 时，交换机将此次学习到的具有最小桥 ID 的交换机作为 STP 的根桥。当所有交换机都发出 BPDU 后，具有最小桥 ID 的交换机被选举作为整个网络的根桥。根桥选举出来以后，在正常情况下，只有根桥每隔 2 秒从所有指定端口发出 BPDU。

◁» 小提示

在默认情况下，所有的交换机优先级都是相同的（默认值为 32768），所以选择根桥的关键是 MAC 地址。

（2）选举根端口

完成根桥的选举后，需要确定环路中的根端口。根端口不在根桥上，而是处于非根桥的交换机上，并且到根桥具有最小的路径开销。这个最小的路径开销值称为交换机的根路径开销（Root Path Cost）。若这样的端口有多个，则比较端口上所连接的上行交换机的交换机标识，标识越小越优先，如果端口上所连接的上行交换机的交换机标识相同，则比较端口上所连接的上行端口的端口 ID，越小越优先。端口 ID 由两部分组成：1 字节的端口优先级和 1 字节的端口号。

◁» 小提示

交换机的每个端口都有一个端口开销（Port Cost）参数，此参数表示数据从该端口发送时的开销，即出端口开销。STP 认为从一个端口接收数据是没有开销的。从一个非根交换机到达根交换机的路径可能有多条，每一条路径都有一个总的开销，此开销是该路径上所有端口的出端口开销总和。

（3）选举指定端口

环路中的根端口选举完后，下一步要确定指定端口和阻塞端口。STP 为每个网段选出一个指定端口，指定端口为每个网段转发发往根交换机方向的数据，并且转发由根交换机方向发往该网段的数据。指定端口所在的交换机称为该网段的指定交换机。

为了选举指定端口和指定交换机，首先比较该网段所连接的端口所属交换机的根路径开销，越小越优先；若根路径开销相同，则比较该网段所连接的端口所属交换机的交换机标识，越小越优先；若根路径开销相同，交换机标识也相同，则比较该网段所连接的端口的端口 ID，越小越优先。

◁» 小提示

指定端口将被设置为转发状态，通常根桥上的所有端口都可以理解为指定端口，处于转发状态。

既不是根端口也不是指定端口的交换机端口称为非指定端口，也称阻塞端口。非指定端口不转发数据，处于阻塞状态。

4．STP 的收敛过程

当网络的拓扑结构发生变化时，网络会从一个状态向另一个状态过渡，重新打开或阻塞某些端口。交换机的端口状态变换和时间如图 5.21 所示。

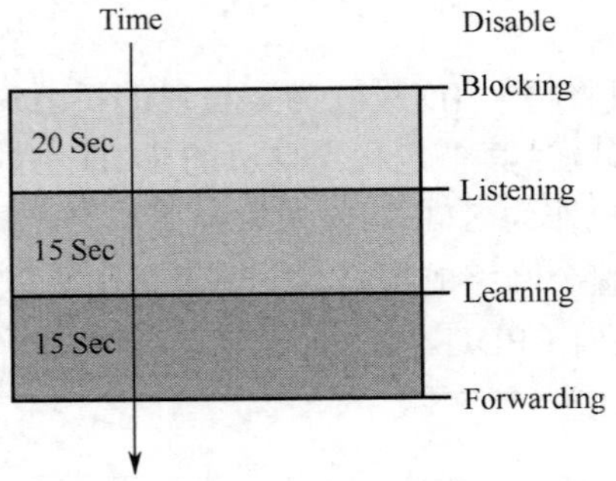

图 5.21　交换机端口状态

可以看出 STP 的最长收敛时间为 50s，交换机的端口要经过几种状态：禁用（Disable）→阻塞（Blocking）→监听（Listening）→学习（Learning）→转发（Forwarding）。每种端口状态对数据的处理情况如表 5.2 所示。

表 5.2　每种端口状态对数据的处理情况

过　　程	禁　　用	阻　　塞	监　　听	学　　习	转　　发
接收并处理 BPDU	不能	能	能	能	能
转发端口上接收到的数据	不能	不能	不能	不能	能
转发其他端口发来的数据	不能	不能	不能	不能	能
学习 MAC 地址	不能	不能	不能	能	能

如果在超出最大老化时间（最大老化时间的范围为从 6 秒到 40 秒，默认为 20 秒）后，交换机还没有从原来转发的端口收到根桥发出的 BPDU，那么认为链路或端口发生了故障，需要重新计算生成树，需要打开一个原来阻塞的端口。如果交换机在超出最大老化时间之后，没有在任何端口收到根桥发出的 BPDU，说明此交换机与根桥失去了联系，此交换机将充当根桥向其他所有的交换机发出 BPDU。如果该交换机确实具有最小的桥 ID，那么，它将成为根桥。

当网络拓扑结构发生变化时，新的 BPDU 要经过一定的时间才能传播到整个网络，这个时间称为转发延迟（Forward Delay），默认值是 15 秒。在所有交换机收到这个变化的消息之前，若旧的拓扑结构中处于转发状态的端口还没有发现自己应该在新的拓扑结构中停止转发，则可能存在临时环路。为了解决临时环路的问题，生成树使用了一种定时器策略，即在端口从阻塞状态到转发状态中间加上了一个只学习 MAC 地址但不参与转发的中间状态，两次状态切换的时间都称为 Forward Delay，这样就可以保证在拓扑结构变化时，不会产生临时环路。但由此也导致 STP 的切换时间比较长，典型的切换时间等于最大老化时间加两次 Forward Delay，约为 50 秒。

5.2.2　STP 的配置及应用

1．任务描述

如图 5.22 所示，通过在交换机上运行 STP 来观察端口的变化状态。

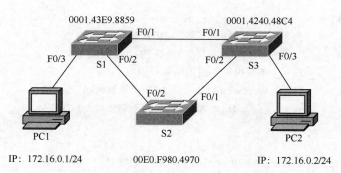

0001.43E9.8859   F0/1   F0/1   0001.4240.48C4

F0/3   F0/2   F0/2   F0/3

S1   S3

F0/2   F0/1

S2

PC1   PC2

IP: 172.16.0.1/24   00E0.F980.4970   IP: 172.16.0.2/24

图 5.22   STP 配置

2．任务要求

配置 STP，确保 S1 为网络中交换机的根桥，S2 为网络中交换机的备用根桥，将和 PC1 连接的端口配置为 PortFast 端口。

3．关键配置

步骤 1   观察自动 STP 的根桥选举情况（无须做任何配置）。

① 观察 S1 的生成树情况。

```
S1#show spanning-tree
VLAN0001
 Spanning tree enabled protocol ieee
 //根桥的信息
 Root ID  Priority  32769    //根桥的优先级
    Address  0001.4240.48C4  //根桥的 MAC 地址，可知 S3 为根桥
    Cost     19  //本交换机到根桥路径开销为 19
    Port     1(FastEthernet0/1)  //本交换机根端口为 F0/1
    Hello Time 2 sec Max Age 20 sec Forward Delay 15 sec
 //本交换机的信息
 //优先级=32768（默认优先级）+1（VLAN 1 的序号）
 Bridge ID Priority  32769 (priority 32768 sys-id-ext 1)
    Address  0001.43E9.8859  //本交换机 MAC 地址
    Hello Time 2 sec Max Age 20 sec Forward Delay 15 sec
    Aging Time 20

Interface     Role Sts Cost        Prio.Nbr Type
-------------------------------------------------------
Fa0/1         Root FWD 19(根端口)    128.1  P2p
Fa0/2         Desg FWD 19(指定端口)  128.2  P2p
Fa0/3         Desg FWD 19           128.3  P2p
```

② 观察 S2 的生成树情况。

```
S2#show spanning-tree
VLAN0001
```

```
Spanning tree enabled protocol ieee
Root ID  Priority  32769      //根桥优先级
    Address   0001.4240.48C4 //根桥的 MAC 地址
    Cost    19 //本交换机到根桥路径开销为 19
    Port    1(FastEthernet0/1) //本交换机根端口为 F0/1
    Hello Time 2 sec Max Age 20 sec Forward Delay 15 sec
//本交换机的信息
 Bridge ID Priority 32769 (priority 32768 sys-id-ext 1) //优先级
    Address   00E0.F980.4970 // MAC 地址
    Hello Time 2 sec Max Age 20 sec Forward Delay 15 sec
    Aging Time 20


Interface      Role Sts Cost         Prio.Nbr Type
-------------------------------------------------------
Fa0/1          Root FWD 19(根端口)     128.1  P2p
Fa0/2          Altn BLK 19(阻塞端口)   128.2  P2p
```

③ 观察 S3 的生成树情况。

```
S3#show spanning-tree
VLAN0001
Spanning tree enabled protocol ieee
Root ID  Priority  32769        //根桥优先级
    Address   0001.4240.48C4  //根桥的 MAC 地址
    This bridge is the root  //本交换机为根桥
    Hello Time 2 sec Max Age 20 sec Forward Delay 15 sec
 //观察可以得知自身 MAC 地址和根桥 MAC 地址相同，即本交换机为根桥
 Bridge ID Priority 32769 (priority 32768 sys-id-ext 1)
    Address   0001.4240.48C4
    Hello Time 2 sec Max Age 20 sec Forward Delay 15 sec
    Aging Time 20


Interface      Role Sts Cost         Prio.Nbr Type
-------------------------------------------------------
Fa0/1          Desg FWD 19(指定端口)   128.1  P2p
Fa0/2          Desg FWD 19 (指定端口)  128.2  P2p
Fa0/3          Desg FWD 19(指定端口)   128.3  P2p
```

步骤 2 要让 S1 成为根桥，S2 成为备用根桥，需要修改 S1 和 S2 的优先级，将其优先级降低，提高其在选举根桥中的地位。

```
S1(config)#spanning-tree vlan 1 root primary //成为根桥
S1(config)#interface F0/3
S1(config-if)#spanning-tree portfast //配置 F0/3 端口为 PortFast 端口
S2(config)#spanning-tree vlan 1 root secondary //成为备用根桥
```

```
S1(config)#interface F0/3
S1(config-if)#spanning-tree portfast //配置 F0/3 端口为 PortFast 端口
```

步骤 3 结果与测试。

① 查看 S1 的生成树情况。

```
S1#sh spanning-tree
VLAN0001
Spanning tree enabled protocol ieee
Root ID Priority 24577 //已经发生改变，优先级降低
    Address 0001.43E9.8859
    This bridge is the root //S1 已经成为根桥
    Hello Time 2 sec Max Age 20 sec Forward Delay 15 sec
//省略部分无关内容
Interface    Role Sts Cost   Prio.Nbr Type
------------------------------------------------
Fa0/1        Desg FWD 19     128.1 P2p
Fa0/2        Desg FWD 19     128.2 P2p
Fa0/3        Desg FWD 19     128.3 P2p
```

注意：所有的端口都变成了指定端口。

② 查看 S2 的生成树情况。

```
S2#sh spanning-tree
VLAN0001
Spanning tree enabled protocol ieee
Root  ID Priority 24577
    Address 0001.43E9.8859
    Cost   19
    Port   2(FastEthernet0/2) //根端口已经发生变化
    Hello Time 2 sec Max Age 20 sec Forward Delay 15 sec
//S2 的生成树信息
Bridge ID Priority 28673 (priority 28672 sys-id-ext 1) //优先级降低，但
比 S1 优先级高
    Address 00E0.F980.4970
    Hello Time  2 sec  Max Age 20 sec  Forward Delay 15 sec
    ging Time 20
//省略部分无关内容
```

从结果看到，我们通过改变交换机的优先级，让网络的根桥选择发生了变化，S1 成为根桥，S2 成为备用根桥，当 S1 发生故障时，S2 将会取代 S1 成为网络中的根桥。

4. STP 常用的配置命令

STP 常用的配置命令如表 5.3 所示。

表 5.3　STP 常用的配置命令

相 关 命 令	功 能
S1#show spanning-tree	查看交换机生成树协议的配置情况
S1(config)# spanning-tree mode pvst/rapid-pvst	配置生成树协议的模式为 STP 或 RSTP
S1(config)# spanning-tree vlan 1 priority <0-61440>	配置交换机在 VLAN 1 中的优先级（优先级为 4096 倍数），范围为 0~61440
S1(config)#spanning-tree vlan 1 root primary	将交换机配置为 VLAN 1 中的根桥
S1(config)#spanning-tree vlan 1 root secondary	将交换机配置为 VLAN 1 中的备用根桥
S1(config-if) # interface fa0 S1(config-if) # spanning-tree vlan 1 cost 18	将 fa0 端口在 VLAN 1 生成树的路径开销修改为 18
S1(config-if) # interface fa0 S1(config-if) # spanning-tree vlan　1　port-priority 16	将 fa0 端口在 VLAN 1 生成树的端口优先级修改为 16（端口优先级为 16 的倍数，范围为 0~240）
S1#show spanning-tree interface fastethernet 0/1	查看端口状态
S1# show spanning-tree vlan vlan-id	查看某个 VLAN 下的 STP 配置信息

5.3　任务 3：链路聚合

5.3.1　预备知识

1．链路聚合概述

如图 5.23 所示，链路聚合（Link Aggregation）是指将交换机多个物理端口捆绑在一起，成为一个逻辑端口，以实现出/入流量在各成员端口中的负荷分担，交换机根据用户配置的端口负荷分担策略决定数据从哪一个成员端口发送到对端的交换机中。当交换机检测到其中一个成员端口的链路发生故障时，就停止在此端口上发送数据，并根据负荷分担策略在剩下的链路中重新计算数据发送的端口，故障端口恢复后，重新计算数据发送的端口。链路聚合在增加链路带宽、实现链路负荷分担和冗余等方面是一项很重要的技术。

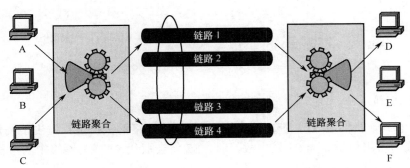

图 5.23　链路聚合

链路聚合将两台交换机之间的多条平行物理链路捆绑为一条大带宽的逻辑链路。例如，两台交换机之间有 4 条 100M 带宽的链路，捆绑后认为两台交换机之间存在一条单向 400M 带宽，双向 800M 带宽的逻辑链路。聚合链路在生成树环境中被视为一条逻辑链路。链路聚合要求被捆绑的物理链路具有相同的特性，如带宽、双工方式等，如果是 Access 端口，应属于相同的 VLAN。

2. 链路聚合原理

链路聚合的基本原理是：将两个交换机间多条物理链路捆绑在一起组成一条逻辑链路，从而达到带宽倍增的目的（这条逻辑链路的带宽相当于物理链路的带宽之和）。除增加带宽外，链路聚合还可以在多条链路上均衡分配流量，起到负载分担的作用；当一条或多条链路故障时，只要还有正常的链路，流量将转移到其他的链路上，整个过程在几毫秒内完成，增强了网络的稳定性和安全性。交换机之间是否形成链路聚合也可以通过协议自动确定，目前有两个主要协议：PAgP 和 LACP。PAgP（Port Aggregation Protocol，端口聚合协议）是 Cisco 私有的协议，而 LACP（Link Aggregation Control Protocol，链路聚合控制协议）是基于 IEEE 802.3ad 的国际标准，是一种实现链路动态聚合的协议。

综上所述，链路聚合的优点包括：

1）增加带宽；
2）负载分担；
2）增强网络的稳定性和安全性；
3）避免二层环路；
4）实现链路传输的弹性和冗余。

3. 链路聚合配置命令

链路聚合配置命令如下。

```
Switch(config-if-range)#channel-group 1 mode ?
//通过此命令在交换机中查看链路聚合可以使用的协议
  active Enable LACP unconditionally //主动发送 LACP 报文
  auto Enable PAgP only if a PAgP device is detected //被动发送 PAgP 报文
  desirable Enable PAgP unconditionally //主动发送 PAgP 报文
  on Enable Etherchannel only //手动设置，两边都需要设置成 on
  passive Enable LACP only if a LACP device is detected //被动接收 LACP
                                                              报文
```

注意：
1）Cisco 最多允许链路聚合绑定 8 个端口；
① 如果是百兆网络，总带宽可达 1.6Gbps；
② 如果是千兆网络，总带宽可达 16Gbps。
2）链路聚合不支持 10M 端口；

3）链路聚合编号只在本地有效，链路两端的编号可以不一样；

4）链路聚合默认使用 PAgP 协议；

5）链路聚合默认情况下采用基于源 MAC 地址的负载平衡；

6）一个链路聚合内所有的端口都必须具有相同的端口速率和双工模式，若采用 LACP，只能处于全双工模式；

7）Cisco 交换机不仅可以支持第二层链路聚合，而且可以支持第三层链路聚合。

5.3.2 链路聚合的配置及应用

1．任务描述

如图 5.24 所示，用两台 Cisco 2960 交换机（SW1 和 SW2）和一台 Cisco 3560 交换机（SW3）配置链路聚合。

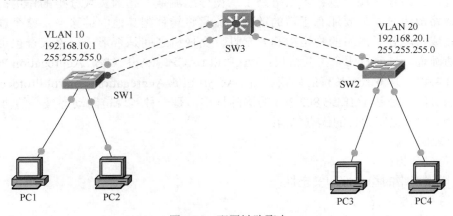

图 5.24   配置链路聚合

2．任务分析

SW3 的配置思路如下。

1）配置两个 VLAN，VLAN 10 分配给 SW1，VLAN 20 分配给 SW2。

2）VLAN 10 配置 IP 地址：192.168.10.1，子网掩码 255.255.255.0。

3）VLAN 20 配置 IP 地址：192.168.20.1，子网掩码 255.255.255.0。

4）开启路由功能。

5）fa0/23 和 fa0/24 端口分配给 SW1 交换机做端口聚合，fa0/21 和 fa0/22 端口分配给 SW2 交换机做端口聚合。

SW1 的配置思路如下。

1）创建 VLAN 10，并把 fa0/1 和 fa0/2 端口分配给 VLAN 10。

2）Fa0/23 和 fa0/24 端口与上级交换机端口 Fa0/23 和 fa0/24 对应端口聚合。

SW2 的配置思路如下。

1）创建 VLAN 20，并把 fa0/1 和 fa0/2 端口分配给 VLAN 20。

2）fa0/23 和 fa0/24 端口与上级交换机端口 fa0/21 和 fa0/22 对应端口聚合。

3. 关键配置

1) SW3 端口聚合配置如下。

```
//全局模式下进入 fa0/23 和 fa0/24 端口
Switch(config)#interface range fastEthernet 0/23-24
//创建虚拟通道 channel-group 1 并设置模式为 desirable
Switch(config-if-range)#channel-group 1 mode desirable
//描述 channel-group 1 虚拟通道从 SW3 连接 SW1
Switch(config-if-range)#description SW3-SW1
//强制虚拟通道 channel-group 1 使用 dot1q 封装数据包
Switch(config-if-range)#switchport trunk encapsulation dot1q
//设置为 Trunk，允许多个 VLAN 通过
Switch(config-if-range)#switchport mode trunk
//激活端口
Switch(config-if-range)#no shutdown
//全局模式下进入 fa0/21-22 端口
Switch(config)#interface range fastEthernet 0/21-22
//创建虚拟通道 channel-group 2 并设置模式为 desirable
Switch(config-if-range)#channel-group 2 mode desirable
//描述 channel-group 2 虚拟通道从 SW3 连接 SW2
Switch(config-if-range)#description SW3-SW2
//强制虚拟通道 channel-group 2 使用 dot1q 封装数据包
Switch(config-if-range)#switchport trunk encapsulation dot1q
//设置为 Trunk，允许多个 VLAN 通过
Switch(config-if-range)#switchport mode trunk
//激活端口
Switch(config-if-range)#no shutdown
```

2) SW1 端口聚合配置如下。

```
//全局模式下进入 fa0/23 和 fa0/24 端口
Switch(config)#interface range fastEthernet 0/23-24
//创建虚拟通道 channel-group 1 并设置模式为 desirable
Switch(config-if-range)#channel-group 1 mode desirable
//描述 channel-group 1 虚拟通道从 SW1 连接 SW3
Switch(config-if-range)#description SW1-SW3
//设置为 Trunk，允许多个 VLAN 通过
Switch(config-if-range)#switchport mode trunk
//指定允许通过 channel-group 1 的 VLAN，这里设置 all 是所有 VLAN
//如果设置只允许 VLAN 10 通过 channel-group 1 虚拟通道命令为 switchport trunk
allowed vlan 10
Switch(config-if-range)#switchport trunk allowed vlan all
//激活端口
Switch(config-if-range)#no shutdown
```

3）SW2 端口聚合配置如下。

```
//全局模式下进入 fa0/23 和 fa0/24 端口
Switch(config)#interface range fastEthernet 0/23-24
//创建虚拟通道 channel-group 2 并设置模式为 desirable
Switch(config-if-range)#channel-group 2 mode desirable
//描述 channel-group 2 虚拟通道从 SW2 连接 SW3
Switch(config-if-range)#description SW2-SW3
//设置为 Trunk，允许多个 VLAN 通过
Switch(config-if-range)#switchport mode trunk
//指定允许通过 channel-group 2 的 VLAN，这里设置 all 是所有 VLAN
Switch(config-if-range)#switchport trunk allowed vlan all
//激活端口
Switch(config-if-range)#no shutdown
```

4）端口聚合查看命令如下。

```
//查看端口聚合信息，正常情况 Port-channel 显示 SU，若显示 SD,则不正常
Switch#show etherchannel summary
1 Po1(SU) PAgP Fa0/23(P) Fa0/24(P)
2 Po2(SU) PAgP Fa0/21(P) Fa0/22(P)
//查看虚拟通道包含的端口
Switch#show etherchannel port-channel
//查看通道端口状况
Switch#show etherchannel load-balance
```

思考与练习

1. VLAN 有哪些作用？
2. VLAN 规划的方法有哪些？
3. VLAN 的端口类型有哪些？各自有什么特点？
4. 二层环路有什么危害？
5. STP 的工作步骤有哪些？
6. STP 的端口角色有哪些？
7. STP 为什么会出现临时环路？怎么解决？
8. 链路聚合优点是什么？
9. 什么是 LACP？

实践活动：如果机房网络由你来进行规划，你会如何规划 VLAN？

1. 实践目的

掌握交换机的 VLAN 部署方案。

2. 实践要求

能够梳理出实验室机房内交换机的 VLAN 部署情况。

3. 实践内容

1）调查机房网络的设备概况。

2）规划 VLAN。

项目
目
6

如何实现网络间的互通

【项目引入】

小李的公司接到一个新的项目，规划设计一个小型的园区网络，网络中网段数量比较多，项目需要园区网络中的所有节点都能够互通。

小李：主管，我以前做的配置都是相同网段互通，只需要配置交换机 VLAN、STP 等即可，但是这不同网段互通应该使用什么技术啊？

主管：以前让你做的都是比较简单的网络，不同网络之间的互通就需要使用路由技术了。

小李：路由技术？是不是只有路由器需要配置路由啊？

主管：不完全对。三层交换机也支持路由，三层网络设备中都会有路由表，所有数据在不同网段间转发都需要依据这张表。

为了帮助小李理解路由技术，本项目主要介绍路由的基础概念，还对各种路由的特点做了总体介绍。通过本项目的学习，小李能够了解如何实现不同网络之间的互通。

【学习目标】

1．识记：路由的基本概念。
2．领会：RIP、OSPF 和静态路由的工作原理。
3．掌握：RIP、OSPF 和静态路由的配置部署方式。
4．应用：用动态路由协议组建网络。

6.1 任务 1：初识路由技术

6.1.1 预备知识

1. 路由的基本概念

Internet 是由不同网络互相连接而成的，路由器就是用于连接这些不同网络的专用网络设备，实现在不同网络间转发数据。路由就是指导报文发送的路径信息。

📖 大开眼界——生活中信件收发与网络世界数据路由的联动思考

- 生活中：将写好的信放入信封，并在信封上写明收件人的地址、寄件人的地址。网络世界中：在 OSI 参考模型第三层封装 IP 数据包，并在报文头部写入源 IP 地址与目的 IP 地址。
- 生活中：将写好收件人和寄件人地址的信件投递到最近的邮箱，在此以后，信件怎么邮寄是邮政管理局（以下简称邮政局）的工作，寄件人无须再做任何处理。网络世界中：目的 IP 地址与源 IP 地址不在同一个子网中，需要将源 IP 地址发出的 IP 数据包投递到默认网关，默认网关相当于距离寄件人最近的邮箱。
- 生活中：当信件被投递到邮箱后，邮政局将本地区域内的所有邮箱内的信件进行汇总、分类，为运送信件做准备。网络世界中：运营商的路由器将所有企业网络的路由进行汇总或策略化后，再发送出去。
- 生活中：当信件被本地邮局发送出去后，是空运、陆运还是海运，要看寄件人采用什么方式寄出。网络世界中：当 IP 数据包从运营商的路由器转发后，报文可能有多种途径或方式到达目的地，具体通过哪一条路径，要看其采用的路由策略。
- 生活中：信件到达上海市邮政局，上海市邮政局需要将这些进入上海市邮政局的信件全部分发到上海不同区域的邮政局。网络世界中：IP 数据包到达上海运营商的路由器，上海运营商的路由器收到报文后，会将该报文分发给上海各大企业级路由器。
- 生活中：信件到达收件人附近的邮政局后，会被转发到收件人的手中。网络世界中：IP 数据包通过企业级路由器转发给目标用户。

（1）路由器的作用

路由器之所以在网络中处于关键地位，是因为它处于网络层，一方面它屏蔽了下层网络的技术细节，能够跨越不同的物理网络类型，这种一致性使全球范围内用户之间的通信成为可能；另一方面它在逻辑上将整个网络分割成独立的网络单位，使网络具有一定的逻辑结构。同时，路由器还负责对报文进行灵活的路由选择，把数据逐段向目的地转发，使全球范围内用户之间的通信成为现实。

路由器的主要功能如下：

1）路由（寻径）：包括路由表的建立、维护和查找。

2）转发：路由器的转发功能与交换机执行的转发功能不同，路由器的转发功能是指报文在路由器内部移动与处理的过程，包括从路由器一个端口接收报文，然后选择合适端口转发报文，涉及报文的解封装与封装，并对报文做相应处理。

3）隔离广播、指定访问规则：路由器能隔离广播，并且可以设置访问控制列表（ACL）对流量进行控制。

4）异种网络互连：路由器支持不同的数据链路层协议，连接异种网络。

5）子网间的速率匹配：路由器有多个端口，不同端口具有不同的速率，路由器能够利用缓存及流量控制协议进行速率匹配。

（2）路由器的工作原理

路由器的工作流程是：路由器从一个端口收到一个报文后，解除数据链路层封装，交给网络层处理。网络层首先检查报文是否是送给本机的，若是，解除网络层封装，送给上层协议处理；若不是，则根据报文的目的地址查找路由表，若找到路由，将报文交给相应端口的数据链路层，封装端口所对应的数据链路层协议后，发送报文；若找不到路由，将报文丢弃。

路由器查找的路由表，可以是管理员手动配置的，也可以是通过动态路由协议学习的。为了实现正确的路由功能，路由器必须负责建立、维护和查找路由表的工作。

图 6.1 详细介绍了路由器的工作原理。

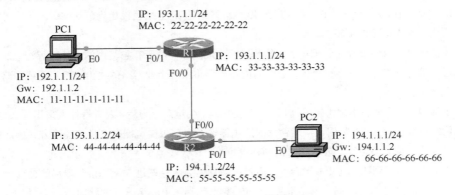

图 6.1 路由器为工作原理

1）PC1 在发送报文给 PC2 之前，PC1 会先将本机配置的子网掩码与目的地址进行"与运算"，得出目的地址与本机不是同一网段，因此发送给 PC2 的报文需要经过网关路由器 R1 的转发。

2）PC1 通过 ARP 请求获取网关路由器 R1 的 F0/1 端口的 MAC 地址（22-22-22-22-22-22），并在数据链路层将路由器 R1 的 F0/1 端口的 MAC 地址封装成目的 MAC 地址，源 MAC 地址是自己（11-11-11-11-11-11）。

3）路由器 R1 从 F0/1 端口接收到报文，把数据链路层的封装解除，并检查路由表中是否有目标 IP 地址网段（即 194.1.1.0/24 的网段）相匹配的项，根据路由表中记录的"194.1.1.0/24 网段的报文请发送给地址 193.1.1.2"，报文在路由器 R1 的 F0/0 端口重新被封装，此时，源 MAC 地址是路由器 R1 的 F0/0 端口的 MAC 地址（33-33-33-33-33-33），目的 MAC 地址则是路由器 R2 的 F0/0 端口的 MAC 地址（44-44-44-44-44-44）。

4）路由器 R2 从 F0/0 端口接收到报文，同样会把数据链路层的封装解除，对目标 IP 地址进行检测，并与路由表进行匹配，此时发现目标地址的网段正好是自己 F0/1 端口的直连网段，路由器 R2 通过 ARP 广播，获知 PC2 的 MAC 地址（66-66-66-66-66-66），此时报文在路由器 R2 的 F0/1 端口再次被封装，源 MAC 地址是路由器 R2 的 F0/1 端口的 MAC 地址（55-55-55-55-55-55），目的 MAC 地址是 PC2 的 MAC 地址，封装完成后直接发送给 PC2。

5）PC2 收到 PC1 发送的报文。

：注意

报文在从源 IP 地址到目的 IP 地址的转发过程中，源 IP 地址与目的 IP 地址保持不变（假设没有设置 NAT），报文的 TTL 值与报头的校验位、数据链路层的源 MAC 地址、目的 MAC 地址每经过一台路由器都会改变。

（3）路由表

路由表在路由器中保存各种传输路径的相关数据，供路由选择时使用。路由器根据接收到的报文的目的 IP 地址查找路由表，决定转发路径。

路由表中需要保存子网的标识信息、网络上路由器的个数和要到达此目的 IP 地址需要转发的下一个相邻设备的地址等内容，以供路由器查询使用。路由表被存放在路由器的 RAM 上，这意味着如果路由器要维护的路由信息较多，必须有足够的 RAM 空间，而且路由器一旦重新启动，那么原来的路由信息都会消失。

📖 **大开眼界——RAM（Random Access Memory，随机存储器）**

在 RAM 中，存储单元的内容可按需随意取出或存入，且存取的速度与存储单元的位置无关。这种存储器在断电时将丢失其存储内容，主要用于存储短时间使用的程序。

路由表可以由系统管理员设置好（静态路由表），也可以根据网络系统的运行情况而自动调整（动态路由表）。动态路由表根据路由选择协议提供的功能自动学习和记忆网络运行情况，在需要时自动计算数据传输的最佳路由。

路由表由以下几部分构成。

1）目的 IP 地址（Dest）：用于标识报文要到达的目的逻辑网络或子网地址。

2）子网掩码（Mask）：与目的网络地址一起来标识目的主机或路由器所在的网段的地址，将目的网络地址和掩码进行"与运算"后可得到目的主机或路由器所在网段的地址。

3）下一跳地址（Gw）：与承载路由表的路由器相接的相邻的路由器的端口地址，有时也把下一跳地址称为路由器的网关地址。

4）发送的物理端口（Interface）：报文离开本路由器去往目的地时的端口。

5）学习方式（Owner）：表示该路由信息的学习方式，即路由表的建立方式。

6）路由优先级（pri）：也叫管理距离，决定了路由信息的优先级。表 6.1 给出了常见的路由选择协议的路由优先级。

表 6.1　路由优先级

路由选择协议	优先级
直连路由	0
静态路由协议	1
外部 BGP（EBGP）协议	20
OSPF 协议	110
RIP 协议	120
内部 BGP（IBGP）协议	200
Special（内部处理使用）	255

7）度量值（metric）：不同的路由选择协议都有自己的标准来衡量路由的好坏（例如下一跳次数、带宽、延时等，该标准称为度量值（Metric）），并且每个路由选择协议都想把自己视为最好的。到达一个同样的目的地址，可能有多条分别由不同路由选择协议学习来的不同的路由。虽然每个路由选择协议都有自己的度量值，但是不同协议间的度量值含义

不同，也没有可比性。路由器必须用一种方法选择其中一个最佳路由作为转发路由加入路由表中。

在实际应用中，当到达同一个目的地址有多条路由时，首先根据最长匹配原则（使用路由表中到达同一目的 IP 地址的子网掩码最长的路径）进行查找，然后根据路由优先级查找（选择优先级最低的路由选择协议），同时将该协议计算出的这条路由写进路由表中。

如图 6.2 所示，一台路由器上同时运行两个路由选择协议：RIP 和 OSPF。RIP 与 OSPF 都发现并计算出了到达网络 10.0.0.0/16 的最佳路由，但由于算法不同，计算出的路由也不同。由于 OSPF 比 RIP 的路由优先级高（数值较小），所以路由器将 OSPF 计算出的这条路由加入路由表中。

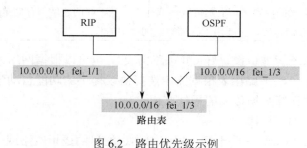

图 6.2　路由优先级示例

📖 **大开眼界**

路由优先级的数值范围为 0~255，数值小的优先级高。对不同的路由选择协议，路由优先级的赋值是各个设备厂商自行决定的，没有统一标准。只有完全相同的一条路由才能进行路由优先级的比较，如到达 10.0.0.0/16 和 10.0.0.0/24 的路由被视为不同的路由，如果 RIP 计算出其中的一条，而 OSPF 计算出另一条，则两条路由都会被加入路由表中。

图 6.3 所示为路由表中的一条路由信息。

```
R    192.168.30.0/24 [120/2] via 202.106.2.2, 00:00:12, FastEthernet0/0
```

图 6.3　路由表中的一条路由信息

其中，192.168.30.0 为目的 IP 地址，/24 代表 255.255.255.0，为子网掩码；202.106.2.2 为下一跳地址；FastEthernet0/0 为计算出这条路由的端口和将要进行报文转发的端口；R 为路由器学习路由的方式。本条路由信息是通过 RIP 动态路由协议计算出来的；120 为此路由的管理距离，2 为此路由的 metric 值。

2. 直连路由

路由器端口上配置的网段地址会自动出现在路由表中并与端口关联，这样的路由称为直连路由。

直连路由是由数据链路层发现的，其优点是自动发现、开销小；缺点是只能发现本端口所属网段的路由信息。当路由器的端口配置了网络协议地址且状态正常时，端口上配置的网段地址自动出现在路由表中并与端口关联。其学习方式为直连（direct），路由优先级为 0，拥有最高的路由优先级；其 metric 值为 0，拥有最小 metric 值。

直连路由会随端口的状态变化在路由表中自动变化，当端口的物理层与数据链路层状态正常时，直连路由会自动出现在路由表中，如图 6.4 所示。

```
IPv4 Routing Table:
 Dest        Mask             Gw           Interface   Owner    pri   metric
 10.0.0.0    255.255.255.0    10.0.0.1     fei_0/1     direct   0     0
 10.0.0.1    255.255.255.255  10.0.0.1     fei_0/1     address  0     0
 192.168.0.0 255.255.255.252  192.168.0.1  e1_1        direct   0     0
 192.168.0.1 255.255.255.255  192.168.0.1  e1_1        address  0     0
ZXR10#
```

图 6.4　直连路由图例

3. 静态路由和默认路由

网络管理员手动设置的路由称为静态路由，其优点是不占用网络、系统资源，安全可靠；其缺点是当网络发生故障后，静态路由不会自动修正，必须由网络管理员手动逐条配置，不能自动对网络状态的变化做出相应的调整。

静态路由是否出现在路由表中取决于下一跳是否可达。静态路由在路由表中的学习方式为静态（static），路由优先级为 1，其 metric 值为 0。图 6.5 给出了静态路由的例子。

```
ZXR10#show ip route
IPv4 Routing Table:
 Dest       Mask             Gw        Interface   Owner    pri   metric
 3.0.0.0    255.0.0.0        3.1.1.1   fei_0/1.3   direct   0     0
 3.1.1.1    255.255.255.255  3.1.1.1   fei_0/1.3   address  0     0
 10.0.0.0   255.0.0.0        1.1.1.1   fei_0/1.1   ospf     110   10
 10.1.0.0   255.255.0.0      2.1.1.1   fei_0/1.2   static   1     0
 10.1.1.0   255.255.255.0    3.1.1.1   fei_0/1.3   rip      120   5
 0.0.0.0    0.0.0.0          1.1.1.1   fei_0/1.1   static   0     0
```

图 6.5　静态路由图例

📖 **大开眼界**

推荐在以下情况下使用静态路由：

- 链路的带宽较小时；
- 网络管理员想完全控制路由器使用的路由时；
- 需要为动态路由提供一条备用路由时；
- 前往只有一条路由可以到达的网络（末梢网络）时；
- 路由器不够强大，没有足够的 CPU 或内存资源来运行动态路由选择协议时。

默认路由既可以是网络管理员手动设置的，也可以是由路由选择协议动态学习的。对于在路由表中找不到明确路由条目的所有报文来说，都将按照默认路由指定的端口和下一跳地址进行转发。要创建默认路由，可使用命令 ip route，但必须将目的 IP 地址和子网掩码都设置为 0.0.0.0。这是一种通配符表示法，表示任何目标网络都能与之匹配。

如果没有默认路由且报文的目的 IP 地址不在路由表中，那么该报文被丢弃的同时，路由器将返回源端一个 ICMP 报文指出该目的 IP 地址不可达。默认路由是否出现在路由表中取决于本地出口状态。

计算机网络技术与实践

默认路由在某些情况下非常有效，例如，当存在末梢网络时，路由器无须知道远程网络的细节，只需要配置默认路由就可以达到数据通信的目的，即默认路由会大大简化路由器的配置，减轻网络管理员的工作负担，提高网络的性能。

如图 6.6 所示，这是一个静态配置默认路由的例子。所有从 172.16.1.0 网络中传出的报文发送至路由器 B 后，路由器 B 无须做复杂的路由配置，只需要配置一条默认路由，将报文按默认路由的配置传送到下一跳地址 172.16.2.2 即可。路由器 A 将负责将报文转发到目的地。

📖 **大开眼界**

默认路由可以配置在只有一条出口的"根状网络"的出口路由器上，可以访问"未知的"目的网络。

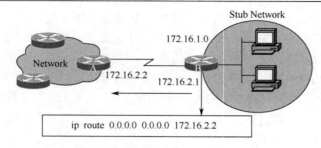

图 6.6 静态配置默认路由示例

6.1.2 静态路由的配置及应用

1．任务描述

如图 6.7 所示，通过静态路由配置，使主机 A 访问主机 B。

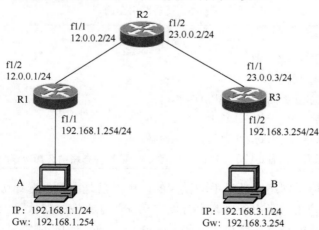

图 6.7 静态路由配置实例

2．任务分析

步骤 1 主机 A 有数据要发往主机 B，主机 A 根据自己的 IP 地址与子网掩码计算出自己所在的网络地址，与主机 B 地址比较，发现主机 B 与自己不在同一网段。所以主机 A 将数据发送给默认网关，R1 的 Fei_1/1 端口。

步骤 2 路由器 R1 在端口 Fei_1/1 上接收到一个报文，检查其目的 MAC 地址是否为本端口的 MAC 地址，如果是，则 R1 知道自己需要将报文转发出去，所以通过检查后将数据链路层封装去掉，解封装成 IP 数据包，送高层处理。

步骤 3 路由器 R1 检查 IP 数据包中的目的 IP 地址，根据目的 IP 地址在路由表中查找，决定从端口 Fei_1/2 转发此数据包，转发前要进行新的数据链路层的封装。

步骤 4 IP 数据包被转发至 R2 后会经历与 R1 相同的过程，在 R2 的路由表中查找目的 IP 地址，决定从端口 Fei_1/2 转发。

步骤 5 同理，当 IP 数据包被转发至 R3 后会经历与 R1、R2 相同的过程，在 R3 的路由表中查找目的 IP 地址，发现目的网段为其直连网段，最终 IP 数据包被转发至目的主机 B。

3. 配置流程

（1）配置端口 IP

1）R1 的端口 IP 配置如下。

```
R1(config)#ip interface f1/1
R1(config-if)#ip address 192.168.1.254 255.255.255.0
R1(config-if)#no shut
R1(config)#ip interface f1/2
R1(config-if)#ip address 12.0.0.1 255.255.255.0
R1(config-if)#no shut
```

2）R2 的端口 IP 配置如下。

```
R2(config)#ip interface f1/1
R2(config-if)#ip address 12.0.0.2 255.255.255.0
R2(config-if)#no shut
R2(config)#ip interface f1/2
R2(config-if)#ip address 23.0.0.2 255.255.255.0
R2(config-if)#no shut
```

3）R3 的端口 IP 配置如下。

```
R3(config)#ip interface f1/1
R3(config-if)#ip address 23.0.0.1 255.255.255.0
R3(config-if)#no shut
R3(config)#ip interface f1/2
R3(config-if)#ip address 192.168.3.254 255.255.255.0
R3(config-if)#no shut
```

（2）配置静态路由（默认路由）

1）R1 上的静态路由配置如下。

```
R1(config)#ip route 192.168.3.0 255.255.255.0 12.0.0.2
```

2）R2 上的静态路由配置如下。

```
R2(config)#ip route 192.168.3.0 255.255.255.0 23.0.0.3
R2(config)#ip route 192.168.1.0 255.255.255.0 12.0.0.1
```

3）R2 上的可用默认路由配置如下。

```
R3(config)#ip route 0.0.0.0 0.0.0.0 23.0.0.2
```

◁» 小提示

　　静态路由是在全局模式下配置的，一次只能配置一条。在命令 ip route 之后是目的 IP 地址及其子网掩码，以及到达目的 IP 地址的下一跳 IP 地址或者发送端口。

　　静态路由配置命令 ip route 中的参数<distance-metric>可以用来改变某条静态路由的管理距离。假设从 R1 到 192.168.3.0/24 有两条不同的路由，配置如下：

```
R1(config)#ip route 192.168.3.0 255.255.255.0 12.0.0.2
R1(config)#ip route 192.168.3.0 255.255.255.0 21.0.0.2 21  21
```

◁» 小提示

　　上面两条命令配置了到达同一网络的两条不同的静态路由，第一条命令没有配置管理距离，因此使用默认值 1，第二条命令配置管理距离 21。由于第一条路由的管理距离小于第二条路由，所以路由表中将只会出现第一条路由信息，即路由器将只通过下一跳 12.0.0.2 到达目的网络 192.168.3.0/24。只有当第一条路由失效，从路由表中消失时，第二条路由才会在路由表中出现。

4. 结果验证

　　使用 show ip route 命令可以显示路由器的全局路由表，查看路由表中是否有配置的静态路由。这条命令非常有用，在路由协议的结果验证中也经常用到，如表 6.2 所示。

表 6.2　命令格式

命令格式	命令模式	命令功能
show ip route [<ip-address> [<net-mask>] | <protocol>]	特权模式	显示全局路由表

查看 R3 的路由表：

```
R3#show ip route
```

从路由表中可以看到，下一跳为 23.0.0.2 的默认路由被作为最后的路由加入路由表中。在主机 A 上 Ping 主机 B 时，会提示成功。

6.1.3　任务拓展

　　如图 6.8 所示，路由器 R1 和 R2 相连，要求设置静态路由，使 3 台主机 PC1、PC2、PC3 能够互通。

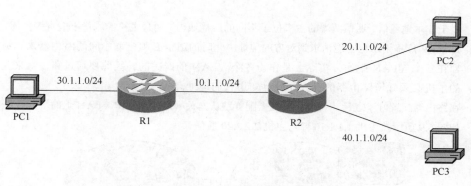

图 6.8　设置静态路由

6.2　任务 2：VLAN 间路由的调试

6.2.1　预备知识

1．VLAN 间路由概述

如果 VLAN 之间的信息还需要互通，就需要通过 VLAN 的三层路由功能来实现。

📣 **小提示**

我们知道，一个网络在使用 VLAN 隔离成多个广播域后，每个 VLAN 之间是不能互相访问的，因为每个 VLAN 的流量实际上已经在物理上隔离了。但是，隔离网络并不是建网的最终目的，选择 VLAN 隔离只是为了优化网络，最终目的还是要让整个网络能够互通。

实现 VLAN 之间的通信的方法是，在 VLAN 之间配置路由器，这样 VLAN 内部的流量仍然通过 VLAN 内部的二层网络进行，从一个 VLAN 到另外一个 VLAN 的通信流量，通过路由器在三层网络进行转发，转发到目的网络后，再通过二层网络把报文最终发送到目的地址。

📣 **小提示**

由于路由器对以太网上的广播包采取不转发的策略，因此中间配置的路由器仍然不会改变划分 VLAN 所达到的广播隔离的目的。

在 VLAN 之间的路由器上，可以通过各种配置形成 VLAN 之间互相访问的控制策略，使网络处于受控的状态，如对路由选择协议的配置、对访问控制的配置等。

📖 **大开眼界——在划分了 VLAN 并且使用路由器将 VLAN 互连起来的网络中，网络的主机是怎么相互通信的呢？**

- 处于相同 VLAN 内部的主机称为本地主机，本地主机之间的通信称为本地通信。处于不同 VLAN 的主机称为非本地主机，非本地主机之间的通信称为非本地通信。
- 对于本地通信，通信两端的主机同处于一个相同的广播域，两台主机之间的流量可以直接互通。

- 对于非本地通信,通信两端的主机位于不同的广播域内,两台主机的流量不能直接互通,主机通过 ARP 广播请求也不能请求到对方的地址。此时的通信必须借助中间的路由器来完成,路由器在各个 VLAN 中间,实际上是作为各个 VLAN 的网关的。因此要通过路由器来互相通信的主机必须知道路由器的存在,并且知道它的地址。
- 在路由器配置好了之后,就要在主机上配置默认网关(路由器在本 VLAN 上的端口的地址)。
- 如图 6.9 所示,主机 1.1.1.10 要与主机 2.2.2.20 通信。

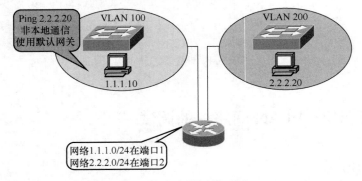

图 6.9 非本地通信示例

- 首先,主机 1.1.1.10 发现目的主机不是本地主机,不能够直接访问。
- 然后,主机 1.1.1.10 将查找本机的路由表,寻找相应的网关,在实际网络中,主机通常只配置了默认网关,因此这里主机 1.1.1.10 找到了默认网关。然后,主机 1.1.1.10 在本机的 ARP Cache 中查找默认网关的 MAC 地址(若没有,则启动一个 ARP 请求过程去发现),得到默认网关的 MAC 地址后,主机将报文转发给默认网关,由路由器转发。路由器通过查找路由表将报文转发到相应的端口上,然后查找目的主机的 MAC 地址,将报文发送给目的主机。目的主机收到报文后,回应的报文经历类似的过程又转发回主机 1.1.1.10。
- 了解到以上的过程后,应该可以了解到,VLAN 之间的互通和其他的网络配置相同,要根据网络的实际设计情况,同步地配置网络各个部分。如果单独配置了路由器的地址,而没在主机上配置网关,VLAN 间的通信依然无法实现。

VLAN 之间的通信使用路由器实现,那么在建立网络时就有连网的选择问题。目前实现 VLAN 间路由可采用如下三种方式:

1)普通路由;

2)单臂路由;

3)三层/多层交换机。

2. 普通路由

按照传统的建网原则,每个需要互通的 VLAN,都需要单独建立一个到路由器的物理连接,每个 VLAN 都要独占一个交换机端口和一个路由器的端口。路由器上在多个物理端口配置不同 VLAN 的默认网关 IP 地址,交换机上的端口设置为 Access 端口,分别属于不同的 VLAN。

在这样的配置下,路由器上的路由端口和物理端口是一对一的对应关系,路由器在进行 VLAN 间路由的时候就要把报文从一个路由端口转发到另一个路由端口,同时也是从一个物理端口转发到其他的物理端口上,如图 6.10 所示。

🔊 **小提示**

使用这种方式,当需要增加 VLAN 时,在交换机上很容易实现,但在路由器上需要为此 VLAN 增加新的物理端口,而路由器的物理端口有限,所以这种方式的最大缺点为成本高、灵活性与可扩展性差;其优点是路由器上普通的以太网端口即可用于 VLAN 间的路由。

3. 单臂路由

单臂路由是指通过在路由器的一个端口上配置子端口(或称"逻辑端口",并不存在真正物理端口)的方式,实现原来相互隔离的不同 VLAN 之间的互连互通。

如果路由器的以太网端口支持 802.1Q 封装,那么就可以实现单臂路由的方式。使用这种方式,可以使多个 VLAN 的业务流量共享相同的物理连接,通过在单臂路由的物理连接上传输带有标记的帧,将各个 VLAN 的流量区分开,如图 6.11 所示。

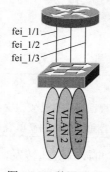

图 6.10 普通路由

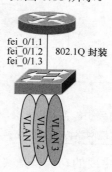

图 6.11 单臂路由

🔊 **小提示**

在进行 VLAN 间的互通时,对于网络中的多个 VLAN,只需要共享一条物理链路。在交换机上配置连接到路由器的端口为 Trunk 端口,在路由器上为支持 802.1Q 封装的以太网端口设置多个子端口,将路由器的以太网端口的子端口设置封装类型为 dot1Q,并指定此子端口与哪个 VLAN 关联,然后将子端口的 IP 地址设置为此 VLAN 成员的默认网关地址。

路由器上的路由端口和物理端口是多对一的对应关系,路由器在进行 VLAN 间路由的时候把报文从一个路由子端口转发到另一个路由子端口,但从物理端口上看是从一个物理端口转发回同一个物理端口,VLAN 标记在转发后被替换为目标网络的标记。

在通常情况下,VLAN 间的路由的流量不足以达到链路的线速度,使用单臂路由,可以提高链路的带宽利用率、节省端口资源、简化管理(例如,当需要增加一个 VLAN 时,只需要维护设备的配置,不需要对网络布线进行修改)。

📖 **大开眼界**

虽然单臂路由易于实现,但是建议不要在实际的工程环境中使用单臂路由来完成 VLAN 间的路由,因为单臂路由是使用传统的路由器来完成 VLAN 间的路由的,在性能上还存在一定的不足:传统路由器利用通用的 CPU，转发完全依靠软件进行，同时支持各种通信端口，给软件带来的负担较大，软件要处理包括报文接收、校验、查找路由、选项处理等工作，其性能不会很好，要实现高的转发效率就会带来高昂的成本。

三层交换机使用硬件完成交换，可以达到线性转发的目的，所以三层交换机的可扩展性与可用性都远远高于单臂路由技术。

4．三层/多层交换机

三层交换机是现代化网络组建必不可少的设备，三层交换机就是具有部分路由器功能的交换机。从宏观角度上讲，三层交换技术就是二层交换技术与三层路由技术相结合的技术，如图 6.12 所示。

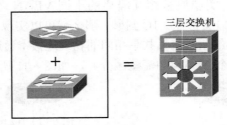

图 6.12　理解三层交换机

📖 **大开眼界**

三层交换机是具有路由能力的交换机，既能像路由器一样根据路由表转发报文，也能像二层交换机一样根据 MAC 地址表实现网络内的数据交换，但它并不是路由器和交换机的简单叠加。

三层交换机最主要的功能就是实现大型网络内部的数据快速转发，下面就来看看它的转发流程。

1）同网段通信时的转发流程。同网段通信时，源主机直接向目的主机发起 ARP 请求，得到应答后缓存目的 IP 地址与目的 MAC 地址的对应关系，之后在发往目的主机的报文中直接封装目的 IP 地址和目的 MAC 地址。交换机收到这样报文，将按照普通二层交换机的转发流程，查询 MAC 地址表后进行转发，如图 6.13 所示。

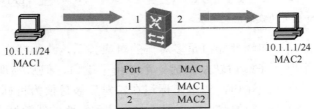

图 6.13　同网段通信时的转发流程

2）跨网段通信时的转发流程。跨网段通信时的转发流程如图 6.14、图 6.15、图 6.16 所示。源主机不会直接向目的主机发起 ARP 请求，而是向自己的网关（本例中的三层交换机）发起 ARP 请求，获取网关 IP 地址与 MAC 地址的对应关系。之后，以目的主机的 IP 地址为目的 IP 地址，以网关 MAC 为目的 MAC 地址，封装数据，发向三层交换机。

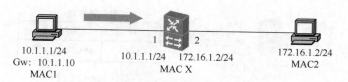

图 6.14　跨网段通信时的转发流程 1

三层交换机在收到源主机发来的报文后，发现目的 MAC 地址是它自己，这表示此报文需要它解封装后处理。于是三层交换机解封装该报文，继续查看 IP 报文头部信息，根据目的 IP 地址查询路由表，进行转发。最后，三层交换机以目的主机 IP 地址和 MAC 地址将数据再次封装，将报文转发出去。

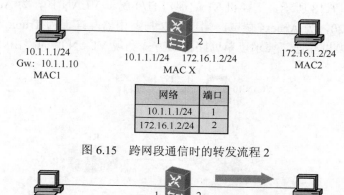

图 6.15　跨网段通信时的转发流程 2

图 6.16　跨网段通信时的转发流程 3

◁» 小提示

　　IP 地址作为逻辑地址，它在不断被转发的过程中，实际找出了到达目的地的路径。

　　但在一个设备发往下一个设备的报文中，却是由 MAC 地址唯一确定下一个设备的身份的，这个过程需要用到 ARP。

🐝　注意

　　一直到这里，三层交换机的转发流程与路由器并没有什么不同，都是通过查询路由表来决定如何转发的。接下来，三层交换机将利用 ASIC（Application Specific Integrated Circuit，专用集成电路）来加快转发速度。

　　三层交换机将转发的结果写入 ASIC 的硬件转发表中，下一次有去往同一目的 IP 地址的报文到达时，根据此表可以快速进行转发和封装，就像二层交换机查询 MAC 地址表进行帧交换一样快捷。我们把查询一次路由表，之后根据硬件转发表进行转发的过程叫做"一次路由，多次交换"，如图 6.17 所示。

🐝　注意

　　在三层交换机中，会先匹配硬件转发表，若匹配失败，再查询路由表。

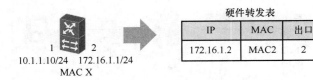

硬件转发表		
IP	MAC	出口
172.16.1.2	MAC2	2

图 6.17　硬件转发表

6.2.2　VLAN 间路由的配置及应用

1．任务描述

任务 1　如图 6.18 所示，交换机 S1 的端口 f1/0 属于 VLAN 10，为 Access 端口；端口 f1/1 属于 VLAN 20，为 Access 端口；端口 f1/2 与路由器互连，为 Trunk 端口。路由器 R1 的端口 f0/0 与交换机互连，要求以单臂路由的方式实现 VLAN 间的路由。

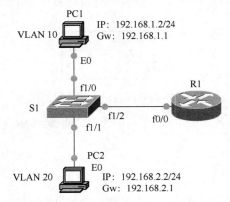

图 6.18　单臂路由技术实现 VLAN 间的路由

任务 2　如图 6.19 所示，三层交换机 S1 的端口 f1/1 属于 VLAN 20，为 Access 端口；端口 f1/0 属于 VLAN 10，为 Access 端口，要求以三层交换机的方式实现 VLAN 间的路由。

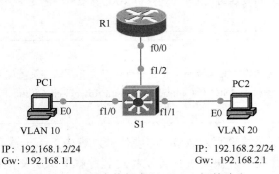

图 6.19　三层交换机实现 VLAN 间的路由

2．任务分析

任务 1　当交换机创建两个 VLAN 时，逻辑上已经成为两个网络，广播被隔离。两个 VLAN 要通信，必须通过路由器。如果接入路由器的只有一个物理端口，则必须创建两个子端口分别与两个 VLAN 对应，分别作为两个 VLAN 的默认网关；同时还要求与路由器相连的交换机的端口 f1/2 要设置为 Trunk 端口，因为这个端口要通过两个 VLAN 的报文。

完成本任务的步骤如下：

1）在交换机上分别创建 VLAN 20 和 VLAN 10；

2）把和主机相连的 Access 端口加入 VLAN 中；

3）把交换机与路由器互连的端口设置成 Trunk 端口，并中继 VLAN 20 和 VLAN 10；

4）在路由器端口上创建子端口，封装 VLAN ID，并在子端口上配置 IP；

5）验证任务是否成功。

任务 2　三层交换机具备网络层的功能，实现 VLAN 间的路由的原理是：利用三层交换机的路由功能，通过识别报文的目的 IP 地址查找路由表进行转发。三层交换机利用直连路由可以实现不同 VLAN 之间的互相访问。三层交换机给端口配置 IP 地址，采用 SVI（交换虚拟端口）的方式实现 VLAN 间的互连。SVI 是指为交换机中的 VLAN 创建虚拟端口，并且配置 IP 地址。

完成本任务的步骤如下：

1）在交换机上分别创建 VLAN 10 和 VLAN 20；

2）把和主机相连的 Access 端口加入 VLAN 中；

3）在 VLAN 端口上配置 IP；

4）验证任务是否成功。

3．关键配置

（1）任务 1 关键配置

1）二层交换机 S1 的配置如下。

```
//创建 VLAN 10、VLAN 20
S1(config)#vlan 10
S1(config-vlan)#exit
S1(config)#vlan 20
S1(config-vlan)#exit
//将 f1/0 端口加入 VLAN 10,将 f1/1 端口加入 VLAN 20
S1(config)#interface f1/0
S1(config-if)#switchport access vlan 10
S1(config-if)#exit
S1(config)#interface f1/1
S1(config-if)#switchport access vlan 20
S1(config-if)#exit
//将 f1/2 端口设置为 Trunk 端口
S1(config)#interface f1/2
S1(config-if)#switchport mode trunk
S1(config-if)#exit
```

2）路由器 R1 的配置如下。

```
//启用 f0/0 端口
R1(config)#interface f0/0
R1(config-if)#no shutdown
R1(config-if)#exit
//创建子端口，封装 dot1Q 协议，指定此子端口是哪个 VLAN 的网关，设置子端口的 IP 地址
R1(config)#interface f0/0.1
R1(config-subif)#encapsulation dot1Q 10
R1(config-subif)#ip address 192.168.1.1 255.255.255.0
R1(config-subif)#exit
R1(config)#interface f0/0.2
R1(config-subif)#encapsulation dot1Q 20
R1(config-subif)#ip address 192.168.2.1 255.255.255.0
```

（2）任务 1 实验结果

1）R1 中出现子端口的直连路由。

```
R1#show ip route
Codes: C - connected, S - static, I - IGRP, R - RIP, M - mobile, B - BGP
       D - EIGRP, EX - EIGRP external, O - OSPF, IA - OSPF inter area
       N1 - OSPF NSSA external type 1, N2 - OSPF NSSA external type 2
       E1 - OSPF external type 1, E2 - OSPF external type 2, E - EGP
       i - IS-IS, L1 - IS-IS level-1, L2 - IS-IS level-2, ia - IS-IS inter area
       * - candidate default, U - per-user static route, o - ODR
       P - periodic downloaded static route
Gateway of last resort is not set
C 192.168.1.0/24 is directly connected, FastEthernet0/0.1
C 192.168.2.0/24 is directly connected, FastEthernet0/0.2
```

2）PC2 可以 Ping 通 PC1。

```
PC2>Ping 192.168.1.2
Pinging 192.168.1.2 with 32 bytes of data:
Reply from 192.168.1.2: bytes=32 time=8ms TTL=127
Reply from 192.168.1.2: bytes=32 time=8ms TTL=127
Reply from 192.168.1.2: bytes=32 time=8ms TTL=127
Reply from 192.168.1.2: bytes=32 time=17ms TTL=127
```

（3）任务 2 关键配置

1）三层交换机 S1 的配置如下。

```
//创建 VLAN 10、VLAN 20
Switch(config)#vlan 10
Switch(config-vlan)#exit
Switch(config)#vlan 20
```

```
Switch(config-vlan)#exit
//将 f1/0 端口加入 VLAN 10,将 f1/1 端口加入 VLAN 20
Switch(config)#interface f1/0
Switch(config-if)#switchport access vlan 10
Switch(config-if)#exit
Switch(config)#interface f1/1
Switch(config-if)#switchport access vlan 20
//创建 VLAN 10 的虚拟端口并配置 IP 地址
Switch(config)#interface vlan 10
Switch(config-if)#ip address 192.168.1.1 255.255.255.0
Switch(config-if)#no shutdown
Switch(config-if)#exit
//创建 VLAN 20 的虚拟端口并配置 IP 地址
Switch(config)#interface vlan 20
Switch(config-if)#ip address 192.168.2.1 255.255.255.0
Switch(config-if)#no shutdown
//三层交换机的端口默认为二层端口，通过命令，可以配置成三层端口，可直接配置 IP 地址
Switch(config)#interface f1/2
Switch(config-if)#no switchport
Switch(config-if)#ip address 192.168.3.1 255.255.255.0
Switch(config-if)#no shutdown
```

2）路由器 R1 的配置如下。

```
//路由器端口 IP 地址配置
R1(config)#interface f0/0
R1(config-if)#ip address 192.168.3.2 255.255.255.0
R1(config-if)#no shutdown
//添加一条静态路由
R1(config)#ip route 192.168.1.0 255.255.255.0 192.168.3.1
```

3）将 VLAN 10、VLAN 20 下的主机的默认网关分别设置为相应虚拟端口的 IP 地址。

（4）任务 2 实验结果

1）可以看到三层交换机的路由表中出现两个 SVI 端口和一个三层端口的直连路由。

```
Switch#show ip route
Codes: C - connected, S - static, I - IGRP, R - RIP, M - mobile, B - BGP
       D - EIGRP, EX - EIGRP external, O - OSPF, IA - OSPF inter area
       N1 - OSPF NSSA external type 1, N2 - OSPF NSSA external type 2
       E1 - OSPF external type 1, E2 - OSPF external type 2, E - EGP
       i - IS-IS, L1 - IS-IS level-1, L2 - IS-IS level-2, ia - IS-IS inter area
       * - candidate default, U - per-user static route, o - ODR
       P - periodic downloaded static route
```

```
Gateway of last resort is not set
C  192.168.1.0/24 is directly connected, vlan 10
C  192.168.2.0/24 is directly connected, vlan 20
C  192.168.3.0/24 is directly connected, FastEthernet1/2
```

2）PC1 可以 Ping 通 PC2。

```
PC>Ping 192.168.2.2
Pinging 192.168.2.2 with 32 bytes of data:
Reply from 192.168.2.2: bytes=32 time=187ms TTL=128
Reply from 192.168.2.2: bytes=32 time=93ms TTL=128
Reply from 192.168.2.2: bytes=32 time=110ms TTL=128
Reply from 192.168.2.2: bytes=32 time=93ms TTL=128
```

3）PC1 可以 Ping 通路由器。

```
PC>Ping 192.168.3.2
Pinging 192.168.3.2 with 32 bytes of data:
Reply from 192.168.3.2: bytes=32 time=191ms TTL=127.
Reply from 192.168.3.2: bytes=32 time=188ms TTL=127
Reply from 192.168.3.2: bytes=32 time=112ms TTL=127
Reply from 192.168.3.2: bytes=32 time=125ms TTL=127
```

6.2.3　任务拓展

如图 6.20 所示，SW1 为三层交换机，SW2、SW3 为二层交换机；交换机之间的端口为 Trunk 端口，交换机与主机 PC1、PC2 之间的端口为 Access 端口；要求不同 VLAN 之间的主机能够互通。

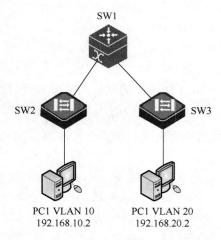

图 6.20　跨交换机 VLAN 间的路由配置

6.3 任务 3：部署 RIP 动态路由协议

6.3.1 预备知识

1. 动态路由协议

（1）动态路由协议概述

路由表可以由网络管理员手动设置，也可以配置动态路由选择协议，根据网络系统的运行情况而自动调整。根据配置的路由选择协议所提供的功能，动态路由协议可以自动学习和记忆网络运行情况，在需要时自动计算数据传输的最佳路由。动态路由协议适应大规模和复杂的网络环境，不同的动态路由协议使用的底层协议不同，如图 6.21 所示。

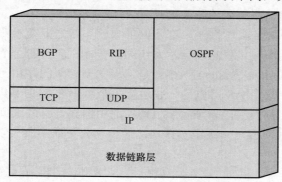

图 6.21　动态路由协议在 TCP/IP 协议族中的位置

1）OSPF 工作在网络层，将协议报文直接封装在 IP 报文中，协议号是 89，由于 IP 本身是不可靠的传输协议，所以 OSPF 传输的可靠性需要协议本身来保证。

2）BGP 工作在应用层，使用 TCP 作为传输协议，端口号是 179。

3）RIP 工作在应用层，使用 UDP 作为传输协议，端口号是 520。

配置了动态路由协议后，动态路由协议通过交换路由信息生成并维护转发所需的路由表。当网络拓扑结构改变时，动态路由协议可以自动更新路由表，并负责计算数据传输的最佳路由。

● 注意

动态路由协议的优点是可以自动适应网络状态的变化，自动维护路由信息而不需要网络管理员的参与，其缺点是由于需要相互交换路由信息，因而占用网络带宽与系统资源，安全性也不如静态路由。在有冗余连接的复杂大型网络环境中，适合采用动态路由协议。在动态路由协议中，目的网络是否可达取决于网络状态。

（2）动态路由协议的分类

动态路由协议有以下几种分类方法。

① 按照工作范围

按照工作范围，动态路由协议可以分为内部网关路由协议（Interior Gateway Protocols，IGP）和外部网关路由协议（Exterior Gateway Protocol，EGP）两种，如图 6.22 所示。

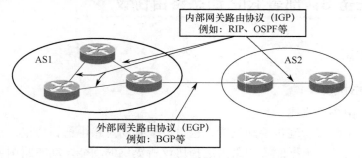

图 6.22　动态路由协议分类

IGP：在同一个自治系统内交换路由信息，RIP、OSPF 和 IS-IS 都属于 IGP。IGP 的主要目的是发现和计算自治系统内的路由信息。

EGP：用于连接不同的自治系统，在不同的自治系统之间交换路由信息，主要利用路由策略和路由过滤等控制路由信息在自治系统间的传播，应用的一个实例是 BGP。

自治系统（Autonomous System，AS）是一组共享相似的路由策略并在单一管理域中运行的路由器的集合。一个 AS 可以是一些运行单个 IGP 的路由器集合，也可以是一些运行不同路由选择协议但都属于同一个组织机构的路由器集合。外部世界将整个 AS 视为一个实体，一个 AS 往往对应一个组织实体（比如一家公司或一所大学）内部的网络与路由器集合。

每个 AS 都有一个唯一的编号，这个编号是由 IANA（The Internet Assigned Numbers Authority，互联网数字分配机构）分配的，希望通过不同的编号来区分不同的 AS。这样，当网络管理员不希望自己的数据通过某个 AS 时，这种编号方式就十分有用了。例如，该网络管理员的网络完全可以访问某个 AS，由于它可能由竞争对手管理，或是缺乏足够的安全机制，因此，通过路由选择协议和 AS 编号，路由器就可以确定彼此间的路由和路由信息的交换方法，从而回避它。

AS 的编号范围是 1~65535，其中 1~64511 是注册的互联网编号，64512~65535 是专用网络编号。

② 按照路由的寻径算法和交换路由信息的方式

按照路由的寻径算法和交换路由信息的方式，动态路由协议可以分为距离矢量（Distant-Vector）协议和链路状态（Link-State）协议。距离矢量协议包括 RIP 和 BGP，链路状态协议包括 OSPF 和 IS-IS。

距离矢量协议基于贝尔曼–福特算法，使用距离矢量协议的路由器通常以一定的时间间隔向相邻的路由器发送它们完整的路由表（如图 6.23 所示）。接收到路由表的相邻路由器将收到的路由表和自己的路由表进行比较，新的路由或到已知网络但开销（Metric）更小的路由都会被加入它自己的路由表中。相邻路由器再继续向外广播它自己的路由表（包括更新后的路由）。

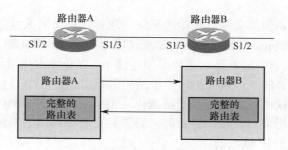

图 6.23　距离矢量协议

距离矢量协议的优点是配置简单，占用较少的内存和 CPU 处理时间；其缺点是扩展性较差，如 RIP 的最大跳数不能超过 16 跳。

如图 6.24 所示，链路状态协议基于 Dijkstra 算法（又称最短路径优先算法，即 SPF）。链路状态协议提供比距离矢量协议更强的扩展性和快速收敛性，但是其算法耗费更多的路由器内存。链路状态协议关注网络中链路或端口的状态（up 或 down、IP 地址、掩码等），每台路由器将自己已知的链路状态向该区域的其他路由器广播，这些广播称为链路状态广播（Link State Advertisement，LSA）。通过这种方式，区域内的每台路由器都建立了一个本区域的完整的链路状态数据库（LSDB）。然后路由器根据收集到的链路状态信息来创建它自己的网络拓扑图，形成一个到各个目的网络的带权有向图。

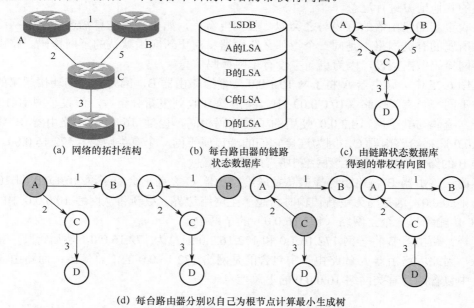

(a) 网络的拓扑结构　　(b) 每台路由器的链路　　(c) 由链路状态数据库
　　　　　　　　　　　　　状态数据库　　　　　　　得到的带权有向图

(d) 每台路由器分别以自己为根节点计算最小生成树

图 6.24　链路状态协议

③ 按发送路由更新时是否携带子网掩码

按发送路由更新时是否携带子网掩码，动态路由协议可以分为有类动态路由协议和无类动态路由协议。有类动态路由协议发送路由更新时不携带子网掩码，如 RIP；无类动态路由协议发送路由更新时携带子网掩码，如 RIPv2、OSPF、IS-IS、BGP。

在最初开发动态路由协议时，使用的网络与现在的网络有天壤之别。那时候，调制解调器的最高速度为 300bps，广域网线路的最高速度为 56Kbps，路由器的内存不超过 640KB，而 CPU 的主频以 kHz 计。因此路由更新必须足够小，以免独占广域网链路的所有带宽，另外，路由器也没有足够的资源来维护每个子网的最新消息。

有类动态路由协议的更新中没有子网掩码，由于不知道子网掩码，因此运行有类动态路由协议的路由器发送或接收路由更新时，必须对更新中列出的网络使用的子网掩码做出假设，这些假设是基于 IP 地址的。

路由器通过端口将更新分组发送给与之相连的其他路由器。如果更新分组涉及的子网与传输端口的 IP 地址位于同一个有类网络中，路由器将发送完整的子网地址。接收更新的路由器假设更新中的子网和发送端口使用相同的子网掩码，如果路由端口和接收端口使用的子网掩码不同，那么接收路由器加入路由表中的信息是错误的。因此，使用有类动态路由协议时，属于同一个有类网络的所有端口必须使用相同的子网掩码，这非常重要。

当运行有类动态路由协议的路由器需要将有关网络中子网更新，通过属于另一个网络的端口发送出去时，该路由器假设远程路由器将根据 IP 地址使用相应的默认子网掩码。因此，路由器发送更新时，不提供子网掩码，更新分组只包含有类网络信息，这称为在网络边界自动进行汇总：路由器只发送主网络信息，即网络中所有子网的汇总。在主网络边界，有类动态路由协议自动创建一条有类汇总路由。有类动态路由协议不允许在主网络地址空间的其他地方进行汇总。

接收更新的路由器的行为与之类似，收到更新后，如果其中信息描述的有类网络和接收端口所属的有类网络不是同一个，那么路由器将对更新应用默认的子网掩码。路由器必须对子网掩码做出假设，因为更新中没有子网掩码信息。

在图 6.25 中，路由器 A 将子网 10.1.0.0 广播给路由器 B，因为将它们连接起来的两个端口位于同一个有类网络（10.0.0.0）中。路由器 B 收到更新分组后，假设子网 10.1.0.0 使用的子网掩码与其子网 10.2.0.0 使用的子网掩码相同，也是 16 位的。路由器 B 将子网 172.16.0.0 广播给路由器 C，因为连接它们的端口属于同一个有类网络（172.16.0.0）。这样路由器 B 的路由表中将包含该网络中所有子网的信息。

然而，路由器 B 将路由选择信息发送给路由器 C 之前，会将子网 10.1.0.0 和 10.2.0.0 汇总为 10.0.0.0，这是因为更新传输时跨越了主网络边界。更新将从网络 10.0.0.0 中的子网 10.2.0.0 传输到另一个主网络（172.16.0.0）的子网中。

同样，路由器 B 将子网 172.16.1.0 和 172,16.2.0 汇总为 172.16.0.0，然后将其广播给路由器 A。因此，路由器 A 的路由表中包含的是网络 172.16.0.0 的汇总信息；而路由器 C 的路由表中包含的是有类网络 10.0.0.0 的汇总信息。

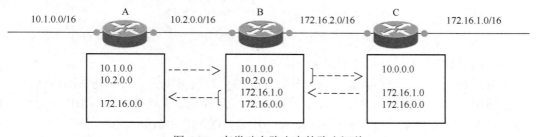

图 6.25　有类动态路由中的路由汇总

无类动态路由协议可视为第二代协议，设计它旨在克服早期有类动态路由协议的缺点。在有类路由网络环境中，最严重的缺点之一是在路由更新过程中不交换子网掩码，因此在同一个主网络中的所有子网必须使用相同的子网掩码。

如图 6.26 所示，无类动态路由协议在发送路由更新时，携带子网掩码。使用无类动态路由协议时，同一个主网络中的不同子网可以使用不同的子网掩码，换句话说，它们支持 VLSM（可变长子网掩码），若表中有多个与目的地址匹配的条目，则将使用前缀最长的匹配条目。例如，如果路由表中包含前往 172.16.0.0/16 和 172.16.5.0/24 的路由，则对于目标地址为 172.16.5.99 的分组，将选择使用前往 172.16.5.0/24 的路由，因为该网络与目的地址的匹配程度最高。

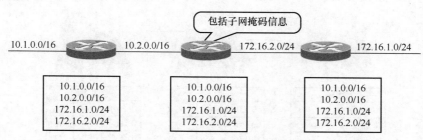

图 6.26　无类动态路由协议

有类动态路由的另一个缺点是其需要在主网络边界自动进行汇总。在无类动态路由环境中，可以手动控制路由的汇总方式，通常可以在地址的任何位置进行汇总。

2．RIP

（1）RIP 概述

RIP（Route Information Protocol）是基于距离矢量算法（Distance-Vector Algorithm，简称 D-V 算法，又称 Bellman-Ford 算法）的内部网关路由协议（IGP）。这种算法在 ARPARNET 早期就用于计算机网络的路由计算。RIP 是最广泛使用的 IGP 之一，著名的路径刷新程序 Routed 就是根据 RIP 实现的。RIP 被设计用于使用同种技术的中型网络，因此适应于大多数的校园网和使用速率变化不是很大的连续型的地区性网络。对于更复杂的环境，一般不使用 RIP。在实现时，RIP 作为一个系统长驻进程（daemon）存在于路由器中，它负责从网络中的其他路由器接收路由信息，从而对本地网络层路由表进行动态维护，保证网络层发送报文时选择正确的路由，同时广播本路由器的路由信息，通知相邻的路由器进行相应的修改。

注意

RIP 接收的路由信息都封装在 UDP 数据报中，RIP 在 520 号端口上接收来自远程路由器的路由修改信息，并对本地的路由表做相应的修改，同时通知其他路由器。

（2）RIP 的特点

RIP 具有收敛慢、不能处理 VLSM、不能检测路由环路、网络直径小等缺点，而且随着 OSPF 与 IS-IS 的出现，许多人认为 RIP 已经过时了。事实上，尽管一些新的 IGP 的确比 RIP 优越，但 RIP 也有它自己的优点。首先，在一个小型网络中，RIP 对使用带宽及网络配置和管理方面的要求很少，与新的 IGP 相比，RIP 非常容易实现。其次，现在 RIP 在许多领域和一定时期内仍具有较高的使用价值。

（3）RIP 中的路由环路问题

在维护路由表时，如果网络拓扑结构发生改变，网络收敛缓慢，产生了不协调或者矛盾的路由选择条目，就会产生路由环路问题。在这种条件下，用户的报文会不停地在路由器间循环发送，最终造成网络资源的严重浪费。

路由环路问题的产生场景如下。

1）如图 6.27 所示，若路由器 C 一侧的 10.4.0.0 网络发生故障，则路由器 C 收到故障信息，并把 10.4.0.0 网络设置为不可达（Down），等待更新周期，通知相邻的路由器 B。

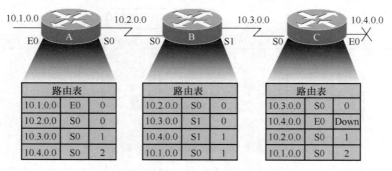

图 6.27　RIP 中的路由环路实例 1

2）如图 6.28 所示，如果相邻的路由器 B 的更新周期先来了，则路由器 C 将从路由器 B 学习到达 10.4.0.0 网络的路由（但是其为错误路由），因为此时的 10.4.0.0 网络已经发生故障，而路由器 C 却在自己的路由表内增加了一条经过路由器 B 到达 10.4.0.0 网络的路由，并将其 metric 值设置为 2。

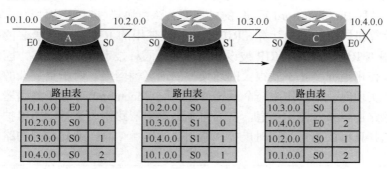

图 6.28　RIP 中的路由环路实例 2

3）如图 6.29 所示，路由器 C 还会继续把该错误路由发送给路由器 B，路由器 B 更新路由表，认为到达 10.4.0.0 网络须经过路由器 C，然后继续发送给相邻的路由器，至此路由环路形成，路由器 C 认为到达 10.4.0.0 网络须经过路由器 B，而路由器 B 则认为到达 10.4.0.0 网络须经过路由器 C。

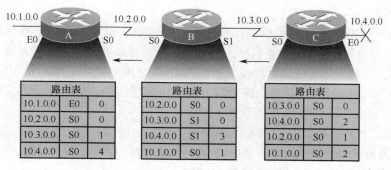

图 6.29　RIP 中的路由环路实例 3

（4）RIP 的实现

根据 D-V 算法的特点，RIP 将协议的参加者分为主动机和被动机两种。主动机主动向外广播路由更新报文；被动机被动地接收路由更新报文。一般情况下，主机作为被动机，路由器则既是主动机又是被动机，即在向外广播路由更新报文的同时，接收来自其他主动机的报文，并进行路由更新。

RIP 规定，路由器每 30s 向外广播一个报文，报文信息来自本地路由表。在 RIP 的报文中，距离以"驿站"计：与目的网络直接相连的路由器规定为一个驿站，相隔一台路由器则为两个驿站，以此类推。一条路由的距离为该路由（从源地址到目的地址）上的路由器数。为防止路由环路问题，RIP 规定，距离为 16 的路由为无限长路由，即不存在的路由。所以一条有效的路由的距离不得超过 15。正是这一规定限制了 RIP 的使用范围，使 RIP 局限于中小型网络。

为了保证路由的及时性、有效性，防止出现路由环路问题，RIP 采用触发更新技术和水平分割法。

触发更新技术是指当本地路由表发生改变时，会触发广播路由更新报文，以迅速做到最新路由的广播和全局路由的有效。路由器 A 刚启动 RIP 时，以广播的形式向相邻路由器发送请求报文，相邻路由器接收到请求报文后，响应请求，回发包含本地路由表信息的响应报文。路由器 A 在收到响应报文后，修改本地路由表信息，同时以触发更新的形式向相邻路由器广播本地路由更新信息。相邻路由器收到触发更新报文后，又向其各自的相邻路由器发送触发更新报文。在一连串的广播后，各路由器的路由表都得到更新。

水平分割法是指当路由器从某个网络端口发送 RIP 路由更新报文时，其中不包含从该端口获取的路由信息，这是由于从某个网络端口获取的路由信息对于该端口来说是无用信息。

对于局域网，RIP 还规定了路由的超时处理。RIP 规定，所有主机对其每一条路由都要设置一个时钟，每增加一条新路由，就相应设置一个新时钟。在收到的报文中，如果有关于此路由更新信息，则将时钟清零，重新计时；如果在 120s 内一直未收到该路由的更新信息，则认为该路由崩溃，将其距离设为 16，广播该路由信息；如果再过 60s 后仍未收到该路由的更新信息，则将它从路由表中删除。如果某路由在距离被设为 16 后、在被删除前被更新，也将时钟清零，重新计时，同时广播被更新的路由信息。

（5）RIPv2 的特点

RIPv2 相比 RIP 而言，主要的区别在于其路由更新报文中包含子网掩码，因此支持
VLSM；RIPv2 同样在主网络边界自动汇总路由，但其可以关闭这种功能；与 RIP 使用广播
地址 255.255.255.255 发送路由更新报文不同，RIPv2 使用组播地址定期发送路由更新报文，
从而提高了效率；RIPv2 还通过在路由器之间使用消息摘要（MD5）或明文的方式进行身
份认证，保证安全性，这也是 RIP 不具备的。

总结起来，RIPv2 和 RIP 的主要区别如下：

1）RIP 是有类动态路由协议，RIPv2 是无类动态路由协议；

2）RIP 不支持 VLSM，RIPv2 支持 VLSM；

3）RIP 在主网络边界不能关闭自动汇总功能，RIPv2 可以在关闭自动汇总功能的前提
下，进行手动汇总；

4）RIP 不支持身份认证，RIPv2 支持身份认证，且有 MD5 和明文两种认证方式；

5）RIP 采用广播更新方式，RIPv2 采用组播更新方式；

6.3.2 RIP 的配置及应用

1. 任务描述

如图 6.30 所示，路由器 R1、R2 和 R3 运行 RIPv2 协议，并分别启用明文和 MD5 认证，
密码为 zte，完成 PC1 和 PC3 的互通任务。

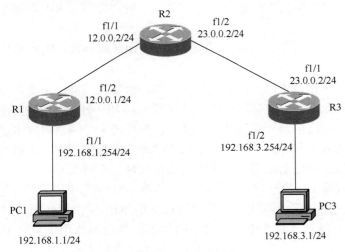

图 6.30　RIP 配置实例

2. 任务分析

1）确认需要运行 RIPv2 的组网规模，建议总数不超过 16 台；

2）确认 RIP 使用的版本号为 RIPv2；

3）确认路由器上需要运行 RIPv2 的端口，确认需要引入的外部路由；

4）注意是否需要身份认证部分的配置，对接双方的认证字符串必须一致。

3．配置流程

配置流程如图 6.31 所示。

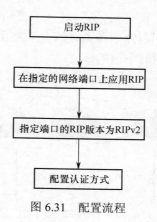

```
启动RIP
```

```
在指定的网络端口上应用RIP
```

```
指定端口的RIP版本为RIPv2
```

```
配置认证方式
```

图 6.31　配置流程

4．关键配置

R2 的配置如下（仅以 R2 为例，R1 和 R3 配置与之类似）：

```
R2(config)#router rip
R2(config-router-rip)#network 12.0.0.0
R2(config-router-rip)#network 23.0.0.0
R2(config)#interface f1/1
R2(config-if)#ip address 12.0.0.2 255.255.255.0
R2(config-if)#ip rip authentication mode text      //采用明文认证
R2(config-if)#ip rip authentication key cisco1
R2(config)#interface f1/2
R2(config-if)#ip address 23.0.0.2 255.255.255.0
R2(config-if)#ip rip authentication mode md5       //采用 MD5 认证
R2(config-if)#ip rip authentication key-chain 1 cisco2
```

6.3.3　任务拓展 1：RIPv2 路由汇总配置

1．任务描述

小李：主管，我按如图 6.32 所示的拓扑结构进行 RIP 配置实验的时候，路由器 B 的路由表中出现了两条到达 172.16.0.0/16 网段的路由条目，并且 metric 值都是 1，但我在路由器 B 上 Ping 网段 172.16.5.0/24 或 172.16.6.0/24 上的主机时，都出现了时通时不通的现象，这是怎么回事呢？

主管：这是典型的非连续子网中的自动汇总路由现象。

小李：什么是非连续子网呢？

主管：非连续子网是指某几个连续由同一主网划分的子网在中间被多个其他网段的子网隔开了。在你的拓扑结构中，路由器 A 连接了 172.16.5.0/24 网段，路由器 C 连接了 172.16.6.0/24 网段，两个子网都属于 172.16.0.0/16 这个主网，但被中间的 192.168.14.16/28

隔开了。RIP 属于有类动态路由协议，而有类动态路由协议在主网边界会自动进行路由汇总，其中的子网络号不会发送给其他主网，而且非连续子网间也相互不可见。根据这个原理，路由器 A、C 都分别将自己连接的子网进行了自动汇总，发送给路由器 B 的都是 172.16.0.0 这个主网络号，这将引起路由器 B 的混乱，路由器 B 可能做出错误的路由选择，这也是你在做 Ping 测试时，时通时不通的原因。

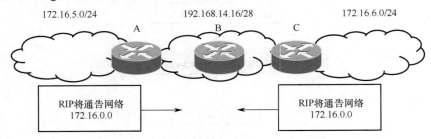

图 6.32　非连续子网中的自动汇总路由

小李：如果是这种情况，用什么方法可以解决呢？

主管：可以采用 RIPv2 关闭自动汇总，当关闭了自动汇总时，路由器将广播子网路由并提供实际的子网掩码。

关闭 RIPv2 的自动汇总功能的代码如下。

```
A(config)#router rip
A(config)#version 2
A(config-router-rip)#no auto-summary
```

小李：主管，在 RIPv2 中关闭了自动汇总功能，拓扑结构如图 6.33 所示，R1 的三条子网路由都会广播给 R2，这样 R2 路由表的条目会变得很多，性能会不会受到影响？

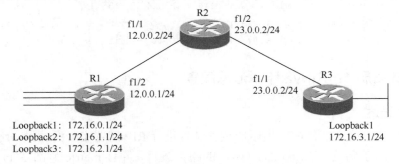

图 6.33　在非连续网络中汇总路由

主管：是的，你观察得很仔细。在默认情况下，无论是哪种 RIP 版本，都将在主网边界自动进行汇总。但 RIPv2 支持关闭自动汇总功能，可以用手动汇总的方式配置路由条目，可以提高大型网络的可扩展性和效率。但 RIPv2 手动汇总路由的一个缺点是，只能将路由汇总为有类网络边界。手动汇总的相关命令如下。

```
Router(config)#interface Ethernet 1
Router(config-if)#ip summary-address rip 10.0.0.0 252.0.0.0
```

另外，在端口上的每个路由汇总都有一个唯一的主网（即使多个汇总路由的子网掩码是不同的）。例如，下面的汇总是不允许的，因为这里的 Ethernet 1 端口上配置的两个路由汇总中所对应的主网是一样的，都是 10.0.0.0 这个 A 类网络。

```
Router(config)#interface Ethernet 1
Router(config)#ip summary-address rip 10.1.0.0 255.255.0.0
Router(config)#ip summary-address rip 10.2.2.0 255.255.255.0
```

在图 6.33 中，要求完成以下任务：

1）为 3 台路由器（R1、R2、R3）配置 RIP；

2）在 R1 上启用 3 个 LoopBack 端口，并针对这 3 个网段进行手动汇总路由配置。

2. 任务分析

1）确认 RIP 使用的版本号是 RIPv2；

2）确认关闭路由器的自动汇总功能；

3）确认路由器上需要运行 RIPv2 的端口，确认需要引入的外部路由。

3. 配置流程

图 6.34 所示为 RIPv2 手动汇总路由的配置流程。

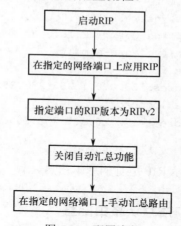

图 6.34　配置流程

4. 关键配置

1）R1 的配置如下。

```
R1(config)#router rip
R1(config-router-rip)#network 12.0.0.0
R1(config-router-rip)#network 172.16.0.0
R1(config-router-rip)#no auto-summary          //关闭自动汇总功能
R1(config)# interface f1/2
R1(config-if)#ip address 12.0.0.1 255.255.255.0
R1(config-if)#ip summary-address rip 172.16.0.0 255.255.252.0
//手动汇总路由
```

```
R1(config)#interface loopback1
R1(config-if)#ip address 172.16.0.1 255.255.255.0
R1(config)#interface loopback2
R1(config-if)#ip address 172.16.1.1 255.255.255.0
R1(config)#interface loopback3
R1(config-if)#ip address 172.16.2.1 255.255.255.0
```

2）R2 的配置如下。

```
R2(config)#router rip
R2(config-router-rip)#network 12.0.0.0
R2(config-router-rip)#network 23.0.0.0
R2(config-router-rip)#no auto-summary          //关闭自动汇总功能
R2(config)#interface f1/2
R2(config-if)#ip address 12.0.0.2 255.255.255.0
R2(config)#interface f1/1
R2(config-if)#ip address 23.0.0.2 255.255.255.0
```

3）R3 的配置如下。

```
R3(config)#router rip
R3(config-router-rip)#network 12.0.0.0 0.
R3(config-router-rip)#network 172.16.0.0
R3(config-router-rip)#no auto-summary          //关闭自动汇总功能
R3(config)#interface f1/1
R3(config-if)#ip address 23.0.0.1 255.255.255.0
R3(config)#interface loopback1
R3(config-if)#ip address 172.16.3.1 255.255.255.0
```

5．结果验证

使用 show ip route 命令显示 RIP 运行的基本信息。

6.3.4 任务拓展 2：RIP 广播默认路由配置

1．任务描述

小李：主管，在如图 6.35 所示的拓扑结构中，为了让企业内网路由器可以与 ISP 路由器 R3 通信，我需要在 R1、R4 上手动添加默认路由。只有两台内网路由器时还可以手动添加，如果内网路由器的数量较多，有没有简单一点的方法呢？

主管：有，我们可以在网关路由器 R2 上通过 RIP 广播一条默认路由配置来减少工作量。

要求完成以下任务：

1）为 3 台企业内网路由器 R1、R2、R4 配置 RIP；

2）在 R2 上通过 RIP 广播一条默认路由配置，使 R1、R4 可以和 ISP 路由器 R3 通信。

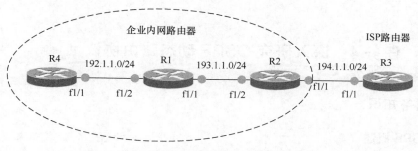

图 6.35 RIP 广播默认路由

2. 任务分析

1）确认 RIP 使用的版本号，使用 RIPv2；

2）需要在网关路由器 R2 上添加到 ISP 路由器 R3 的默认路由；

3）因为在网关路由器 R2 上没有配置 NAT，所以需要在 ISP 路由器 R3 上添加一条到 R2 的默认路由；

4）确认路由器上需要运行 RIP 的端口，确认需要引入的外部路由。

3. 配置流程

图 6.36 所示为 RIP 广播默认路由的配置流程。

4. 关键配置

1）R2 的配置如下（仅以 R2 为例，R1 和 R4 的配置与之类似）。

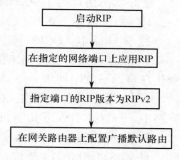

图 6.36 配置流程

```
R2(config)#router rip
R2(config-router-rip)#network 193.0.0.0
R2(config-router-rip)#default-information originate
//广播默认路由给内网路由器
R2(config-router-rip)#version 2          //启用版本 RIPv2
R2(config)#interface f1/2
R2(config-if)#ip address 194.1.1.1 255.255.255.0
R2(config)#interface l interface f1/1
R2(config-if)#ip address 193.1.1.1 255.255.255.0
R2(config)#ip route 0.0.0.0 0.0.0.0 194.1.1.2
//添加到 ISP 路由器 R3 的默认路由
```

2）R3 的配置如下。

```
R3(config)#interface f1/1
R3(config-if)#ip address 194.1.1.2 255.255.255.0
R3(config)#ip route 0.0.0.0 0.0.0.0 194.1.1.1  //添加到 R2 的默认路由
```

5. 结果验证

使用 show ip protocol 命令显示 RIP 运行的基本信息。

6.4 任务4：深入研究 OSPF 动态路由协议

6.4.1 预备知识

1．OSPF 概述

OSPF（Open Shortest Path First，开放最短路由优先协议）是 IETF（Internet Engineering Task Force）组织开发的一个基于链路状态的自治系统的 IGP，用于在单一自治系统内决策路由，它通过收集和传递自治系统的链路状态动态地发现并传播路由。适用于 IPv4 的 OSPFv2 定义于 RFC 2328，适用于 IPv6 的 OSPFv3 定义于 RFC 5340。

链路状态协议为了克服距离矢量协议的局限性和缺点发展而来，OSPF 具有以下优点。

1）适用范围：OSPF 支持各种规模的网络，最多可支持几百台路由器。

2）最佳路由：OSPF 基于带宽来选择路由。

3）快速收敛：如果网络的拓扑结构发生变化，OSPF 立即发送路由更新报文，使这一变化在自治系统中同步。

4）不会生成自环路由：OSPF 通过收集到的链路状态用最短路径优先（SPF）算法计算路由，算法本身保证其不会生成自环路由。

5）子网掩码：OSPF 在描述路由时携带网段的子网掩码信息，所以不受自然掩码的限制，对 VLSM 和 CIDR 提供很好的支持。

6）区域划分：OSPF 允许将自治系统的网络划分成区域来管理，区域间传送的路由信息被进一步抽象，占用网络的带宽减少。

7）等值路由：OSPF 支持到同一目的地址的多条等值路由。

8）路由分级：OSPF 使用 4 类不同的路由，按优先顺序分别是区域内路由、区域间路由、第一类外部路由、第二类外部路由。

9）支持验证：OSPF 支持基于端口的报文验证以保证路由计算的安全性。

10）组播发送：OSPF 在有组播发送能力的数据链路层上以组播地址发送协议报文，既达到了广播的作用，又最大程度减少了对其他网络设备的干扰。

2．OSPF 中的重要概念

OSPF 中的重要概念如下。

1）DR（指定路由器）和 BDR（备份指定路由器）：在一个广播-多路访问环境中，必须选举一个 DR 和一个 BDR。

2）邻居关系：邻居关系在广播或非广播-多路访问网络的指定路由器 DR 和非指定路由器 DROther 之间形成。

3）相邻路由器：带有到公共网络的端口的路由器。

4）邻居表：包括所有建立联系的相邻路由器。

5）链路状态数据库（LSDB）：包含网络中所有路由器的链接状态，表示整个网络的拓扑结构。

3．OSPF 的区域

在小型网络中，路由器链路组成的结构并不复杂，很容易确定前往各个目的地的路由。然而，在大型网络中，路由器链路组成的结构极其复杂，前往每个目的地的潜在路由众多。因此，对所有可能的路由进行 SPF 计算非常复杂，需要很长的时间。

链路状态协议通常将网络划分成区域，以减少 SPF 的计算量。区域内的路由器数量及在区域内扩散的 LSA 数量较少，这意味着区域内的 LSDB 较小。其结果是 SPF 的计算量更小，需要的时间更短。OSPF 使用包含以下两层的层次区域结构。

1）中转区域：快速、高效地传输报文的 OSPF 区域。中转区域将其他类型的 OSPF 区域连接起来，中转区域中通常没有终端用户。根据定义，OSPF 区域 0（也称骨干区域）为中转区域。

2）常规区域：连接用户和资源的 OSPF 区域。常规区域通常是根据职能或地理位置划分的（也称非骨干区域）。默认情况下，常规区域不允许另一个区域使用其连接将数据传输到其他区域，来自其他区域的所有数据都必须经过中转区域。常规区域又分为几类，包括标准区域、末节区域（Stub）、绝对末节区域和次末节区域。

OSPF 采用严格的两层区域结构，网络的底层物理连接必须与两层区域结构相匹配，所有非骨干区域都直接与骨干区域相连。使用链路状态协议时，所有路由器都必须保存一个 LSDB 的副本，OSPF 路由器越多，LSDB 就越大。在所有路由器中保存所有信息有其优点，但这种方法不适用于大型网络。区域是一种折中概念：区域内的路由器保存该区域中所有链路和路由器的详细信息，可以将 OSPF 配置成只保存有关其他区域中路由器和链路的摘要信息。

正确配置 OSPF 后，当路由器或链路出现故障时，相应的信息只被扩散到当前区域的路由器中，区域外的路由器不会收到信息。通过采用层次结构，并控制区域内的路由器数量，OSPF 自治系统可扩展至非常大。OSPF 区域必须构成层次结构，这意味着，所有区域都必须与骨干区域相连。在图 6.37 中，区域 1 中的路由器不能与区域 2 中的路由器直接相连，区域之间传输数据必须经过骨干区域：区域 0。

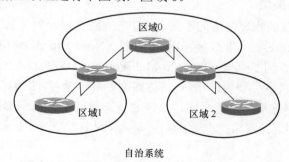

图 6.37　划分区域示例

4．OSPF 的算法

由于 OSPF 是一个链路状态协议，OSPF 路由器通过建立 LSDB 生成路由表，这个数据库里具有所有网络和路由器的信息。路由器使用这些信息构造路由表，为了保证可靠性，所有路由器必须有一个完全相同的 LSDB。LSDB 是由链路状态广播（LSA）组成的，而 LSA 由每台路由器产生，并在整个 OSPF 网络上传播。LSA 有许多类型，完整的 LSA 集合将为路由器展示整个网络的精确分布。

OSPF 使用开销（Cost）作为度量值，开销被分配到路由器的每个端口上。默认情况下，一个端口的开销以 100M 为基准自动计算。到某个特定目的地址的路径开销是这台路由器和目的地址之间的所有链路的开销和。为了根据 LSDB 生成路由表，路由器运行 SPF 算法构建一棵开销路由树，路由器本身作为路由树的根。SPF 算法使路由器计算出它到网络上每个节点的开销最小的路径，路由器将这些路径的路由存入路由表，如图 6.38 所示。

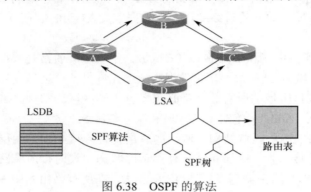

图 6.38　OSPF 的算法

📖 **大开眼界**

- 和 RIP 不同，OSPF 中的路由器不是简单地周期性广播它所有的路由选择信息，而是使用 Hello 报文让相邻路由器知道自己仍然存活着。如果一台路由器在一段特定的时间内没有收到来自相邻路由器的 Hello 报文，表明这个相邻路由器可能已经不再运行了。
- OSPF 中的路由更新时间是递增的，路由器通常只在拓扑结构改变时发出路由更新信息。当 LSA 的时间达到 1800s 时，路由器会重新发送一个该 LSA 的新版本。

5. OSPF 的网络类型

根据路由器所连接的物理网络的不同，OSPF 将网络划分为 4 种类型：广播-多路访问型（Broadcast Multi Access）、非广播-多路访问型（None Broadcast Multi Access）、点到点型（Point-to-Point）、点到多点型（Point-to-MultiPoint）。OSPF 在不同的网络类型下的工作方式是有区别的：当网络类型为广播-多路访问型、非广播-多路访问型时，需要在网段内选举 DR、BDR，根据选举结果的不同，端口的状态可能是 DR、BDR、DROther（非指定路由器）三种中的一种；当网络类型为点到点型、点到多点型时，不需要在网段内选举 DR、BDR。

当数据链路层协议是 PPP 或 LAPB 时，默认网络类型为点到点型网络，无须选举 DR 和 BDR，当只有两个路由器的端口要形成邻居关系时才使用该类型。

当数据链路层协议是 Ethernet、FDDI、TokenRing 时，默认网络类型为广播-多路访问型，以组播的方式发送协议报文。

当数据链路层协议是帧中继、ATM、HDLC 或 X.25 时，默认网络类型为非广播-多路访问型，需要手动指定相邻路由器。

没有一种数据链路层协议的默认网络类型是点到多点型。点到多点型必然是由其他网络类型强制更改而产生的，常见的做法是将非全连通的非广播-多路访问型改为点到多点型网络。

---

6. OSPF 的 DR/BDR

（1）DR/BDR 的应用环境

在广播-多路访问型、非广播-多路访问型的网络上，任意两台路由器之间都需要传递路由信息，如果网络中有 N 台路由器，则需要建立 $N×(N-1)/2$ 个邻居关系。任何一台路由器的路由变化，都需要在网段中进行 $N×(N-1)/2$ 次传递，这是没有必要的，也浪费了宝贵的带宽资源。

为了解决这个问题，OSPF 指定一台指定路由器 DR 来负责传递信息，所有的路由器都只将路由信息发送给 DR，再由 DR 将路由信息发送给本网段内的其他路由器。两台不是DR 的非指定路由器 DROther 之间不再建立邻居关系，也不再交换任何路由信息。这样，在同一网段内的路由器之间只需建立 N 个邻居关系，每次路由变化只需进行 $2N$ 次的传递即可。

（2）DR 的选举过程

DR 的选举过程如下。

1）登记选民：选民为本网段内的运行 OSPF 的路由器；

2）登记候选人：候选人为本网段内的优先级（Priority）大于 0 的运行 OSPF 的路由器；Priority 是端口的参数，可以配置，默认值是 1；

3）竞选演说：一部分 Priority 大于 0 的路由器认为自己是 DR；

4）投票阶段：在所有自称是 DR 的路由器中选 Priority 值最大的，若两台路由器的 Priority值相等，则选 Router ID 最大的。选票就是 Hello 报文，每台路由器将自己选出的 DR 写入Hello 报文中，发给网段上的每台路由器。

（3）DR/BDR 的特点

DR/BDR 的特点如下。

1）稳定：由于网段中的每台路由器都只和 DR 建立邻居关系。若 DR 频繁更换，则每次都要重新使本网段内的所有路由器与新的 DR 建立邻居关系，会导致在短时间内网段中有大量的 OSPF 报文在传输，减少网络的可用带宽，所以应该尽量减少 DR 的变化。具体的处理方法是，让每一台新加入的路由器并不急于参加选举，而是先考察一下本网段中是否已有 DR 存在，如果有 DR 存在，则不重新选举 DR。

2）快速响应：BDR 实际上是 DR 的一个备份，在选举 DR 的同时也选举出 BDR，BDR 也和本网段内的所有路由器建立邻居关系并交换路由信息。当 DR 失效后，BDR 会立即成为 DR，由于不需要重新选举，并且邻居关系事先已建立，所以这个过程非常短。

📖 **大开眼界**

- 网段中的 DR 不一定是 Priority 最大的路由器；同理，BDR 也不一定是 Priority 第二大的路由器。
- DR 是某个网段中的概念，是针对路由器的端口而言的。某台路由器在一个端口上可能是 DR，在另一个端口上可能是 BDR，或者是 DROther。
- 只有在广播-多路访问型、非广播-多路访问型网络的端口上才会选举 DR，在点到点型、点到多点型网络的端口上不需要选举 DR。
- 两台 DROther 之间不进行路由信息的交换，但仍旧互相发送 Hello 报文。

7. OSPF 的报文类型

OSPF 报文共有五种类型，如图 6.39 所示。

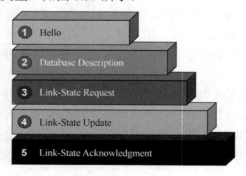

图 6.39　OSPF 报文

1）Hello 报文：Hello 报文是最常用的一种报文，周期性地发送给本路由器的相邻路由器。内容包括定时器的数值、DR、BDR，以及自己已知的相邻路由器。Hello 报文中包含很多信息，如图 6.40 所示。

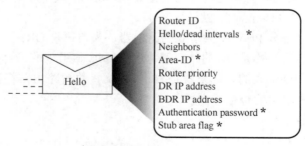

＊带星号的项目必须要一致

图 6.40　Hello 报文信息

2）Database Description（DBD）报文：DBD 报文描述自己的 LSDB，包括 LSDB 中每一条 LSA 的摘要（摘要是指 LSA 的头部（head），可唯一标识一条 LSA），DBD 报文用于 LSDB 同步。

3) Link-State Request（LSR）报文：LSR 报文用于向对方请求自己所需的 LSA。

4) Link-State Update（LSU）报文：LSU 报文用来向对方发送其所需要的 LSA。

5) Link State Acknowledgment（LSAck）报文：LSAck 报文用来对接收到的 DBD、LSU 报文进行确认。

8. OSPF 的报文格式

OSPF 的报文格式如图 6.41 所示。

1) Version Number（版本号）：标识所使用的 OSPF 版本。

2) Type（类型）：将 OSPF 报文类型标识为 Hello 报文、DBD 报文、LSR 报文、LSU 报文、LSAck 报文之一。

3) Packet Length（报文长度）：以字节为单位，包括 OSPF 报头。

4) Router ID（路由器 ID）：OSPF 使用一个称为 Router ID 的 32 位无符号整数来唯一标识一台路由器，每一台运行 OSPF 的路由器都需要一个 Router ID。指定规则为：如果有 LoopBack 地址，则选择最小的 LoopBack 地址作为 Router ID，否则在物理端口中选择最小的 IP 地址作为 Router ID，一般建议手动指定 Router ID。

5) Area ID（区域 ID）：标识报文所属区域，所有 OSPF 报文都与一个区域相关联；

6) Checksum（校验和）：校验报文内容的完整性和准确性。

7) Authentication Type（认证类型）：类型 0 表示不进行认证，类型 1 表示采用明文方式进行认证，类型 2 表示采用 MD5 算法进行认证。

8) Authentication（认证）：包含认证信息。

9) Data（数据）：包含所封装的上层信息（实际的路由信息）。

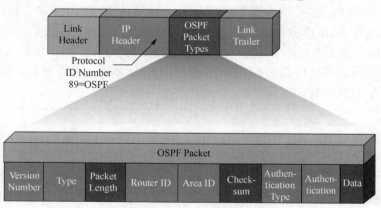

图 6.41　OSPF 报文格式

9. OSPF 的状态机

在 LSDB 的同步过程中，OSPF 会在以下状态之间转换，共有 8 种状态，转换关系如图 6.42 所示。

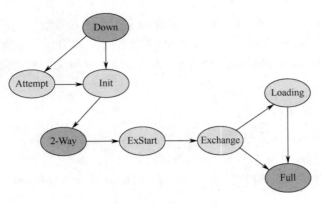

图 6.42　状态转换图

1）Down：状态机的初始状态，是指在过去的死亡（Dead-Interval）时间内没有收到对方的 Hello 报文。

2）Attempt：只适用于非广播-多路访问型网络的端口，处于本状态时，定期向那些手动配置的相邻路由器发送 Hello 报文。

3）Init：表示已经收到了相邻路由器的 Hello 报文，但是该报文中列出的相邻路由器中不包含本路由器的 Router ID（对方并没有收到本路由器发的 Hello 报文）。

4）2-Way：表示双方互相收到了对方发送的 Hello 报文，建立了邻居关系。在广播-多路访问型和非广播-多路访问型的网络中，两个端口状态是 DROther 的路由器之间将停留在此状态。其他情况状态机将继续转入高级状态。

5）ExStart：在此状态下，路由器和它的相邻路由器之间通过互相交换 DBD 报文来决定发送时的主/从关系。建立主/从关系主要是为了保证后续的 DBD 报文交换能够有序进行。

6）Exchange：路由器将本地的 LSDB 用 DBD 报文来描述，并发给相邻路由器。

7）Loading：路由器发送 LSR 报文向相邻路由器请求对方的 DBD 报文。

8）Full：表示相邻路由器的 LSDB 中的所有 LSA，本路由器全都有，即本路由器和相邻路由器建立了邻居关系。

🐟 注意

稳定的状态有 Down、2-Way、Full，其他状态则是在交换过程中瞬间存在的状态。

10．OSPF 邻居关系的建立过程

当运行 OSPF 的路由器刚启动时，相邻路由器（运行 OSPF）之间的 Hello 报文交换过程是最先开始的。如图 6.43 所示，网络中的路由器初始启动后的交换过程如下：

步骤 1　路由器 A 在网络中刚启动时的状态是 Down，因为其没有和其他路由器进行信息交换。它开始向加入 OSPF 的端口发送 Hello 报文，尽管它"不知道"任何路由器，也"不知道"谁是 DR。广播-多路访问型网络、点对点型网络的 Hello 报文是用多播地址 224.0.0.5 发送的，广播-多路访问型网络、点对多点型网络的 Hello 报文是用单播地址发送的。

步骤 2　所有运行 OSPF 与路由器 A 直连的路由器收到路由器 A 的 Hello 报文后，把路由器 A 的 Router ID 添加到自己的邻居表中，这个状态为 Init。

步骤 3　所有运行 OSPF 的与路由器 A 直连的路由器向路由器 A 发送单播回应 Hello 报文，Hello 报文中邻居（Neighbors）字段内包含所有其收到的 Router ID，也包括路由器 A 的 Router ID。

步骤 4　当路由器 A 收到这些 Hello 报文后，它将其中所有包含自己 Router ID 的路由器都添加到自己的邻居表中，这个状态为 2-Way。这时，所有在其邻居表中包含彼此 Router ID 记录的路由器就建立起了双向通信。

步骤 5　如果网络类型是广播-多路访问型或非广播-多路访问型，就需要选举 DR 和 BDR。DR 将与网络中所有其他的路由器建立双向的邻居关系。这个过程必须在路由器能够开始交换 LSA 之前发生。

步骤 6　路由器周期性地在网络中交换 Hello 报文，以确保通信正常。更新用的 Hello 报文中包含 DR、BDR 及其 Hello 报文已经被接收到的路由器列表。这里的"接收到"意味着接收方的路由器在所接收到的 Hello 报文中看到它自己的 Router ID。

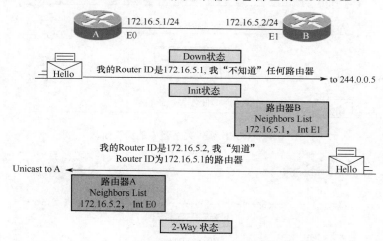

图 6.43　OSPF 邻居关系的建立过程

11．OSPF 链路状态数据库的同步过程

一旦选举出了 DR、BDR，路由器就进入 ExStart 状态，并且它们也已经准备好发现有关网络的 LSA，以及生成它们自己的 LSDB。发现网络路由这个过程被称为交换协议，它使路由器进入 Full 状态。如图 6.44 所示，交换协议的运行步骤如下：

步骤 1　在 ExStart 状态中，DR 和 BDR 与网络中其他的各路由器建立邻居关系。在这个过程中，各路由器与它相邻的 DR 和 BDR 之间建立一个主/从关系。拥有高 Router ID 的路由器成为主路由器。

步骤 2　主/从路由器间交换一个或多个 DBD 报文，这时路由器处于 Exchange 状态。DBD 报文中包括在路由器的 LSDB 中出现的 LSA 的头部信息。LSA 可以是关于一条链路或是一个网络的信息，每个 LSA 的头部包括链路类型、广播该信息的路由器地址、链路的开销及 LSA 的序列号（LSA 序列号被路由器用来识别所接收到的 LSA 的新旧程度）等。当路由器接收到 DBD 报文后，它将要进行以下的工作，如图 6.45 所示。

步骤 3　通过检查 DBD 报文中 LSA 头部的序列号，将它接收到的信息和它拥有的信息进行比较。如果 DBD 报文中有一条更新的 LSA，那么本路由器将向另一台路由器发送数据状态请求包（LSR 报文），发送 LSR 报文的过程称为 Loading 状态。另一台路由器将使用链路状态更新包（LSU 报文）回应请求，并在其中包含所请求条目的完整信息。当路由器收到一个 LSU 报文时，它将再一次发送 LSAck 报文回应。

步骤4　路由器添加新的链路状态条目到它的 LSDB 中。当给定路由器的所有 LSR 报文都得到了回应时，相邻路由器就被认为达到了同步并进入 Full 状态，路由器在转发报文之前，必须达到 Full 状态。

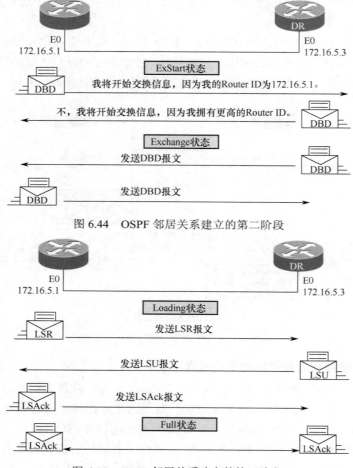

图 6.44　OSPF 邻居关系建立的第二阶段

图 6.45　OSPF 邻居关系建立的第三阶段

12．OSPF 的路由计算

图 6.46 描述了通过 OSPF 计算路由的过程。

图 6.46 所示为由 6 台路由器组成的网络，连线旁边的数字表示从一台路由器到另一台路由器所需要的花销。为简化问题，我们假定两台路由器相互之间发送报文所需的花销是相同的。

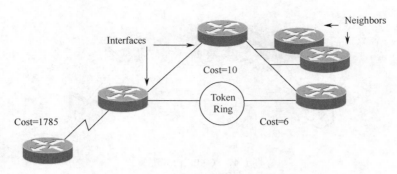

图 6.46　OSPF 的路由计算

　　每台路由器都根据自己周围的网络拓扑结构生成一条 LSA，并通过相互之间发送协议报文将这条 LSA 发送给网络中的其他所有路由器。这样每台路由器都收到了其他路由器的 LSA，所有的 LSA 放在一起即形成 LSDB。显然，6 台路由器的 LSDB 都是相同的。

　　由于一条 LSA 是对一台路由器周围网络拓扑结构的描述，那么 LSDB 则是对整个网络的拓扑结构的描述。路由器很容易将 LSDB 转换成一张带权的有向图，这张图便是对整个网络拓扑结构的真实反映。显然，6 台路由器得到的是一张完全相同的图。

　　接下来，每台路由器在图中以自己为根节点，使用 SPF 算法计算出一棵最短路径树，由这棵树得到到网络中各个节点的路由表。显然，6 台路由器各自得到的路由表是不同的。这样每台路由器都计算出了到其他路由器的路由表。

13．OSPF 的应用环境

　　一个网络是否需要运行 OSPF，可以从以下几个方面来考虑。

　　1）网络的规模：一个网络中如果路由器少于 5 台，可以考虑配置静态路由；一个包含 10 台左右路由器的网络，运行 RIP 即可满足需求；如果网络中包含更多的路由器，可以运行 OSPF。但是如果这个网络属于不同的自治系统，还需要同时运行 BGP。

　　2）网络的拓扑结构：如果网络的拓扑结构是树形或星形，可以考虑使用默认路由+静态路由的方式。在星形结构的中心路由器或树形结构的根节点路由器上配置大量的静态路由，而在其他路由器上配置默认路由即可；如果网络的拓扑结构是网状且任意两台路由器都有互通的需求，应该运行 OSPF。

　　3）一些特殊需求：如果用户对网络变化时路由的快速收敛性和路由协议自身对网络带宽的占用等有较高需求时，可以运行 OSPF。

　　4）对路由器自身的要求：运行 OSPF 时对路由器 CPU 的处理能力及内存大小都有一定的要求，性能很差的路由器不推荐运行 OSPF。

6.4.2　OSPF 的配置及应用

1．任务描述

　　如图 6.47 所示，完成 OSPF 的区域 0 的配置任务。

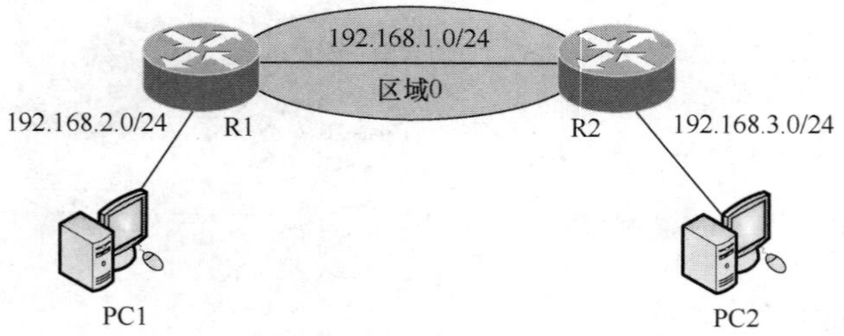

图 6.47　OSPF 协议配置

2. 任务分析

基本配置如下：

1）配置路由器的 Router ID；

2）运行 OSPF。

3）得到相应的网段。

这 3 个步骤是配置 OSPF 最基本的步骤，其中运行 OSPF 得到相应网段是必需的两个步骤，而 Router ID 的配置可以由系统自动完成，但最好采用手动配置的方式。

3. 关键配置

R1 的配置如下（R2 和 R1 类似，R2 上 LoopBack1 地址为 10.1.2.1/32）。

```
SWITCH_R1(config)#interface  loopback1
SWITCH_R1(config-if)#ip adderss 10.1.1.1 255.255.255.255
SWITCH_R1(config)#interface  f1/1
SWITCH_R1(config-if)#ip adderss 192.168.1.1 255.255.255.0
SWITCH_R1(config)#interface  f0/1
SWITCH_R1(config-if)#ip adderss 192.168.2.1 255.255.255.0
SWITCH_R1(config)#router ospf 10          //进入OSPF路由配置模式，进程号为10
SWITCH_R1(config-router)#router-id 10.1.1.1  //将LoopBack1配置为OSPF的
Router ID
SWITCH_R1(config-router)#network  192.168.1.0 0.0.0.255 area 0
//将192.168.1.0/24网段加入OSPF骨干区域area 0
SWITCH_R1(config-router)# redistribute  connected     //重分布直连路由
```

4. 结果验证

使用 show ip ospf neighbor 命令查看 OSPF 邻居关系的建立情况。

```
SWITCH_R1#show ip ospf neighbor          //查看OSPF邻居关系的建立情况
OSPF Router with ID (10.1.1.1) (Process ID 100)
Neighbor 10.1.2.1
In the area 0.0.0.0
via interface f1/1 192.168.1.2
Neighbor is DR
```

```
State Full, priority 1, Cost 1
Queue count : Retransmit 0, DD 0, LS Req 0
Dead time : 00:00:37
In Full State for 00:00:35  //Full 状态表示建立成功
```

📖 **大开眼界**

若一台路由器没有手动配置 Router ID，则系统会从当前端口的 IP 地址中自动选择一个，选择的原则如下：若路由器配置了 LoopBack 端口，则优先选择 LoopBack 端口；若没有配置 LoopBack 端口，则从已经打开的物理端口中选择端口 IP 地址最小的一个。由于自动配置的 Router ID 会随着 IP 地址的变化而改变，会干扰协议的正常运行，所以建议手动配置 Router ID。

使用 show ip route 命令显示 OSPF 运行的基本信息。

```
SWITCH_R1#show ip route
IPv4 Routing Table:
Dest          Mask            Gw           Interface Owner    pri     metric
192.168.1.0   255.255.255.0   192.168.1.1  f1/1      direct   0       0
192.168.1.1   255.255.255.255 192.168.1.1  f1/1      address  0       0
192.168.2.0   255.255.255.0   192.168.2.1  f0/1      direct   0       0
192.168.2.1   255.255.255.255 192.168.2.1  f0/1      address  0       0
192.168.3.0   255.255.255.0   192.168.1.2  f1/1      ospf     110     20
```

6.4.3 任务拓展

如图 6.48 所示，完成 OSPF 协议的区域 0 的配置，使 R1、R2、R3 和 R4 建立邻居关系，使它们能够互相学习到对方发送到同一区域的路由。

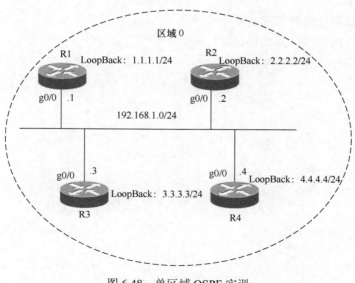

图 6.48 单区域 OSPF 实训

思考与练习

1. 路由表由哪些部分组成？各部分的作用是什么？
2. 路由优先级的作用是什么？
3. 什么是静态路由？它有什么优点？
4. 实现 VLAN 间路由的方式有哪几种？
5. 简述三层交换机的转发流程。
6. 简述路由表的构成，其中哪些是控制层面的？哪些是转发层面的？
7. 总结直连路由、静态路由和默认路由各自的特点。
8. OSPF 是哪一层的协议？有几张表？
9. OSPF 有几种报文类型？几种网络类型？几种路由器角色？

 实践活动：你目前所在学校的校园网采用何种路由协议进行配置？

1. 实践目的

1）理解各路由协议的特点。

2）理解路由优先级及路由器转发流程。

2. 实践要求

能够深刻理解各路由协议的工作原理。

3. 实践内容

1）调查校园网的组网情况。

2）规划校园网相应的路由协议。

项目
7

常用网络技术的研究

【项目引入】

小李公司的新项目已经部署到后期了，但是客户却提出了新的需求："目前这个网络的互连互通完成了，但还需要对内部主机上网行为做过滤策略，只允许部分用户可以访问外部网络"。对于这个需求，小李不知道应该怎么实现。

小李：主管，客户对网络有新的需求，不能让所有人都上外网，只允许部分人员上外网，这个需求应该怎么解决？

主管：你可以在路由器上部署访问控制列表 ACL，应用到对应的端口上就可以了。

本项目主要介绍访问控制列表 ACL、NAT 转换等常用网络技术，帮助小李实现用户提出的新需求。

【学习目标】

1. 识记：ACL、NAT、DHCP 和 VRRP 技术主要应用场景。
2. 领会：DHCP 的原理及应用。
3. 掌握：ACL、NAT 的实现方式。
4. 应用：使用 VRRP 组建高可靠性网络。

7.1 任务 1：ACL 技术的应用

7.1.1 预备知识

1. ACL 概述

（1）ACL 的定义

ACL（Access Control List，访问控制列表）是一种对经过路由器的数据进行判断、分类和过滤的方法。

随着网络规模的扩大和网络中流量的不断增加，网络管理员面临一个问题：如何在保证合法访问的同时拒绝非法访问。这就需要对路由器转发的报文进行区分，哪些是合法的流量？哪些是非法的流量？通过这种区分对报文进行过滤并达到有效控制的目的。这种包过滤技术是在路由器上实现防火墙的主要方式，而包过滤技术最核心内容就是 ACL。

📖 **大开眼界**

常见的网络威胁包括：不合理的安全区域规划导致的非法访问流量、非法网络接入、不受限制的网络设备访问、计算机病毒、网络攻击等。

- 不合理的安全区域规划导致的非法访问流量：在部署企业网络边界时，必须谨慎地规划企业网络的安全区域，合理地划分安全等级。例如，在没有特殊安全策略的条件下，企业内部网络可以任意地访问 Internet，反之则不能，若企业提供了公共访问服务，则应该将这些服务统一、集中地部署在一个独立的安全区域，并对该区域部署专用的访问控制策略。

- 非法网络接入：在没有得到相关鉴别服务的认可下，通信点不受限制地接入企业网络，这些通信点（如计算机、PDA）可能携带病毒或者木马程序，为企业网络安全造成极大威胁，所以必须限制非法网络接入。

- 不受限制的网络设备访问：SSH 虽然能够保障 Telnet 远程传输过程和传输内容的安全，但是它不能保障访问源点的身份是否合法、是否是指定的管理主机。

- 计算机病毒：计算机病毒是一个可执行的程序、代码或者脚本。计算机病毒具有很强的复制能力，使计算机运行性能下降，数据遭到破坏，对企业网络的信息工作造成极大的破坏和不可估计的损失。通过网络进行快速传播的网络病毒，会在企业网络中持续不断地寻找感染体，造成大量的扫描与探测流量，这些恶意流量会占据企业正常的业务网络，让业务流量的访问变得非常缓慢。

- 网络攻击：网络攻击是指让某项服务失去正常的服务能力，以达到非法入侵者的某种目的，例如，使用非法入侵者的伪装服务代替正常的服务。通常，网络攻击会伴随计算机病毒发生，常用的攻击行为有 DoS 攻击（拒绝服务攻击）、DDoS 攻击（分布式拒绝服务攻击）等。

（2）ACL 的功能

将 ACL 应用到端口上的主要功能是根据报文的特征进行判断，决定是否允许报文通过路由器转发，主要目的是对数据流量进行管理和控制。ACL 还可以和其他技术配合，应用在不同的场合，如防火墙、QoS、数据速率限制、路由策略、NAT 等。

（3）ACL 的分类

ACL 分为标准 ACL 和扩展 ACL。

标准 ACL 只将报文的源地址信息作为过滤的标准，而不能基于协议或应用进行过滤，即只能根据报文是从哪里来的来进行控制，而不能基于报文的协议类型及应用来进行控制。标准 ACL 只能粗略地限制某一类协议，如 IP。

扩展 ACL 可以将报文的源地址、目的地址、协议类型及应用类型（端口号）等信息作为过滤的标准，即可以根据报文从哪里来、到哪里去、应用何种协议、具有什么样的应用等特征进行精确控制。

ACL 可被应用在路由器接收报文的端口，也可被应用在报文从路由器发出的端口。一台路由器上可以设置多个 ACL，但对于一台路由器的某个特定端口的特定方向，针对某一个协议只能同时应用一个 ACL。如果 ACL 既可以应用在路由器端口的入方向，也可以应用在路由器端口的出方向，那么优先选择入方向，这样可以减少无用的流量对设备资源的消耗。

2. ACL 的工作原理

下面以路由器为例说明 ACL 的基本工作原理。

当 ACL 应用在出端口上时，工作流程如图 7.1 所示。

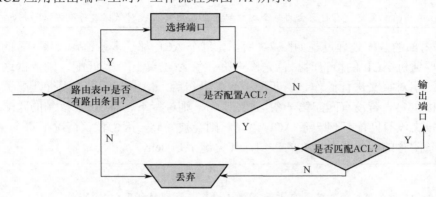

图 7.1　应用在出端口上的 ACL

　　首先报文进入路由器的出端口，根据目的地址查找路由表，选择转发端口（如果路由表中没有相应的路由条目，路由器会直接丢弃此报文，并给源主机发送目的不可达的消息）。确定出端口后，需要检查是否在出端口上配置了 ACL，如果没有配置 ACL，路由器将做与出端口数据链路层协议相同的二层封装并转发报文；如果配置了 ACL，路由器根据 ACL 制定的规则对报文进行判断，如果匹配了某一条 ACL 判断语句且这条语句的关键字是 permit，则转发该报文；如果匹配了某一条 ACL 的判断语句且这条语句的关键字是 deny，则丢弃该报文。

　　当 ACL 应用在入端口上时，工作流程如图 7.2 所示。

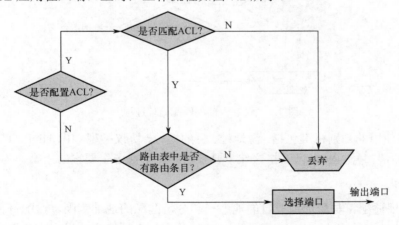

图 7.2　应用于入端口上的 ACL

　　当路由器的入端口接收到一个报文时，首先会检查 ACL，如果 ACL 中有拒绝和允许的规则，则被拒绝的报文将会被丢弃，被允许的报文将进入路由选择状态。对进入路由选择状态的报文，再根据路由器的路由表执行路由选择，如果路由表中没有到达目的地址的路由，那么相应的报文就会被丢弃；如果路由表中存在到达目的地址的路由，则报文被送到相应的端口。

> 📢 **小提示**
> 在安全性很高的配置中，有时还会为每个端口配置自己的 ACL，对数据进行更详细的判断。

ACL 内部的匹配处理过程如图 7.3 所示，每个 ACL 都是多条语句（规则）的集合，当一个报文要通过 ACL 的检查时，首先检查第一条 ACL 语句，若匹配，则依据这条语句所配置的关键字对报文进行操作。当匹配了一条语句后，就不会再往下进行匹配了，所以语句的顺序很重要。若没有匹配第一条 ACL 语句，则进行下一条 ACL 语句的匹配，以此类推，如果报文没有匹配任何一条 ACL 语句，则会被丢弃，因为默认情况下每个 ACL 在最后都有一条隐含的匹配所有报文的语句，其关键字是 deny。

> 📢 **小提示**
> ACL 内部的匹配处理过程，就是自上而下顺序执行，直到找到匹配的规则。

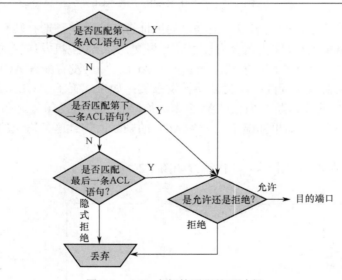

图 7.3　ACL 内部的匹配处理过程

ACL 可以使用的判别标准包括：源地址、目的地址、协议类型（IP、UDP、TCP、ICMP）源端口号、目的端口号。ACL 可以将这 5 个要素中的一个或多个要素的组合作为判别标准。

3．通配符

路由器使用通配符与源地址或目的地址一起分辨匹配的地址范围，通配符告诉路由器需要检查 IP 地址中的多少位。通配符中为"0"的位代表被检测的报文中的地址位必须与前面的 IP 地址相应位一致，才被认为满足了匹配条件。而通配符中为"1"的位代表被检测的报文中的地址位无论是否与前面的 IP 地址相应位一致，都被认为满足了匹配条件，如图 7.4 所示。

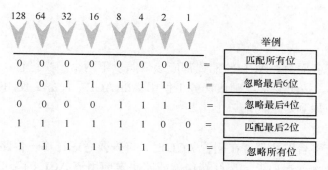

图 7.4 通配符的作用

🕯 注意

在通配符中，0 表示比较的位，1 表示忽略的位。

在通配符中，可以用 255.255.255.255 表示所有 IP 地址，因为全为 1 说明 32 位中所有位都不需检查，此时可用 any 替代。而 0.0.0.0 则表示所有 32 位都必须要进行匹配。

例如，用通配符指定特定地址范围 172.30.16.0/24 到 172.30.31.0/24，通配符应该设置成 0.0.15.255。

7.1.2 ACL 的配置及应用

1. 任务描述

任务 1 标准 ACL 配置。如图 7.5 所示，配置 ACL，只允许两边的网络（172.16.3.0和 172.16.4.0）互通。

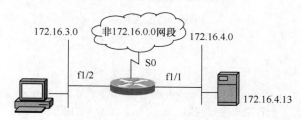

图 7.5 标准 ACL 配置实例

任务 2 扩展 ACL 配置。如图 7.6 所示，配置 ACL，拒绝从子网 172.16.4.0 到子网 172.16.3.0 通过 f1/2 端口出去的 FTP 访问，允许其他所有流量。

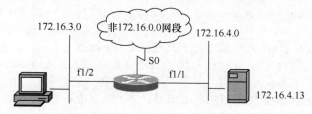

图 7.6 扩展 ACL 配置实例

2．任务分析

（1）配置步骤

对于这两个任务而言，ACL 的配置都应该依照以下两个步骤进行：

1）定义 ACL。按照要求，确认任务 1 使用标准 ACL，任务 2 使用扩展 ACL；

2）将 ACL 应用到对应的端口上。

（2）配置要点

如果网络中有多台路由器，在配置 ACL 时，首先要考虑在哪一台路由器上配置，其次要考虑应用到哪个物理端口上，选好端口就能够决定应用该 ACL 的端口方向。

对于标准 ACL，它只能过滤源地址，为了不影响源主机的通信，一般将标准 ACL 放在离目的地址比较近的地方。

对于扩展 ACL，它可以精确定位某一类的数据，为了不让无用的流量占据网络带宽，一般将扩展 ACL 放在离源地址比较近的地方。

3．配置流程

配置流程如图 7.7 所示。

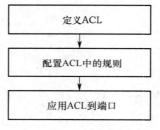

图 7.7　配置流程

4．关键配置

1）配置标准 ACL。

```
SWITCH(config)#Access-list 1 permit 172.16.0.0 0.0.255.255
//配置标准 ACL，允许来自指定网络 172.16.0.0/16 的报文
(implicit deny all - not visible in the list)
//此为隐含语句，拒绝全部报文
```

2）配置扩展 ACL。

```
SWITCH(config)#Access-list 101 deny tcp 172.16.4.0 0.0.0.255 172.16.3.0
0.0.0.255 eq 21
//配置扩展 ACL，禁止从源地址到目的地址建立 FTP 连接
SWITCH(config)#Access-list 101 deny tcp 172.16.4.0 0.0.0.255 172.16.3.0
0.0.0.255 eq 20
//配置扩展 ACL，禁止从源地址到目的地址建立 FTP 连接
SWITCH(config)#Access-list 101 permit ip any any
//配置扩展 ACL，允许所有报文
```

☞ 注意

　　这里之所以要写两条扩展 ACL 语句，是因为 FTP 协议使用了两个端口号 20 和 21，端口 20 为数据转发端口，端口 21 为控制端口。

　　3）应用 ACL。

```
SWITCH(config)#interface f1/2
SWITCH(config-if)#ip Access-group 1 out   //将 ACL 应用到出端口方向
```

◀》 小提示

　　任务 1 中，ACL 只允许源地址为 172.16.0.0 网段的主机通过，只配置一条标准 ACL，并且将 ACL 应用在端口 f1/1 与 f1/2 的出方向，是否就能满足要求呢？答案是肯定的。原因是 ACL 末尾隐含为 deny 全部，意味着 ACL 中必须有明确的允许报文通过的语句，否则将没有报文能通过，而我们只明确允许 172.16.0.0 通过，处于 172.16.3.0 与处于 172.16.4.0 两个网段内的主机便不能访问非 172.16.0.0 网络的主机。

5. 结果验证

　　1）显示所有或指定表号的 ACL 的内容的命令格式如下：

```
show acl [<acl-number> | <acl-name>]
```

　　2）查看某物理端口是否应用了 ACL 的命令格式如下：

```
show access-list used [<acl-name>]
```

7.1.3　任务拓展

　　如图 7.8 所示，某公司有一台以太网交换机，主机 1、主机 2、主机 3 和部门 A、部门 B 的用户都连接到这台交换机上，并有以下规定：部门 A 和部门 B 的用户在上班时间（9:00~17:00）不允许访问主机 1 和主机 2，但可以随时访问主机 3。

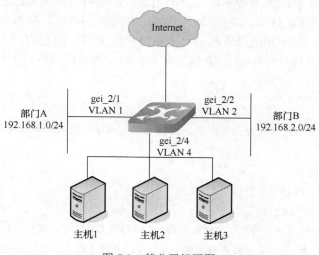

图 7.8　某公司组网图

主机 1、主机 2、主机 3 的 IP 地址分配如下:

主机 1: 192.168.4.50;

主机 2: 192.168.4.60;

主机 3: 192.168.4.70。

7.2 任务 2: NAT 技术的应用

7.2.1 预备知识

1. NAT 概述

NAT(Network Address Translation, 网络地址转换)是一种地址映射技术, 通常用于具有私有 IP 地址的主机访问外部主机时将该主机的私有 IP 地址映射为一个外部唯一可识别的公用 IP 地址, 同时将外部主机返回给内部主机的公用 IP 地址映射回内部可标识该主机的私有 IP 地址, 使得返回的报文正确到达内部目的主机。因此 NAT 主要用于在专用网和本地网中使用, 其中本地网被指定为内部网, 全球因特网被指定为外部网。内部网地址可以通过 NAT 映射到外部网中的一个或多个地址, 且用于转换的外部网地址数目可以少于需要转换的内部网地址数目。

🔊 **小提示**

现在全世界的 IPv4 地址已经被宣布彻底耗尽, 要为全世界的计算机都分配一个被外部网认可的 IP 地址是不可能的事情。所以 RFC 1918 定义了一个属于私有地址的空间供给企业或者家庭内部网络使用, 目的在于缓解 IPv4 地址资源紧张的问题。

NAT 对于内部网和外部网是透明的, NAT 在内部网和外部网相连的端口上将内部网发出去的报文的源地址修改为外部网可用的公用地址; 再将外部网返回给内部网的报文的目的地址修改为内部主机的内部私有地址。这样, 在外部网来看, 它看到的该内部主机是具有公用地址的主机, 并不知道该主机是私有网络内的主机; 而在内部主机来看, 它发出去的和收到的报文都以其自身的私有 IP 地址作为源地址和目的地址, 并不用区分自己使用何种地址。

🔊 **小提示**

A、B、C 三类 IP 地址中大部分为可以在 Internet 上分配给主机使用的合法 IP 地址, 其中以下这几部分为私有地址空间:

10.0.0.0~10.255.255.255;

172.16.0.0~172.31.255.255;

192.168.0.0~192.168.255.255。

私有地址可不经申请直接在内部网中分配使用, 不同的私有网络可以有相同的私有网段。但私有地址不能直接出现在外部网上, 当私有网络内的主机要与位于外部网上的主机进行通信时, 必须经过地址转换, 将其私有地址转换为合法的外部网地址。

2. NAT 的分类

NAT 主要分为以下几种。

1）静态 IP 地址转换。静态转换是指将内部网的私有 IP 地址转换为公用 IP 地址时，IP 地址是一对一的，某个私有 IP 地址只能转换为某个公有 IP 地址。借助于静态转换，可以实现外部网对内部网中某些特定设备（如服务器）的访问。

2）动态 IP 地址转换。动态转换是指将内部网的私有 IP 地址转换为公用 IP 地址时，IP 地址是不确定的、随机的，所有被授权访问 Internet 的私有 IP 地址可随机转换为任何指定的合法 IP 地址。也就是说，只要指定哪些内部地址可以进行转换，以及用哪些合法地址作为外部地址，就可以进行动态转换。动态转换可以使用多个合法外部地址集，当 ISP 提供的合法 IP 地址略少于网络内部的计算机数量时，可以采用动态转换的方式。

3）端口地址转换（Port Address Translation，PAT）。PAT 是指改变发出的报文的源端口，内部网的所有主机均可共享一个合法的外部 IP 地址，实现对 Internet 的访问，从而最大限度地节约 IP 地址，同时又可隐藏网络内部的所有主机，有效避免来自 Internet 的攻击。

3. NAT 的特点

NAT 的优点如下。

1）节约 Internet 公网的 IP 地址，使得所有的内部主机使用有限的合法地址就可以连接到 Internet。

2）可以有效隐藏内部网中的主机，是一种有效的网络安全保护技术。

3）可以按照用户的需要，在内部网提供外部 FTP、WWW、Telnet 等服务。

NAT 的缺点如下。

1）引入额外的延迟。

2）失去端到端的 IP 跟踪能力。

3）隐藏内部主机，使网络调试变得更复杂。

4. NAT 的工作原理

在连接内部网与外部网的路由器上，NAT 将内部网中主机的内部局部地址转换为合法的、可以出现在外部网上的内部全局地址来响应外部寻址。

1）内部或外部：反映报文的来源。内部局部地址和内部全局地址表明报文来自内部网络。

2）局部或全局：反映地址的可见范围。局部地址在内部网中可见，全局地址则在外部网中可见。因此，一个内部局部地址来自内部网，且只在内部网中可见，不需经过 NAT 进行转换；内部全局地址来自内部网，但却在外部网中可见，需要经过 NAT 转换。

如图 7.9 所示，内部 10.1.1.1 这台主机想要访问公网上的一台主机 177.20.7.3。在 10.1.1.1 主机发送报文的源 IP 地址是 10.1.1.1，在通过路由器时将源地址由内部局部地址 10.1.1.1 转换成内部全局地址 199.168.2.2。从外部主机上回发的报文，目的地址是主机 10.1.1.1 的内部全局地址 199.168.2.2，在通过路由器向内部网发送时，路由器将目的地址转换成内部局部地址 10.1.1.1。

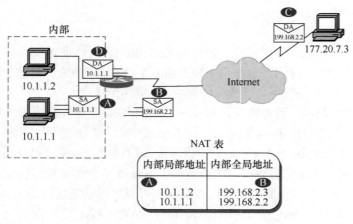

图 7.9　NAT 的工作原理

7.2.2　NAT 的配置及应用

1. 类型 1：静态 IP 地址转换

（1）常用的命令及步骤

设置静态 IP 地址转换，包括以下步骤：

1）在路由器上配置 IP 地址和路由；

2）配置静态 IP 地址转换，在全局模式下输入命令，命令格式如下：

```
ip nat inside source static 内部专用地址 内部合法地址
```

其中，"内部专用地址"为内部网的私有（局部）地址，"内部合法地址"为从 ISP 处申请到的全球合法地址（内部全局地址）。

3）进入端口配置模式，启用 NAT，命令格式如下：

```
ip nat inside/outside
```

其中，内部网端口使用 inside，外部网端口使用 outside。

（2）任务描述

某小型企业组建了一个局域网，欲对外提供 WWW 服务和 FTP 服务。企业从 ISP 处申请得到的 IP 地址段为 191.1.1.32/28，ISP 为企业出口路由器分配的地址是 200.10.10.13/30。另外，企业还有若干主机需要连入 Internet，但从 ISP 处得到的 IP 地址不够。

（3）任务分析

因为企业从 ISP 处得到的合法 IP 地址不够，因此应考虑使用 NAT 方法。另外，根据需要，企业内部的两台服务器要对外提供服务，需要有固定且合法的 IP 地址，此处使用静态 IP 地址转换方法。IP 地址分配如图 7.10 所示。

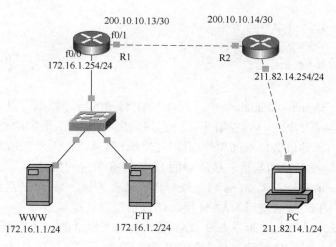

200.10.10.13/30   200.10.10.14/30

f0/1

f0/0   R1   R2
172.16.1.254/24

211.82.14.254/24

WWW   FTP   PC
172.16.1.1/24   172.16.1.2/24   211.82.14.1/24

图 7.10   静态 IP 地址转换

（4）关键配置

1）R1 的配置如下。

```
Router>en
Router#config t
Enter configuration commands, one per line. End with CNTL/Z.
Router(config)#int f0/0 //进入连接内部网的端口
Router(config-if)#ip addr 172.16.1.254 255.255.255.0
Router(config-if)#no shut
Router(config-if)#int f0/1
Router(config-if)#ip addr 200.10.10.13 255.255.255.252
Router(config-if)#no shut
Router(config-if)#exit
Router(config)#ip route 0.0.0.0 0.0.0.0 200.10.10.14 //配置默认路由
Router (config)#ip nat inside source static 172.16.1.1 191.1.1.33
Router (config)#ip nat inside source static 172.16.1.2 191.1.1.34
Router (config)#int f0/0
Router (config-if)#ip nat inside
Router (config-if)#int f0/1
Router (config-if)#ip nat outside
```

（2）R2 的配置如下。

```
Router>en
Router#config t
Enter configuration commands, one per line. End with CNTL/Z.
Router(config)#int f0/0
Router(config-if)#ip addr 200.10.10.14 255.255.255.252
Router(config-if)#no shut
Router(config-if)#int f0/1
Router(config-if)#ip addr 211.82.14.254 255.255.255.0
```

```
Router(config-if)#no shut
Router(config-if)#exit
Router(config)#ip route 191.1.1.32 255.255.255.240 200.10.10.13
```

5．结果验证

1）使用 show ip nat statistics 命令，查看 NAT 转换的统计数据，显示的内容包括当前活动的 NAT 转换条目的数目（包括静态和动态规则生成条目）、最大动态 NAT 转换条目的数目、当前/最大内部地址数、内部和外部端口的统计信息、NAT 转换成功和失败条目的数目、老化的 NAT 转换条目的数目、被清除的 NAT 转换条目的数目等。

2）使用 show ip nat translations 命令查看当前转换条目，显示内容包括 NAT 转换的内部和外部地址，对于动态可重用 NAT 转换，还包括端口转换信息。

3）使用 show ip nat count 命令查看 NAT 转换的基于地址的统计数据，显示内容包括内部地址当前使用数、最大使用数、最大使用数限制等。

4）使用 clear ip nat translations 命令结合不同的参数，清除指定范围内的 NAT 转换条目。该命令可以清除当前所有用户的会话数，该命令要谨慎使用，因为一旦使用这个命令，所有用户的连接都会中断。

2．类型 2：动态 IP 地址转换

（1）常用的命令及步骤

设置动态 IP 地址转换，包括以下步骤：

1）在路由器上配置 IP 地址和路由；

2）为内部网定义一个标准的 IP 访问控制列表，使用如下命令格式：

```
access-list access-list-number permit{deny} local-ip-address
```

3）为内部网定义一个 NAT 地址池，使用如下命令格式：

```
ip nat pool pool-name start-ip end-ip netmask 子网掩码
```

4）将访问控制列表映射到 NAT 地址池，使用如下命令格式：

```
ip nat inside source list access-list-number pool pool-name
```

5）进入端口配置模式，启用 NAT。使用如下命令格式：

```
ip nat inside/outside
```

此处应至少在一个内部网端口或外部网端口上启用 NAT。

（2）任务描述

某小型企业组建了一个局域网，欲对外提供 WWW 服务。企业从 ISP 处得到的 IP 地址是 191.1.1.32/28，ISP 给企业出口路由器分配的地址是 200.10.10.13/30。另外，企业还有若干主机需要连入 Internet，但从 ISP 处得到的地址不够。

（3）任务分析

因为企业从 ISP 处得到的合法 IP 地址不够，因此应考虑使用 NAT 方法使内部网 172.16.1.0/24 网段内的主机可以访问 Internet。另外，根据需要，企业内部的 WWW 服务器

要对外提供服务，应该分配一个固定且合法的 IP 地址，这里使用动态 IP 地址转换的方式
来达到目的。IP 地址分配如图 7.11 所示

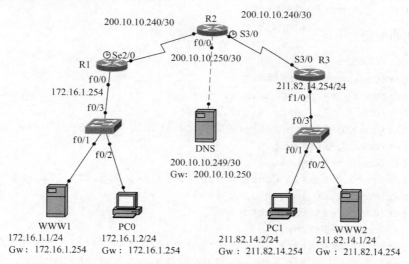

200.10.10.240/30   R2   200.10.10.240/30

图 7.11 动态 IP 地址转换

（4）关键配置

1）R1 的配置如下。

```
Router>enable
Router#configure terminal
Enter configuration commands, one per line. End with CNTL/Z.
Router(config)#interface FastEthernet0/0
Router(config-if)#ip address 172.16.1.254 255.255.255.0
Router(config-if)#no shutdown
Router(config-if)#exit
Router(config)#interface Serial2/0
Router(config-if)#ip address 200.10.10.241 255.255.255.252
Router(config-if)#clock rate 64000  //给串口 DCE 配置时钟频率
Router(config-if)#no shutdown
Router(config-if)#exit
Router(config)#ip route 0.0.0.0 0.0.0.0 200.10.10.242
Router(config)#ip nat inside source static 172.16.1.1 191.1.1.33
//将 191.1.1.33 静态转换给 WWW 服务器
Router(config)#ip nat pool mypoolname 191.1.1.34 191.1.1.46 netmask
255.255.255.240
Router(config)#access-list 1 permit 172.16.1.0 0.0.0.255
Router(config)#ip nat inside source list 1 pool mypoolname
Router(config)#int f0/0
Router(config-if)#ip nat inside
Router(config-if)#int s2/0
```

```
Router(config-if)#ip nat outside
Router(config-if)#no shut
Router(config-if)#exit
```

（2）R2 的配置如下。

```
Router>enable
Router#configure terminal
Enter configuration commands, one per line. End with CNTL/Z.
Router(config)#interface Serial2/0
Router(config-if)#ip address 200.10.10.242 255.255.255.252
Router(config-if)#exit
Router(config)#interface Serial3/0
Router(config-if)#ip address 200.10.10.245 255.255.255.252
Router(config-if)#clock rate 64000
Router(config-if)#no shutdown
Router(config-if)#exit
Router(config)#interface FastEthernet0/0
Router(config-if)#ip address 200.10.10.250 255.255.255.252
Router(config-if)#no shutdown
Router(config-if)#exit
Router(config)#ip route 211.82.14.0 255.255.255.0 200.10.10.246
Router(config)#ip route 191.1.1.32 255.255.255.240 200.10.10.241
```

（3）R3 的配置如下。

```
Router>enable
Router#configure terminal
Enter configuration commands, one per line. End with CNTL/Z.
Router(config)#interface Serial3/0
Router(config-if)#ip address 200.10.10.246 255.255.255.252
Router(config-if)#exit
Router(config)#interface FastEthernet1/0
Router(config-if)#ip address 211.82.14.254 255.255.255.0
Router(config-if)#no shutdown
Router(config-if)#exit
Router(config)#ip route 0.0.0.0 0.0.0.0 200.10.10.245
```

（5）结果验证

使用命令 show ip nat t 检验 NAT 表，进行结果验证，结果如表 7.1 所示。

表 7.1　结果验证

Pro	Inside Global	Inside Local	Outside Local	Outside Global
UDP	191.1.1.34:1025	172.16.1.2:1025	200.10.10.249:53	200.10.10.249:53
UDP	191.1.1.33	172.16.1.1		
TCP	191.1.1.33:80	172.16.1.1:80	211.82.14.1:80	211.82.14.2:1025
TCP	191.1.1.34:1025	172.16.1.2:1025	211.82.14.1:80	211.82.14.1:80

3．类型 3：端口地址转换（端口多路复用）

（1）常用的命令及步骤

设置端口多路复用，包括以下步骤：

1）在路由器上配置 IP 地址和路由；

2）配置 ACL；

3）设置端口映射，命令格式如下：

```
ip nat inside source list 访问列表号    pool 内部全局地址池的名称 overload
```

（2）任务描述

某小型企业组建了一个局域网，该公司从 ISP 处仅得到一个 IP 地址 200.10.10.1/24，但该企业内部主机都要连入 Internet。

（3）任务分析

因为该企业从 ISP 处得到的合法 IP 地址数只有一个，因此可以考虑使用端口多路复用的方法进行网络地址转换。将企业内部网划分为两个子网，分别为 172.16.1.0/24 和 172.16.2.0/24，它们分别对应 VLAN 10 和 VLAN 20。为简化操作，此处路由器 R1 采用单臂路由的方式给内部网提供路由。IP 分配如图 7.12 所示。

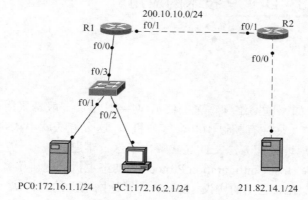

图 7.12　端口多路复用

（4）关键配置

R1 的配置如下。

```
Router(config)#ip route 211.82.14.0 255.255.255.0 200.10.10.2
Router(config)#access-list 1 permit 172.16.1.0 0.0.0.255
Router(config)#access-list 1 permit 172.16.2.0 0.0.0.255
Router(config)#ip nat inside source list 1 int f0/1 overload
Router(config)#int f0/0.1
Router(config-subif)#ip nat inside
Router(config-subif)#int f0/0.2
Router(config-subif)#ip nat inside
Router(config-subif)#exit
Router(config)#int f0/1
Router(config-if)#ip nat outside
```

```
Router(config-if)#exit
Router(config)#exit
```

7.2.3　任务拓展

如图 7.13 所示，对于私有网络用户而言，只有路由器出端口拥有唯一合法的 IP 地址，要求通过端口地址转换的方法使主机能够在私有网络上访问 Internet。

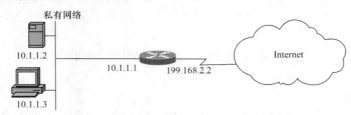

图 7.13　端口地址转换

7.3　任务 3：DHCP 技术的应用

7.3.1　预备知识

1．DHCP 概述

在小型网络中（如家庭网络和宿舍网络），网络管理员一般都采用手动分配 IP 地址的方法；在大型网络中（往往有超过 100 台客户机），这个方法就不太合适了。因此，必须引入一种高效的 IP 地址分配方法，DHCP 解决了这一难题。

DHCP（Dynamic Host Configuration Protocol，动态主机分配协议），是用来动态分配 IP 地址的协议，是位于 UDP 之上的协议，DHCP 能够让网络上的主机从一个 DHCP 服务器上获得一个可以让其正常通信的 IP 地址及相关的配置信息。

📖 **大开眼界**

- DHCP 的前身是 BOOTP（Bootstrap Protocol），要理解 DHCP，就不得不说明一下 BOOTP。BOOTP 与 DHCP 提供类似的服务，用于网络早期的无盘工作站，这个无盘工作站在如今的网络应用中基本上已经退出市场了。BOOTP 的功能是为无盘终端自动分配 IP 地址、子网掩码、默认网关、DNS 服务器地址。

- BOOTP 逐渐被 DHCP 替代，因为 DHCP 有更完善、安全的工作机制，能够提供更灵活的 IP 地址分配方式，能够为客户机自动配置更多的 TCP/IP 参数。更具体地，BOOTP 在分配 IP 地址时，IP 地址和请求主机的 MAC 地址必须被预置到 BOOTP 服务器上，如果 BOOTP 客户机发来的 IP 地址请求消息中，请求主机的源 MAC 地址在 BOOTP 服务器上有记录，并对应了一个 IP 地址，那么 BOOTP 服务器将对应的 IP 地址发给 BOOTP 客户机；如果没有对应的记录存在，那么请求会话将失败，这是 BOOTP 缺乏灵活性的典型代表；另外，DHCP 支持发放 IP 地址的"租约"机制，但是 BOOTP 不支持。

2. DHCP 的特点

DHCP 的特点如下。

1）能自动实现 IP 地址的分配过程，在客户机上，勾选"自动获得 IP 地址"和"自动获取 DNS 服务器地址"后，无须做任何 IP 设定，如图 7.14 所示。

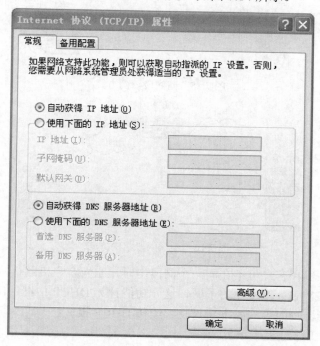

图 7.14　自动获取 IP 地址和自动获取 DNS 地址

2）所有的 IP 地址参数（IP 地址、子网掩码、默认网关、DNS 服务器地址等）都由 DHCP 服务器统一管理。

● 注意

DHCP 服务器可以是主机、路由器和交换机。

3）基于 C/S（客户机/服务器）模式。

4）采用 UDP 作为传输协议，主机发送消息到 DHCP 服务器的 67 号端口，服务器返回消息给主机的 68 号端口。

5）安全性较差，服务器容易受到攻击。

3. DHCP 的工作原理

（1）DHCP 的组网方式

DHCP 采用客户机/服务器的体系结构，客户机以广播的方式发现信息，寻找 DHCP 服务器，而路由器在默认情况下是隔离广播域的，对此类报文不予处理，因此 DHCP 的组网方式分为同网段组网和不同网段组网两种方式，如图 7.15 和图 7.16 所示。

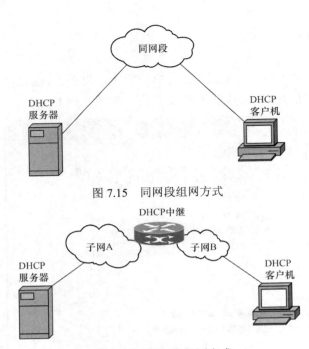

图 7.15　同网段组网方式

图 7.16　不同网段组网方式

当 DHCP 服务器和客户机不在同一个网段中时，充当客户机默认网关的路由器必须将广播包发送到 DHCP 服务器所在的子网，这一功能称为 DHCP 中继（DHCP Relay）。标准的 DHCP 中继功能比较简单，即重新封装、续传 DHCP 报文。

（2）DHCP 的工作过程

1）发现阶段。如图 7.17 所示，DHCP 客户机以广播的方式（因为 DHCP 服务器的 IP 地址对于客户机来说是未知的）发送 DHCP Discover 报文来寻找 DHCP 服务器，即向地址 255.255.255.255 发送特定的广播信息。网络上每台运行了 TCP/IP 协议的主机都会接收到这个广播信息，但只有 DHCP 服务器才会做出响应。

图 7.17　DHCP 客户机寻找 DHCP 服务器

2）提供阶段。如图 7.18 所示，在网络中接收到 DHCP Discover 报文的 DHCP 服务器都会做出响应，它从尚未出租的 IP 地址中挑选一个分配给 DHCP 客户机，向 DHCP 客户机发送一个包含出租的 IP 地址和其他设置的 DHCP Offer 报文。

图 7.18　DHCP 服务器提供 IP 地址

3）选择阶段。如果有多台 DHCP 服务器向 DHCP 客户机发来 DHCP Offer 报文，那么 DHCP 客户机只接收第一个收到的 DHCP Offer 报文，然后它就以广播的方式响应一个 DHCP Request 报文，该报文包含向它所选定的 DHCP 服务器请求 IP 地址的内容，如图 7.19 所示。之所以要以广播的方式响应，是为了通知所有的 DHCP 服务器，它将选择某台 DHCP 服务器所提供的 IP 地址。

图 7.19　DHCP 客户机选择 DHCP 服务器

4）确认阶段。如图 7.20 所示，当 DHCP 服务器收到 DHCP 客户机响应的 DHCP Request 报文之后，它便向 DHCP 客户机发送一个包含它所提供的 IP 地址和其他设置的 DHCP Ack 报文，告诉 DHCP 客户机可以使用它所提供的 IP 地址。然后 DHCP 客户机便将其 TCP/IP 协议与网卡绑定，另外，除 DHCP 客户机选中的服务器外，其他的 DHCP 服务器都将收回曾提供的 IP 地址。

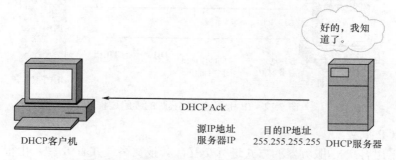

图 7.20　DHCP 服务器确认所提供的 IP 地址

5）重新登录。这之后，DHCP 客户机每次重新登录网络时，就不需要再发送 DHCP Discover 报文了，而是直接发送包含前一次所分配的 IP 地址的 DHCP Request 报文。当 DHCP

服务器收到这一报文后，它会尝试让 DHCP 客户机继续使用原来的 IP 地址，并响应一个 DHCP Ack 报文。如果此 IP 地址已无法再分配给原来的 DHCP 客户机使用（如此 IP 地址已分配给其他 DHCP 客户机使用），则 DHCP 服务器给 DHCP 客户机响应一个 DHCP Nack 报文。当原来的 DHCP 客户机收到此 DHCP Nack 报文后，它就必须重新发送 DHCP Discover 报文请求新的 IP 地址。

6）更新 IP 租期。DHCP 服务器向 DHCP 客户机出租的 IP 地址一般都有一个租期，租期满后，DHCP 服务器便会收回出租的 IP 地址。若 DHCP 客户机要延长其 IP 租期，则必须更新 IP 租期。DHCP 客户机启动时和 IP 租期花费一半时，DHCP 客户机都会自动向 DHCP 服务器发送更新 IP 租期的报文，如图 7.21 所示。

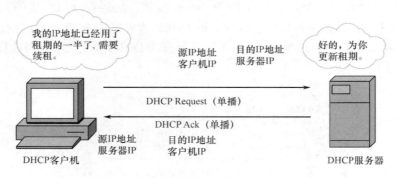

图 7.21　更新 IP 租期

若更新成功，即收到 DHCP 服务器的 DHCP Ack 报文，则租期相应延长；若更新失败，即没有收到 DHCP Ack 报文，则客户机继续使用原来的 IP 地址。在使用租期的 87.5% 时，DHCP 客户机会再次向 DHCP 服务器发送 DHCP Request 报文，更新其 IP 租期，如图 7.22 所示。

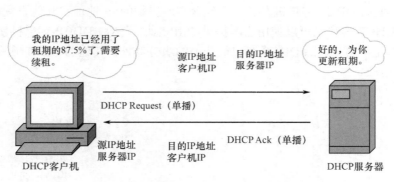

图 7.22　IP 租期过 87.5% 时的续约过程

（3）DHCP 报文

DHCP 采用客户机/服务器的方式进行交互，其报文格式共有 8 种，由报文中"DHCP Message Type"字段来确定。

1）DHCP Discover，是客户机开始 DHCP 过程的第一个报文。

2）DHCP Offer，是服务器对 DHCP Discover 的响应。

3）DHCP Request，是客户机对服务器的 DHCP Offer 的响应，或者是客户机更新 IP 租期时发出的请求。

4）DHCP Decline，是当客户机发现服务器分配给它的 IP 地址无法使用（如 IP 地址冲突）时发出的报文，以通知服务器禁止使用 IP 地址。

5）DHCP Ack，是服务器对客户机的 DHCP Request 的确认，客户机收到此报文后，才真正获得了 IP 地址和相关的配置信息。

6）DHCP Nack，是服务器对客户机的 DHCP Request 的拒绝，客户机收到此报文后，一般会重新开始新的 DHCP 过程。

7）DHCP Release，是客户机主动释放服务器分配给它的 IP 地址的报文，服务器收到此报文后，就可以收回这个 IP 地址。

8）DHCP Inform，客户机已经获得了 IP 地址，但想从 DHCP 服务器处获取其他的一些网络配置信息时发送的报文，这种报文非常少见。

由于 DHCP 是初始化协议，就是让客户机获取 IP 地址的协议。既然客户机连 IP 地址都没有，何以发出 IP 报文呢？服务器给客户机响应的报文该怎么封装呢？为了解决这个问题，DHCP 报文的封装采用如下措施：

1）数据链路层的封装必须以广播的形式，即让在同一物理子网中的所有主机都能够收到这个报文。在以太网中，就是目的 MAC 地址为全 1（255.255.255.255）。

2）由于客户机没有 IP 地址，IP 报文头部中的源 IP 地址规定为 0.0.0.0。

3）当客户机发出 DHCP Discover 报文时，它并不知道 DHCP 服务器的 IP 地址，因此将 IP 报文头部中的目的 IP 设为子网广播 IP（255.255.255.255），能够保证 DHCP 服务器不丢弃这个报文。

4）客户机发出的 DHCP Request 报文的 UDP 层中的源端口号为 68，目的端口号为 67。即 DHCP 服务器通过 67 号端口来判断一个报文是否是 DHCP 报文。

5）DHCP 服务器发给客户机的响应报文将会根据报文内容判断其发送方式是广播方式还是单播方式，一般都是广播方式。广播封装时，数据链路层的封装必须用广播方式，在以太网中，就是目的 MAC 地址为全 1，IP 报文头部中的目的 IP 地址为广播 IP 地址（255.255.255.255）。单播封装时，数据链路层的封装必须用单播方式，在以太网中，就是目的 MAC 地址为终端的网卡 MAC 地址，IP 报文头部中的目的 IP 为广播 IP 地址（255.255.255.255）或者即将分配给用户的 IP 地址（当客户机能够接收这样的 IP 报文时）。两种封装方式中，UDP 层都是相同的，源端口号为 67，目的端口号为 68。终端通过 68 号端口判断一个报文是否是 DHCP 服务器的响应报文。

（4）DHCP 中继原理

DHCP 报文本身是无法穿越多个子网的，当想让 DHCP 报文穿越多个子网时，就要有 DHCP 中继的存在，DHCP 的中继过程如图 7.23 所示。DHCP 中继可以是路由器，也可以是一台主机，总之，在具有 DHCP 中继功能的设备中，所有 UDP 目的端口号是 67 的局部传递的 UDP 报文，都被视为要经过特殊处理的报文，所以，DHCP 中继要监听 UDP 目的端口号是 67 的所有报文。

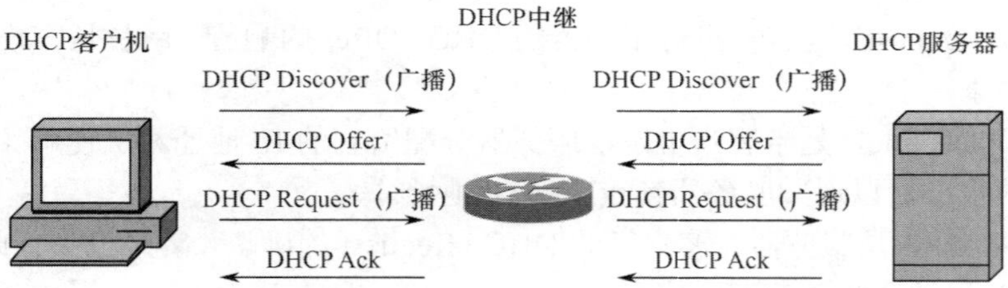

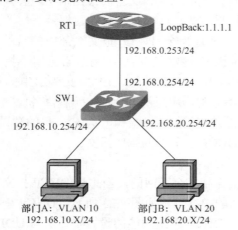

图 7.23　DHCP 的中继过程

当 DHCP 中继收到目的端口号为 67 的报文时，它必须检查"中继代理 IP 地址"字段的值，若这个字段的值为 0，则 DHCP 中继就会将接收到的报文的端口 IP 地址填入此字段；若该端口有多个 IP 地址，则 DHCP 中继会挑选其中一个并持续用它传播全部的 DHCP 报文；若这个字段的值不是 0，则这个字段的值不能被修改，也不能被填充为广播地址。在这两种情况下，报文都将被单播到新的目的地址（或 DHCP 服务器），当然这个目的地址（或者 DHCP 服务器）是可以配置的，以实现 DHCP 报文穿越多个子网。

当 DHCP 中继收到 DHCP 服务器的响应报文时，它应当检查"中继代理 IP 地址"字段、"客户机硬件地址"字段等，这些字段为 DHCP 中继提供了足够的信息，使其将响应报文传送给客户机。DHCP 服务器收到 DHCP Request 报文后，首先会查看"中继代理 IP 地址"字段的值是否为 0，若不为 0，则根据此 IP 地址所在网段从相应地址池中为客户机分配 IP 地址；若为 0，则 DHCP 服务器认为客户机与自己在同一子网中，将根据自己 IP 地址所在网段从相应地址池中为客户机分配 IP 地址。

7.3.2　DHCP 的配置及应用

1．任务描述

如图 7.24 所示，按照以下要求完成配置。

图 7.24　DHCP 的配置及应用

1）路由器 RT1 上为 DHCP 服务器，完成 DHCP 服务器的配置。

2）在交换机 SW1 处创建 VLAN 10 和 VLAN 20，部门 A 和部门 B 分别属于 VLAN 10

和 VLAN 20，且它们的默认网关分别为 192.168.10.254/24 和 192.168.20.254/24。

3）SW1 作为 DHCP 的中继，完成 DHCP 中继的配置。

4）RT1 的 LoopBack 端口地址 1.1.1.1 为 DHCP 服务器的地址，其子网掩码为 255.255.255.0。

5）部门 A 的用户能自动获取到 192.169.10.X/24 网段的地址；部门 B 的用户能自动获取到 192.168.20.X/24 网段的地址。

2．任务分析

1）在 RT1 上需要配置两个地址池。

2）在 SW1 上需要配置 DHCP 服务器地址为 RT1 的 LoopBack 端口地址 1.1.1.1。

3）在 RT1 上需要添加到用户网段的路由；在 SW1 上需要添加目的地址 1.1.1.1 的路由。

3．配置流程

（1）DHCP 服务器的配置

如图 7.25 所示，DHCP 服务器的配置包括以下步骤：

1）启动设备的 DHCP 服务器功能；

2）配置地址池；

3）配置 DHCP 相关参数（如 DNS 服务器地址）；

4）配置用户侧端口参数（如 IP 地址、默认网关、地址池）；

5）添加 DHCP 服务器到网关的路由。

图 7.25　DHCP 服务器的配置流程

（2）DHCP 中继的配置

如图 7.26 所示，DHCP 中继的配置包括以下步骤：

1）启动设备的 DHCP 中继功能；

2）配置用户侧端口参数（如 IP 地址、DHCP 服务器代理地址、DHCP 服务器地址）；

3）配置服务器侧端口参数；

4）添加网关到 DHCP 服务器的路由。

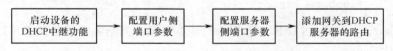

图 7.26　DHCP 中继的配置流程

4．主要配置

1）路由器 RT1 的配置如下。

```
ip dhcp pool pool1                          //全局模式下配置 IP 地址池 pool1
network 192.168.10.0 255.255.255.0
default-router 192.168.10.254
dns-server 8.8.8.8
```

```
            ip dhcp pool pool2                              //全局模式下配置 IP 地址池 pool2
            network 192.168.20.0 255.255.255.0
            default-router 192.168.20.254
            dns-server 8.8.8.8
            interface f1/1                                  //进入用户侧端口
            ip address 192.168.0.253 255.255.255.0   //配置用户侧端口 IP 地址
            no shut
            interface f1/0
            ip address  1.1.1.1 255.255.255.0
            ip route 192.168.10.0  255.255.255.0  192.168.0.254
            //全局模式下添加到目的网段 192.168.10.X/24 的路由
            ip route 192.168.20.0  255.255.255.0  192.168.0.254
            //全局模式下添加到目的网段 192.168.20.X/24 的路由
```

2）交换机 SW1 的配置（作为 DHCP 中继）如下。

```
            Ip routing                //启动三层交换机的路由功能
            interface vlan 2          //配置用户侧端口 IP 地址
            ip address 192.168.0.254 255.255.255.0       //配置服务器侧端口 IP 地址
            interface vlan 10         //进入用户侧端口
            ip address 192.168.10.254 255.255.255.0      //配置用户侧端口 IP 地址
            ip ip helper-address  1.1.1.1                 //配置端口的 DHCP 服务器地址
            interface vlan 20         //进入用户侧端口
            ip address 192.168.20.254  255.255.255.0     //配置用户侧端口 IP 地址
            ip ip helper-address  1.1.1.1                 //配置端口的 DHCP 服务器地址
            ip route 1.1.1.0 255.255.255.0 192.168.0.253
```

5．结果验证

1）使用 show ip dhcp server 命令显示 DHCP 服务器进程模块的配置信息。

```
            switch#show ip dhcp server
            dhcp server configure information
                    current dhcp server state :enable(running)
                    available dns for Client.master: 1.1.1.1 slave:
                    lease time of ip address:  3600 seconds
                    update arp state : disable
```

通过该命令，可以看到 DHCP 服务器的基本配置，如给用户提供的 DNS 服务器地址、IP 地址的租用时间等。

2）通过 debug ip dhcp 命令跟踪 DHCP 服务器/中继进程的收发包情况和处理情况。

7.3.3 任务拓展

如图 7.27 所示，按照以下要求完成配置。

1）RT1 为 DHCP 服务器，为 VLAN 10 分配 IP 地址 192.168.10.0/24，为 VLAN 20 分配 IP 地址 192.168.20.0/24，DNS 服务器地址为 8.8.8.8。

2）在 SW1 上配置 VLAN 10 和 VLAN 20 的网关，并中继服务器地址为 RT1 的 LoopBack
端口。

3）使部门 A 与部门 B 的用户都能访问 RT2。

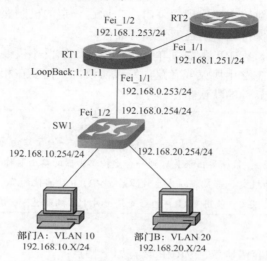

图 7.27　DHCP 服务器和 DHCP 中继实例

7.4　任务 4：VRRP 的部署

7.4.1　预备知识

1．VRRP 概述

随着 Internet 的发展，人们对网络可靠性的要求越来越高，对于用户来说，能够时刻与
网络其他部分保持联系是非常重要的。通常情况下，内部网中的所有主机都会设置一条相
同的默认路由，指向出口网关（即图 7.28 中的路由器 A），实现主机与外部网的通信。当
出口网关发生故障时，主机与外部网的通信就会中断，这种网络称为单出口网络。

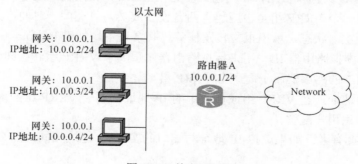

图 7.28　单出口网络

配置多个出口网关是提高网络可靠性的常见方法，但局域网内的主机通常不支持动态

路由协议，如何在多个出口网关之间进行选路是个问题。

VRRP（Virtual Router Redundancy Protocol，虚拟路由器冗余协议）用来解决局域网主机访问外部网时的可靠性问题。VRRP 是一种容错协议，它把几台路由器联合成一台虚拟路由器，当主机的下一跳路由器出现故障时，它通过一定的机制保证能够及时将业务切换到其他路由器中，从而保持通信的连续性和可靠性。

和其他方法比起来，VRRP 配置简单、管理方便，它既不需要改变组网情况，也不需要在主机上配置任何动态路由协议或者路由发现协议，只需要在相关路由器上进行简单配置，就可以获得更高可靠性的默认路由。

● 注意

VRRP 描述了一个选举协议，其动态地从一组路由器中选举一台主路由器，并关联一台虚拟路由器，使其作为连接网段的默认网关。被选举出来关联到一台虚拟路由器的路由器称为主路由器（Master），Master 转发发往虚拟路由器地址的报文。当 Master 发生故障后，VRRP 从其他的路由器中重新选举一个 Master，转发发往虚拟路由器地址的报文。使用 VRRP 的好处是，对于主机来说，默认网关的可靠性大大提高了。

2．VRRP 的特点

作为提供可靠性的容错协议，VRRP 具有如下特点：

1）路由器备份。VRRP 能将路由器故障引起的网络中断的持续时间最小化。

2）负载分担。VRRP 通过建立多个路由器备份的方式对网络流量进行负载分担。

3）首选路径确定。VRRP 利用优先级、设置抢占方式的方法来选举主路由器。

4）网络开销小。当主路由器选举好后，除主路由器定时发送的 VRRP 组播报文，主路由器和备份路由器之间没有多余的通信。

5）状态转换次数最小化。任何比主路由器优先级更低或与主路由器优先级相等的备份路由器，都不能发起状态转换，这样主路由器可以持续稳定地工作。

6）可扩展的安全性。对于安全程度不同的网络环境，VRRP 在报文头部设定不同的认证方式，没有通过认证的报文将被丢弃。

3．VRRP 中的重要概念

在介绍 VRRP 的工作原理前，首先介绍一些 VRRP 中的重要概念。

1）VRRP 组：又称备份组，指一组具有相同 VRID、相同虚拟地址、工作在同一局域网中的路由器。一个 VRRP 组至少应包含两台设备成员，且在同一时间，只可能有一台设备处于 Master（主）状态，承担报文转发任务，其余设备均处于 Backup（备份）状态。

2）VRID：虚拟路由器 ID，用来标识路由器属于哪个 VRRP 组。在同一个以太网广播域具有相同 VRID 的路由器属于同一个 VRRP 组。

3）虚拟 IP 地址：是 VRRP 组成员共用的 IP 地址，同一 VRRP 组的虚拟 IP 地址可以是一个或多个，由用户配置。

4）IP 地址拥有者：如果虚拟 IP 地址与端口的实际 IP 地址相同，那么该端口为 IP 地址拥有者。

5）虚拟 MAC 地址：是 VRRP 组的成员根据 VRID 生成的 MAC 地址，同一个 VRRP 组的成员生成的虚拟 MAC 地址必相同。一个虚拟路由器拥有一个虚拟 MAC 地址，格式为：

00-00-5E-00-01-{VRID}。虚拟路由器回应 ARP 请求时使用的是虚拟 MAC 地址，而不是端口的真实 MAC 地址。

6）VRRP 组成员优先级：每个 VRRP 组的成员都具有一个优先级，取值范围为 0~255（数值越大优先级越高，0 保留为特殊用途，255 保留给 IP 地址拥有者），默认值为 100，可配置的范围为 1~254。VRRP 组根据成员优先级的高低来确定成员的状态，组中优先级最高的成员将成为主路由器（处于 Master 状态）。

7）通告间隔：是主路由器发送 VRRP 组播报文的时间间隔，默认为 1s，可修改。

8）抢占模式：在抢占模式下，如果备份路由器的优先级比当前主路由器的优先级高，那么备份路由器将主动将自己升级成主路由器。

4．VRRP 的工作原理

VRRP 将局域网中的一组路由器构成一个 VRRP 组，相当于一台虚拟路由器。局域网内的主机只需要知道这个虚拟路由器的 IP 地址，并不需要知道 VRRP 组内具体某台路由器的 IP 地址。将网络内主机的默认网关设置为该虚拟路由器的 IP 地址，主机就可以利用该虚拟网关与外部网络进行通信。VRRP 将该虚拟路由器动态关联到承担传输任务的物理路由器上，当该物理路由器出现故障时，再次选择新的路由器来接替传输工作，整个过程对用户完全透明，实现了内部网和外部网的不间断通信。

如图 7.29 所示，虚拟路由器的组网环境如下：路由器 A、路由器 B 和路由器 C 属于同一个 VRRP 组，组成一台虚拟路由器，这台虚拟路由器有自己的 IP 地址 10.110.10.1。虚拟 IP 地址可以直接指定，也可以借用该 VRRP 组所包含的路由器上某端口的地址。路由器 A、路由器 B 和路由器 C 的实际 IP 地址分别是 10.110.10.5、10.110.10.6 和 10.110.10.7。局域网内的主机只需要将默认网关设为 10.110.10.1 即可，无须知道具体每台路由器的实际 IP 地址。

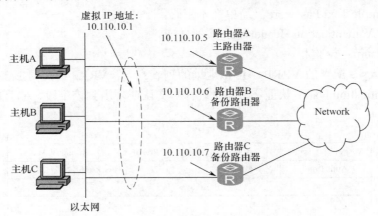

图 7.29　虚拟路由器

主机利用该虚拟路由器与外部网通信，工作原理如下：

1）根据优先级高低选举主路由器，主路由器的选举过程分为两个步骤：

① 比较优先级的高低，优先级高者当选为主路由器。

② 当优先级高低相同时，比较端口 IP 地址。端口 IP 地址大者当选为主路由器。

2）其他路由器作为备份路由器，随时监听主路由器的状态。

当主路由器正常工作时，它每隔一段时间（Advertisement Interval）会发送一个 VRRP 组播报文，以通知组内的备份路由器，主路由器处于正常工作状态。若组内的备份路由器一段时间（Master Down Timer）内没有接收到来自主路由器的报文，则将自己转为主路由器。一个 VRRP 组里有多台备份路由器时，短时间内可能产生多个主路由器，此时，路由器将收到的 VRRP 报文中的优先级与本地优先级做比较，从而选举优先级高的路由器作为主路由器。

从上述分析可以看到，主机不需要做额外工作，与外界的通信也不会因某台路由器的故障而受到影响。

5．VRRP 报文

VRRP 报文通过组播的方式发送，VRRP 报文封装在 IP 报文中，在报文头部中，源地址为发送报文的主端口地址（不是虚拟地址或辅助地址），目的地址是 224.0.0.18，代表所有 VRRP 组中的路由器，报文的 TTL 是 255，协议号是 112。VRRP 报文的结构如图 7.30 所示。

各字段的含义如下：

1）Version：协议版本号，现在的 VRRP 版本号为 2。

2）Type：报文类型，只有一种取值（1 表示 Advertisement）。

3）VRID：虚拟路由器 ID。

4）Priority：优先级。

5）Count IP Addrs：VRRP 组虚拟地址个数（一个 VRRP 组可对应多个虚拟地址）。

6）Auth Type：认证类型，包括 3 种类型：

① 0：No Authentication，不认证；

② 1：Simple Text Password，简单文本密码；

③ 2：IP Authentication Header，IP 头部认证。

7）Checksum：校验和。

8）IP Address：配置的 VRRP 组虚拟地址的列表（一个 VRRP 组可对应多个虚拟地址）。

9）Authentication Data：认证字，目前只有明文认证才用到该字段，对于其他认证方式，该字段一律为 0。

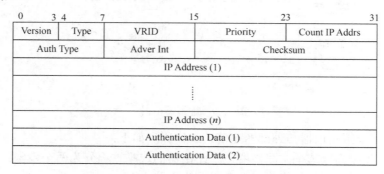

图 7.30　VRRP 报文

✦ 注意

只有主路由器才能发送 VRRP 报文，备份路由器只能监听 VRRP 报文。

6．VRRP 的三种状态

VRRP 中定义了三种状态：初始状态（Initialize）、主状态（Master）、备份状态（Backup）。其中，只有处于 Master 状态的路由器才可以处理到虚拟 IP 地址的转发请求。

（1）Initialize 状态

路由器启动时进入此状态，当接收到端口 Startup 事件时，将转入 Backup 或 Master 状态。在 Initialize 状态下，路由器不会对 VRRP 报文做任何处理。

（2）Master 状态

当路由器处于 Master 状态时，能够完成以下工作。

1）定期发送 VRRP 组播报文。

2）以虚拟 MAC 地址响应对虚拟 IP 地址的 ARP 请求。

3）转发目的 MAC 地址为虚拟 MAC 地址的 IP 报文。

在 Master 状态下，若路由器收到比自己优先级高的报文，则转为 Backup 状态；收到优先级和自己相同的报文，则比较自己物理端口的 IP 地址和报文中的源地址，若报文中的源地址大，则转为 Backup 状态；若自己物理端口的 IP 地址大，则保持 Master 状态；当收到端口的 Shutdown 事件时，转为 Initialize 状态。

（3）Backup 状态

当路由器处于 Backup 状态时，能够完成以下工作。

1）接收主路由器发送的 VRRP 组播报文，判断主路由器的状态是否正常。

2）对虚拟 IP 地址的 ARP 请求不做响应。

3）丢弃目的 MAC 地址为虚拟 MAC 地址的 IP 报文。

4）丢弃目的 IP 地址为虚拟 IP 地址的 IP 报文。

在 Backup 状态下，若路由器收到比自己优先级低的报文，则丢弃该报文；若收到优先级和自己相同的报文，则重置定时器，不进一步比较 IP 地址。当路由器收到定时器超时事件时，转为 Master 状态，当路由器收到端口的 Shutdown 事件时，转为 Initialize 状态。

三种状态之间的转换关系如图 7.31 所示。

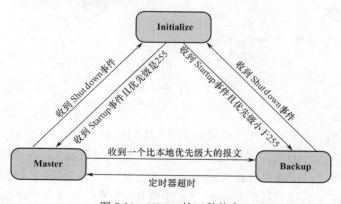

图 7.31　VRRP 的三种状态

7. VRRP 的扩展应用

VRRP 拥有非常灵活的使用方法，通过 VRRP 的灵活配置，可以实现一些特殊的功能。VRRP 常用的扩展应用如下。

（1）负载分担

在 VRRP 中，允许一台路由器作为多台虚拟路由器的备份路由器，通过多台虚拟路由器配置可以实现负载分担。负载分担是指多台路由器同时承担任务，因此需要建立两个或更多的 VRRP 组。负载分担方式的 VRRP 组具有以下特点。

1）每个 VRRP 组都包括一个主路由器和若干备份路由器。

2）各 VRRP 组的主路由器可以不同。

3）同一台路由器可以加入多个 VRRP 组，在不同 VRRP 组中有不同的优先级。

如图 7.32 所示，配置两个 VRRP 组：VRRP 组 1 和 VRRP 组 2。

1）路由器 A 在 VRRP 组 1 中作为主路由器，在 VRRP 组 2 中作为备份路由器。

2）路由器 B 在 VRRP 组 1 和 VRRP 组 2 中都作为 VRRP 路由器。

3）路由器 C 在 VRRP 组 2 中作为主路由器，在 VRRP 组 1 中作为备份路由器。在配置优先级时，需要确保两个 VRRP 组中各路由器的优先级交叉对应。

如路由器 A 在 VRRP 组 1 中的优先级是 120，在 VRRP 组 2 中的优先级是 100；路由器 C 在 VRRP 组 1 中的优先级是 100，在 VRRP 组 2 中的优先级是 120；一部分主机使用 VRRP 组 1 作为网关，另一部分主机使用 VRRP 组 2 作为网关，这样可以达到分担负载，而又相互备份的目的。

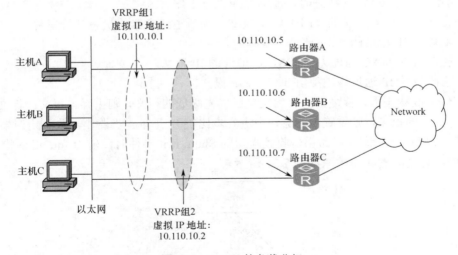

图 7.32　VRRP 的负载分担

（2）监听端口

VRRP 监听端口功能不仅可以实现对属于 VRRP 组的端口进行监听，而且可以对不属于 VRRP 组的端口进行监听，更好地扩充了备份功能。监听端口的实现方式是：当被监听的端口打开或关闭时，该路由器在 VRRP 组中的优先级会自动降低或升高一定的数值，导致 VRRP 组中各路由器优先级的高低顺序发生变化，使得优先级高的路由器转为主路由器。

（3）虚拟 IP 地址 Ping 开关

在默认情况下，主机不能 Ping 通虚拟 IP 地址，这样会给监听虚拟路由器的工作情况带来困难；能够 Ping 通虚拟 IP 地址可以方便地监听虚拟路由器的工作情况，但是会带来可能遭到 ICMP 攻击的隐患。VRRP 的虚拟 IP 地址 Ping 开关让用户可以选择是否能够 Ping 通虚拟 IP 地址。

（4）安全功能

对于安全程度不同的网络环境，可以在报文头部设定不同的认证方式和认证字，也就是启用 VRRP 报文交互时的认证功能。在安全的网络环境中，路由器可以不对要发送或接收的 VRRP 报文进行任何认证，在这种情况下，不需要设置认证字；在有可能受到安全威胁的网络环境中，VRRP 可以提供简单字符认证，设置长度为 1～8 的认证字。

7.4.2 VRRP 的配置及应用

1．任务描述

如图 7.33 所示，在 R1 和 R2 之间运行 VRRP。虚拟路由器地址选用 R1 的端口地址 10.0.0.1，R1 作为主路由器。

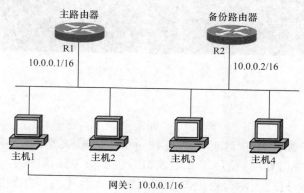

图 7.33　单实例 VRRP

2．任务分析

本任务中，需要在两台路由器上配置同一个 VRRP 实例，虚拟路由器的 IP 地址为 R1 的端口地址 10.0.0.1，R1 作为主路由器。正常情况下主机发往网关的流量由 R1 转发，当主机到 R1 的链路中断后，主机发往网关的流量由 R2 转发。

3．配置流程

VRRP 的配置流程如图 7.34 所示。

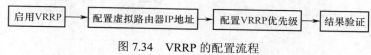

图 7.34　VRRP 的配置流程

4. 关键配置

1）启用 VRRP，并配置虚拟路由器 IP 地址。

```
SWITCH_R1(config-if)#vrrp 1 ip 10.0.0.1
```

2）配置 VRRP 优先级。

```
SWITCH_R1(config-if)#vrrp 1 prirority 20
```

5. 结果验证

如图 7.35 所示，在主机上查看 MAC 地址表，网关 IP 地址对应的是 R1 的端口地址 10.0.0.1。

图 7.35　主机上的 MAC 转发表

如图 7.36 所示，把 R1 的端口关闭之后，在主机上再查看 MAC 地址表，网关 IP 地址对应的是 R2 的端口地址 10.0.0.2。

图 7.36　主机上的 MAC 地址表

7.4.3　任务拓展

启动两个 VRRP 组，其中 PC1 和 PC2 使用组 1 的虚拟路由器作为默认网关，IP 地址为 10.0.0.1，而 PC3 和 PC4 则使用组 2 的虚拟路由器作为默认网关，IP 地址为 10.0.0.2。R1 和 R2 互为备份，只有当两台路由器全部失效时 4 台主机与外界的通信才会中断，如图 7.37 所示。

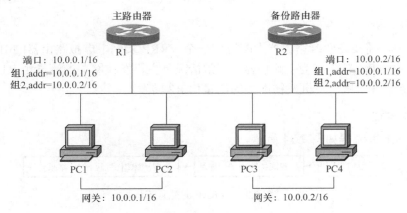

图 7.37　VRRP 实例

思考与练习

1. 简述 ACL 中通配符的作用。

2. 简述 NAT 的配置步骤。

3. 简述 DHCP Server 和 DHCP Relay 的配置步骤。

4. 简述 VRRP 的工作原理。

5. 标准 ACL 的取值范围是（   ）。

A. 1~99   B. 1~100   C. 100~199   D. 100~200

6. 以下关于 ACL 的规则，说法正确的是（   ）。

A. 逐条扫描   B. 匹配退出

C. 隐含拒绝所有   D. 越具体越明确的放到最后面

7. 以下关于 NAT 路由器，说法正确的是（   ）。

A. 数据出方向为先转换、后路由   B. 数据出方向为先路由、后转换

C. 数据进方向为先路由、后转换   D. 数据进方向为先路由、后转换

8. DHCP 的端口号为（   ）。

A. 67   B. 68   C. 69   D. 70

9. VRRP 的协议号和组播地址分别是（   ）。

A. 111、224.0.0.17   B. 112、224.0.0.18

C. 113、224.0.0.19   D. 114、224.0.0.20

10. VRRP 包括以下哪些状态？（   ）

A. Initialize   B. Master   C. Backup   D. Standby

 实践活动：使用抓包软件分析 DHCP 报文交互的封装格式

1. 实践目的

1）掌握 DHCP 的工作流程。

2）了解 DHCP 报文的格式。

2. 实践要求

抓取 DHCP 报文并进行分析。

3. 实践内容

1）将路由器开启 DHCP 功能。

2）把一台主机连接到路由器上，在主机上安装抓包软件。

3）把主机 IP 地址配置方式设置为自动获取 IP 地址，使用抓包软件抓取 DHCP 交互过程，分析 DHCP 报文格式。

Part 3

拓展篇

认识 BGP 协议

【项目引入】

经过一段时间的学习，小李已经慢慢成长为公司的技术骨干，但是很多设备都是运行 BGP 的，小李对于 BGP 还很陌生，小李非常想登录设备查看里面的配置情况。

小李：主管，我已经来公司很久了，但是到目前为止，为什么还不给我核心设备的登录权限呢？

主管：小李，核心设备配置复杂，运行多个协议，并且对于 BGP 核心设备，如果你不懂这个技术，一旦操作失误，会造成很大的影响。

小李：好吧。

主管：这样吧，你先搞清楚 BGP 运行的场景和基本配置，我会视情况给你分发账号。

本项目主要介绍了 BGP 的基础、运行环境和常见配置。注意，BGP 操作错误带来的影响是无法预估的。

【学习目标】

1. 识记：BGP 的基本概念。
2. 领会：BGP 的报文类型与连接状态。
3. 应用：BGP 的路由通告原则与通告方式。

8.1 任务 1：预备知识

8.1.1 BGP 的基本概念

1. BGP 概述

BGP（Border Gateway Protocol，边界网关协议）是现行 Internet 的实施标准，用来连接自治系统（AS），实现 AS 间的路由选择功能。

前面介绍过，所有的路由选择协议可以分成 IGP（内部网关协议）和 EGP（外部网关协议）两种。BGP 是典型的 EGP，它完成了在 AS 间的路由选择，可以说 BGP 是整个 Internet

的支架。BGP 经历了 4 个版本：RFC 1105（BGP-1）、RFC 1163（BGP-2）、RFC 1267（BGP-3）、RFC 1771（BGP-4），并且还涉及很多其他的 RFC 文档。在 RFC 1771 版本中，BGP 开始支持 CIDR（Classless Inter Domains Routing，无类别域间路由）和 AS 路径聚合，这些新功能可以减缓 BGP 表中条目的增长速度。支持 IPv6 的 BGP 版本是 RFC 2545（BGP-4+）。

2．BGP 的特点

BGP 是用来完成 AS 之间的路由选择的，BGP 路由信息中携带有其经过的 AS 号码序列，此序列指出了一条路由信息通过的路径，它能够有效地控制路由循环。BGP 是一种距离矢量协议，但是比起 RIP 等典型的距离矢量协议，它又有很多独特的性能。

1）BGP 使用 TCP 作为传输协议，使用端口号 179。在通信时，首先建立 TCP 连接，数据传输的可靠性由 TCP 保证，所以在 BGP 中就无须使用差错控制和重传机制，降低了协议的复杂程度。

2）BGP 使用增量的、触发性的路由更新，而不是一般距离矢量协议的整个路由表的、周期性的更新，节省了路由更新所占用的带宽。

3）BGP 使用"保活"信息（Keepalive）来监听 TCP 会话的连接。

4）BGP 有多种衡量路由的度量标准，可以更加准确地判断出最优路由。

3．BGP 的工作原理

建立了 BGP 连接的路由器称为对等体（Peers 或 Neighbors），对等体的连接有两种模式：IBGP（Internal BGP）和 EBGP（External BGP）。IBGP 是指单个 AS 内部的路由器之间的 BGP 连接，EBGP 则指 AS 之间的 BGP 连接。

BGP 的工作流程为：首先，在要建立 BGP 连接的路由器之间建立 TCP 连接，然后通过交换 Open 报文确定连接参数，如运行版本等。建立对等体连接关系后，最开始的路由信息交换将交换 BGP 表中所有的条目。初始化交换完成以后，只有当路由条目发生改变或者路由条目失效时，路由器才会发出增量的、触发性的路由更新。增量的路由更新是指并不交换整个 BGP 表，只更新发生变化的路由条目；触发性的路由更新则是指只有在路由表发生变化时才更新路由信息，并不发出周期性的路由更新。比起传统的全路由表的定期更新，这种更新方式大大节省了带宽。

8.1.2　BGP 的报文类型与连接状态

1．BGP 的报文类型

BGP 的报文有 4 种类型：Open、Keepalive、Update、Notification，分别用于建立 BGP 连接、检测可达性、更新路由信息、差错控制。BGP 报文的报头格式相同，均由 19 字节组成，包括 16 字节的标记字段、2 字节的长度字段和 1 字节的类型字段，如表 8.1 所示。

表 8.1　BGP 报文的报头格式

大小	16 字节	2 字节	1 字节
内容	标记字段	长度字段	类型字段

标记字段用于鉴别进入的 BGP 报文或用于检测两个 BGP 对等体之间的同步，标记字段在 Open 报文或无鉴别信息的报文中必须置"1"，在其他情况下将作为鉴别技术的一部分被计算。长度字段是指整个 BGP 报文（包括报头在内）的总长度，值在 19 到 4096 之间，对于 Keepalive 报文而言，其没有具体报文内容，所以长度值始终为 19。类型字段用来表示报文类型。

（1）Open 报文

Open 报文是在建立 TCP 连接后向对方发出的第一个报文，它包括版本号、AS 号码（AS Number）、保持时间（Hold Time）、BGP 标识符（BGP Identifier）、可选参数长度、可选参数。表 8.2 列出了 Open 报文的格式。

表 8.2　Open 报文的格式

大小	1 字节	2 字节	2 字节	4 字节	1 字节	可变长度
内容	版本号	AS 号码	保持时间	BGP 标识符	可选参数长度	可选参数

1）版本号：表示 BGP 协议的版本号。在 BGP 对等体进行信息交换时，对等体之间都试图使用彼此都支持的 BGP 协议的最高版本。在 BGP 对等体版本已知的情况下，通常使用静态设置版本，默认是 BGP-4。

2）AS 号码：表示本地运行 BGP 协议的路由器的自治系统号码。

3）保持时间：表示两个相继出现的 Keepalive 报文或 Update 报文之间保持的最长时间，单位为 s。此处会用到一个保持定时器，当收到 Keepalive 报文或 Update 报文时，保持定时器复位为零。如果保持定时器的值超过了保持时间，而 Keepalive 报文或 Update 报文还未出现，就认为该对等体不存在了。保持时间可以为零，表示无须 Keepalive 报文，推荐的最小保持时间是 3s。在两台路由器建立 BGP 连接前，通过 Open 报文协商保持时间，以两者 Open 报文中的保持时间字段的较小值为准。

4）BGP 标识符：表示发送方的 Router ID。路由器选择此 ID 时，首先从 LoopBack 地址中选择最小的地址；如果没有 LoopBack 地址，则从端口地址中选择最小的地址。目前路由器采取自动选取的方式。

5）可选参数长度：表示以字节为单位的可选参数字段的总长度，长度为"0"表示无可选参数。

6）可选参数：这是一个可变长度字段，表示 BGP 对等体进行信息交换期间使用的一套可选参数。

（2）Keepalive 报文

Keepalive 报文是在对等体之间进行信息交换时的周期性报文，据此能够判断对等体是否可达。Keepalive 报文以保证保持时间不溢出的速率发送，推荐的速率是保持时间的三分之一，一般为 60s。Keepalive 报文中没有实际的数据信息，即 Keepalive 报文的长度为 19 字节。

（3）Update 报文

BGP 的核心是路由更新，路由更新是通过在 BGP 对等体之间传递 Update 报文实现的。路由更新包括 BGP 用来组建无循环网络结构所需的所有信息。表 8.3 给出了 Update 报文的格式。

表 8.3　Update 报文的格式

大小	2 字节	8 字节	可变长度	可变长度
内容	不可达路由长度	撤销路由	路由属性	网络层可达信息（NLRI）

1）不可达路由长度：表示以字节计算的撤销路由的总长度，不可达路由长度为"0"时表示没有可撤销的路由。

2）撤销路由：当那些不可达的或不再提供服务的路由信息需要从 BGP 路由表中撤销时，需要用到撤销路由字段。撤销路由字段的格式与网络层可达信息的格式相同，都是由<长度，前缀>格式的二维数组组成的，每条撤销路由占 8 字节。

3）路由属性：路由属性是一套参数，用来标记路由的特定属性，这些参数在 BGP 过滤及路由决策过程中将被使用。路由属性内容包括路由信息、优先级、下一跳及聚合信息等。路由属性由属性类型、属性长度及属性值三部分组成。

4）网络层可达信息（NLRI）：BGP-4 提供了一套支持 CIDR 的新技术，CIDR 技术将传统的 IP 类别（A～D 类）转变成 IP 前缀概念。IP 前缀是由带有组成网络号码的比特数（从左到右）指示的 IP 地址。Update 报文中提供网络层可达信息，使得 BGP 能够支持 CIDR。网络层可达信息通过二维数组的方式在路由更新中列出要通知其他 BGP 对等体的目的地址信息，数组格式为<长度，前缀>。

（4）Notification 报文

BGP 对等体之间交换信息时，可能检测到差错信息，每检测到一个差错信息，相应的对等体就会发送一个 Notification 报文，随后对等体之间的连接将被关闭。网络管理员需要分析 Notification 报文，根据差错码判断路由协议中出现的差错特定属性。Notification 报文的格式如表 8.4 所示。

表 8.4　Notification 报文的格式

大小	1 字节	1 字节	可变长度
内容	差错代码	差错子代码	差错数据

1）差错代码：表示该差错的类型，BGP 差错代码如下：

1：BGP 报头差错；

2：Open 报文差错；

3：Update 报文差错；

4：保持计时器溢出；

5：有限状态机差错。

6：停机。

2）差错子代码：表示差错代码中更加详细的信息，通常每个差错代码可能有一个或多个差错子代码。下面对差错代码为 1～3 的对应差错子代码进行描述：

① BGP 报头差错

1：连接不同步；

2：报文长度无效；

3：报文类型无效。

② Open 报文差错

1：不支持的版本号码；

2：无效的对等体；

3：无效的 BGP 标识符；

4：不支持的可选参数；

5：鉴别失败；

6：不能接受的保持时间；

③ Update 报文差错

1：属性列表形式错误；

2：路由属性无法识别；

3：路由属性丢失；

4：属性标记无效；

5：属性长度无效；

6：起点属性无效；

7：AS 路由循环；

8：下一跳属性无效；

9：可选属性无效；

10：网络字段无效；

2. BGP 的状态

在建立 BGP 连接的过程中，有以下 6 种 BGP 状态。

（1）Idle 状态

启动 BGP 连接时，BGP 处于 Idle 状态。由系统产生 Start 事件使路由器对所有的 BGP 资源和 TCP 连接进行初始化，并启动 ConnectRetry 定时器。这些工作完成之后，其状态转为 Connect 状态。在 Idle 状态下，路由器拒绝所有的连接请求。在 Connect 状态下，如果 BGP 在报文处理过程中出现错误，会断开 TCP 连接，进入 Idle 状态，然后等待 ConnectRetry 定时器超时或网络管理员发出连接命令而产生 Start 事件，从而迁出 Idle 状态，重新进行建立连接的操作。

（2）Connect 状态

在 Connect 状态下，BGP 等待 TCP 连接完成。若连接成功，则清除 ConnectRetry 定时器，向对端对等体发送 Open 报文，进入 OpenSent 状态。若连接失败，则复位 ConnectRetry 定时器，进入 Active 状态，监听对端对等体初始化发来的连接请求。

若 ConnectRetry 定时器超时，则重新初始化 BGP 连接并复位 ConnectRetry 定时器，继续停留在 Connect 状态，等待对端对等体发来的连接。该状态下收到除 Start 事件以外的所有报文或事件，都要求将其连接的所有 BGP 资源释放并将状态迁至 Idle 状态。

（3）Active 状态

在 Active 状态下，BGP 试图接收对端对等体发来的 TCP 连接。若连接成功，则清除 ConnectRetry 定时器，并发送 Open 报文给对端对等体。其中 Open 报文中的保持时间应设定为一个较大的数值。若连接失败，则关闭连接并复位 ConnectRetry 定时器，仍然停留在 Active 状态。等待 ConnectRetry 定时器超时后重新建立 TCP 连接。

当 ConnectRetry 定时器超时事件发生时，重新初始化 TCP 连接并复位 ConnectRetry 定时器，并进入 Connect 状态。同样，在该状态下收到除 Start 事件以外的所有信息，都要求将其连接的所有 BGP 资源释放并将状态迁至 Idle 状态。

（4）OpenSent 状态

在 OpenSent 状态下，BGP 等待其对端对等体发来的 Open 报文。收到 Open 报文后，BGP 检查信息中所有内容的正确性。若发现错误，则发送 Notification 报文并将状态迁至 Idle 状态；若没有发现错误，BGP 发送 Keepalive 报文，同时设置 Keepalive 定时器。对于保持（Hold）定时器，将替换为通过交换信息得到的定时值（如果该定时值为 0，那么保持定时器和 Keepalive 定时器将不起作用）。若收到的 Open 报文中的 AS 号码与本地 AS 号码相同，则连接为 IBGP，否则连接为 EBGP，最后将状态迁至 OpenConfirm 状态。

若收到底层传输协议发来的 Disconnect 报文，则断开 BGP 连接，同时复位 ConnectRetry 定时器，进入 Active 状态重新等待对端对等体的 TCP 连接请求。若保持定时器超时或收到 Stop 事件，则向对端对等体发送 Notification 报文，将状态迁至 Idle 状态。

（5）OpenConfirm 状态

在 OpenConfirm 状态下，BGP 等待 Keepalive 和 Notification 报文。一旦收到 Keepalive 报文，就将状态迁至 Established 状态。在收到 Keepalive 报文之前，若保持定时器超时，则发送 Notification 报文到对端对等体，并将状态迁至 Idle 状态；若 Keepalive 定时器超时，则发送 Keepalive 报文，并复位 Keepalive 定时器。

若收到底层传输协议发来的 Disconnect 报文或对端对等体发来的 Notification 报文，则释放该连接所有的 BGP 资源，并将状态迁至 idle 状态。对于其他事件，除 Start 事件不做任何处理外，要求向对端对等体发送 Notification 报文并将该连接的所有 BGP 资源释放，将状态迁至 Idle 状态。

（6）Established 状态

在 Established 状态下，对等体之间可以交换 Keepalive、Update，Notification 报文。如果收到 Update 报文或 Keepalive 报文，首先将保持定时器复位。对于 Update 报文，需要进行正确性检查。若正确，则由 Update 报文处理过程进行处理；若不正确，则向对端对等体发送 Notification 报文，将状态迁至 Idle 状态。对于 Keepalive 报文，若 Keepalive 定时器超时，则向对端对等体发送 Keepalive 报文并复位该定时器；若保持定时器超时或收到 Stop 事件，则发送 Notification 报文，并将状态迁至 Idle 状态。若果收到 TCP 发来的 Disconnect 报文或对端对等体发来 Notification 报文，则将状态迁至 Idle 状态。当状态被迁至 Idle 状态时，必须释放所有 BGP 资源。

8.1.3　BGP 的路由通告原则

运行 BGP 的路由器首先通过 TCP 与其对等体建立连接，然后通过交换 Open 报文相互验证身份，当彼此确认可行时，使用 Update 报文进行路由信息交换。路由器接收 Update

报文后，对此报文运行某种策略或进行过滤处理，产生新的路由表，再把新的路由传递给其他对等体。

为了更好地阐述 BGP，对其运行过程建立如图 8.1 所示的模型，包括以下步骤：

1）路由器从对等体接收路由；

2）输入决策机对输入路由进行路由过滤和选择控制；

3）决策进程选择最佳路由；

4）产生新的路由表；

5）输出决策机对输出路由进行输出过滤和路由聚合；

6）路由器向其他对等体发送新的路由。

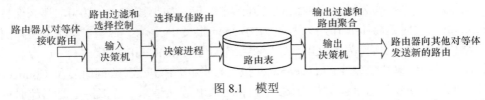

图 8.1　模型

BGP 从外部或内部的对等体接收路由，这些路由的部分或全部将被做成路由器的 BGP 表格。输入决策机将基于不同的过滤参数进行路由过滤处理，并且通过控制路径属性干预其本身的决策进程。过滤参数包括 IP 地址前缀、AS 路径信息和属性信息。决策进程将对通过输入决策机作用后得到的路由信息进行决策，当到达同一目的地有多条路由时，通过决策选择最佳路由。最佳路由信息将被路由器本身使用，放进路由表中，同时通告给其他对等体。路由器将其使用的路由（最佳路由）及在本地产生的路由交给输出决策机，输出决策机再通过输出过滤和路由聚合产生输出路由信息。输出决策机在输出信息时，区别内部对等体和外部对等体，从内部对等体产生的路由不应再次传到内部对等体中。

BGP 路由表是独立于 IGP 路由表的，但是这两表之间可以进行信息交换，这就是"路由重分布"技术。信息交换有两个方向：从 BGP 注入 IGP，以及从 IGP 注入 BGP。前者是将 AS 外部的路由信息传给 AS 内部的路由器，后者是将 AS 内部的路由信息传到外部网中，这也是 BGP 路由更新的来源。

把路由信息从 IGP 注入 BGP 涉及一个重要概念——同步（Synchronization）。同步是指当一个 AS 为另一个 AS 提供过渡服务时，只有当本地 AS 内部所有的路由器都通过 IGP 的路由信息的传播收到某条路由信息后，BGP 才能向外发送这条路由信息。当路由器从 IBGP 收到一条路由更新信息时，在转发给其他 EBGP 对等体之前，路由器会对其同步性进行验证，只有该路由器上的 IGP 路由表中有相应的条目，路由器才会将其通过 EBGP 转发；否则，路由器不会转发该更新信息。

同步的主要目的是保证 AS 内部的连通性，防止路由循环的黑洞。但是在实际的应用中，一般都会将同步功能禁用，而使用 AS 内 IBGP 的全网状连接结构来保证连通性，这样既可以避免向 IGP 中注入大量 BGP 路由，加快路由器处理速度，又可以保证报文不丢失。要安全地禁用同步功能，需要满足以下两个条件之一：

1）所处的 AS 是单出口的，即其只有一个节点与外部网相连；

2）所处的 AS 是过渡型的（一个 AS 可以通过本地 AS 与第三方 AS 建立连接），但是

AS 内部的所有路由器都运行 BGP。

第 2 种情况是很常见的，因为 AS 内所有的路由器都有 BGP 信息，所以 IGP 只需要为本地 AS 传送路由信息。

在路由器上，同步功能默认是启用的。

8.1.4 BGP 的路由通告方式

每台运行 BGP 的路由器都把本地网络通告到 Internet 上，这样几十万台路由器通告的路由信息将达到几十万条，这就是我们能够自如地访问 Internet 上各种服务的原因。当然，除应用于 Internet 路由通告之外，BGP 在一些内部专用网络上也能发挥作用，其通告的路由信息往往是私有地址的路由，如城域网中的 VPN 用户路由、中国电信 3G 中的路由等。

BGP 要通告的路由信息首先必须存在于 IGP 路由表中，IGP 路由信息的注入是 BGP 路由更新的前提，它直接影响 Internet 的路由稳定性。路由信息注入有两种方式：动态注入和静态注入。动态注入又分为完全动态注入和选择性动态注入。完全动态注入是指将所有的 IGP 路由再分布到 BGP 中，这种方式的特点是配置简单，但是可控性弱、效率低；选择性动态注入是指将 IGP 路由表中的一部分路由信息注入 BGP（使用 network 命令），这种方式首先验证地址及掩码，大大增强了可控性，提高了效率，可以防止错误路由信息的注入。无论采用哪种动态注入方式，都会造成路由的不稳定，因为动态注入完全依赖 IGP 路由信息，当 IGP 路由发生路由波动时，会不可避免地影响到 BGP 的路由更新。IGP 的路由波动会产生大量的更新信息，浪费大量的带宽。

静态注入可以有效解决路由的不稳定问题，它将静态路由的条目注入 BGP，由于静态路由条目是手动加入的，不会受到 IGP 路由波动的影响，静态注入的稳定性防止了路由波动引起的反复更新。但是，如果网络中的子网划分边界不分明，静态注入也会产生数据流阻塞等问题。

1．network 命令方式

BGP 通告路由的常用方式就是使用 network 命令选择欲通告的网段，该命令指定目的网段和子网掩码，这样在 IGP 路由表中的匹配该条件的一群路由都会加入 BGP 路由表中，被策略筛选后通告出去。之所以称为一群路由，是因为指定网段所包含的子网将全部被通告。

例如，在 BGP 中使用 network 18.0.0.0 255.0.0.0 命令后，如果 IGP 路由表中有 18.0.0.0/8、18.1.0.0/16、18.2.0.0/24 等网段，就都会被归入 BGP 路由表中。如果 IGP 路由表中无该网段或其子网，那么没有路由加入 BGP 路由表中。因此，有时候为了配合 BGP 路由通告，需要在路由器上配置一些指向 LoopBack 地址的静态路由。值得注意的是，进入 BGP 路由表中的路由并不一定能被通告出去，这与 BGP 的路由过滤或选择控制息息相关。

2．路由重分布方式

在路由条目很多、聚合不方便的情况下，BGP 路由通告不得不选择完全动态注入的方式，将某一种或多种 IGP 路由再分布到 BGP 中。路由器支持各种 IGP 到 BGP 的重分布：

```
GER (config-router)#redistribute ?
```

```
connected      Connected
isis-1         IS-IS level-1 routes only
isis-1-2       IS-IS level-1 and level-2 routes
isis-2         IS-IS level-2 routes only
ospf-ext       Open shortest path First(OSPF) external routes
ospf-int       Open shortest path First(OSPF) internal routes
rip            Routing information protocol(RIP)
static         Static routes
```

在重分布的过程中，可以指定这些路由条目的各种 BGP 属性值。常用的方法是使用路由映射图（Route-Map）。

8.1.5 BGP 的属性和路由选择

1. BGP 属性

BGP 属性是一组参数，在 Update 报文中被发送给对端对等体。这些参数记录了 BGP 路由的各种特定信息，用于路由选择和路由过滤。它可以被理解为路由选择的度量值（metric）。BGP 属性分为 4 类：公认必遵属性（Well-known Mandatory Attributes）、公认自决属性（Well-known Discretionary Attributes）、可选传递属性（Optional Transitive Attributes）和可选非传递属性（Optional Nontransitive Attributes）。

公认属性对于所有的 BGP 路由器来说都是可识别、处理的，每个 Update 报文中都必须包含公认必遵属性，而公认自决属性是可选的，可包括也可不包括。

对于可选属性，不是所有的 BGP 路由器都支持。当 BGP 不支持可选属性时，若这个属性是可选传递属性，则会被接收并传给其他对等体；若这个属性可选非传递属性，则会被忽略，不传给其他对等体。

2. 常用的属性与路由选择

在 RFC 1771 中定义了 1~7 号 BGP 路由属性，依次为：

1）ORIGIN：路由起源，即产生该路由信息的 AS；

2）AS_PATH：AS 路径，即路由条目已通过的 AS 集或序列；

3）NEXT_HOP：下一跳地址，即要到达该目的路由的下一跳 IP 地址，IBGP 连接不会改变从 EBGP 发来的 NEXT_HOP；

4）MULTI_EXIT_DISC：多出口识别，用于区别到其他 AS 的多个出口，离开 AS 时该值复位为 0；

5）LOCAL_PREF：本地优先级，在本地 AS 内传播，标明各路由的优先级；

6）ATOMIC_AGGREGATOR：原子聚合；

7）AGGREGATOR：聚合。

RFC 1997 还定义了另一个常用属性：COMMUNITY（团体串）。

其中，1）、2）、3）号属性是公认必遵属性；5）、6）号属性是公认自决属性；7）、8）号属性是可选传递属性；4）号属性是可选非传递属性。在路由选择中，这些属性的优先级是不同的，仅就这 8 个属性来说，优先级最高的是 LOCAL_PREF，接下来是 AS_PATH 和 ORIGIN。BGP 属性不仅仅包括以上 8 个，其他属性请参阅 RFC 文档。

3．ORIGIN 属性

ORIGIN 属性是公认必遵属性，该属性表示相对于发出它的 AS 的路由更新的起点。BGP 在进行路由决策时将使用到 ORIGIN 属性，以便在多个路由中建立优先级。BGP 考虑三种起点：

1）IGP：网络层可达信息对于始发 AS 来说是通过 IGP 得知的，如聚合的路由和 network 通告的路由。

2）EGP：网络层可达信息对于始发 AS 来说是通过 EGP 得知的。

3）Incomplete：网络层可达信息是通过其他方法得知的，如路由再分配。

在路由决策中，BGP 优先选择最低起点类型的路由（IGP 低于 EGP，而 EGP 低于 Incomplete）。

4．AS_PATH 属性与路由选择

AS_PATH 属性是公认必遵属性，该属性包括路由到达目的地所经过的一系列 AS 的 AS 号码组成的序列。产生路由的 AS 把路由发送到其外部 BGP 对等体时，同时加上自己的 AS 号码。此后，每个接收路由并传送给其他 BGP 对等体的 AS 都将把自己的 AS 号码加到 AS 序列的最前面。

BGP 使用 AS_PATH 属性作为其路由更新的要素，以实现互连网络的无循环拓扑。每个路由被通告给产生它的 AS 时，AS 检测到其 AS 号码在 AS 序列中已经存在，将不再接收此路由。

在决策最佳路由时也将用到 AS_PATH 属性。当到达同一目的地有多条路由存在，而其他属性相同时，BGP 通过 AS_PATH 属性选择最短路径的路由作为最佳路由。因此，AS_PATH 属性将影响路由器的 BGP 路由选择。在图 8.2 所示的示例中，路由器 R1 在通告路由给 AS400 的路由器时，把自身的 AS 号重复增加，这样路由器 R4 从 R6 和 R3 接收到 AS100 中路由条目的 AS_PATH 不同，导致其选择 AS200 作为过渡区域。

5．NEXT_HOP 属性与路由选择

NEXT_HOP 属性也是公认必遵属性。NEXT_HOP 属性在 IGP 中是指已通告了路由信息的相邻路由器端口的 IP 地址，在 BGP 中则根据具体情况而定。对于 EBGP 连接，NEXT_HOP 属性是指已通告了 EBGP 路由信息的对等体路由器的 IP 地址。对于 IBGP 连接，如果是 AS 内部路由，NEXT_HOP 属性是指 IBGP 对等体路由器的 IP 地址。

BGP 使用 NEXT_HOP 属性创建 BGP 路由表，同时通过 BGP 路由表检查 BGP 对等体之间的 IP 连通性，判断下一跳是否可达。在决策过程中，如果下一跳不可达，则该条路由会被丢弃。

在图 8.3 中，路由器 A 和路由器 B 建立了 EBGP 连接，路由器 A 将本 AS 中的网段 172.16.0.0/16 通告给 EBGP 邻居路由器 B 时，Update 报文中的 NEXT_HOP 属性是路由器 A 的端口地址 10.10.10.3；在路由器 B 把该路由通告给其 IBGP 邻居路由器 C 时，它在 Update 报文中把下一跳地址仍然设置为 10.10.10.3，因此路由器 C 的 IGP 路由表中，必须有到

10.10.10.3 的路由，最简单的测试方法就是测试是否能够 Ping 通该地址。否则，该 BGP 路由条目无效。

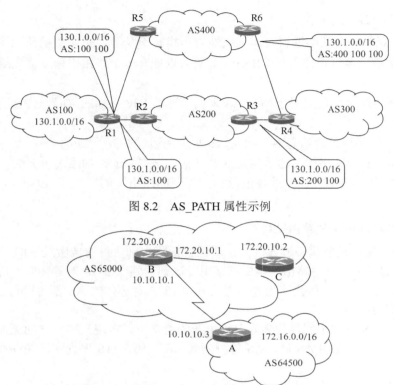

图 8.2　AS_PATH 属性示例

图 8.3　NEXT_HOP 属性示例 1

　　有时路由器没有到 AS 外部路由器的路由，可能会导致接收到 EBGP 路由的 NEXT_HOP 属性失效，导致路由无法进入 BGP 路由表中。这种情况可以通过更改路由通告的 NEXT_HOP 属性的方式加以解决。

　　在图 8.4 中，路由器 R2 接收到 AS100 的路由后，在把它通告给 IBGP 邻居 R4 时，设置路由的 NEXT_HOP 属性为 R2 的端口地址，使得 R4 能够做到下一跳可达，确保路由安装成功。

6. LOCAL_PREF 属性与路由选择

　　LOCAL_PREF 属性是公认自决属性。当路由器向 AS 内部的其他路由器通告路由时需要包含该属性，该属性值的大小直接影响路由的优先级。在路由决策中将选择本地优先级最大的路由作为最佳路由，该属性影响本地的出站流量。

　　如图 8.5 所示，R2 通过 R1 学习到 AS400 中的路由，并通告给 R3；同样，R3 通过 R4 学习到 AS400 的路由，并通告给 R2。两条路由的 AS_PATH 属性都是 2，默认的本地优先级都是 100。R2 对接收到的 EBGP 路由设置优先级为 300，而 R3 对接收到的 EBGP 路由设置优先级为 100。这样，R2 忽略从 R3 来的优先级低的路由；而 R3 选择从 R2 来的优先级高的路由。因此 AS100 成为过渡 AS。

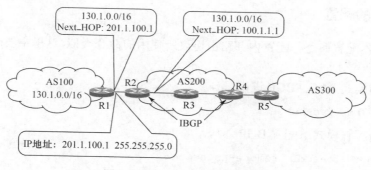

图 8.4　NEXT_HOP 属性示例 2

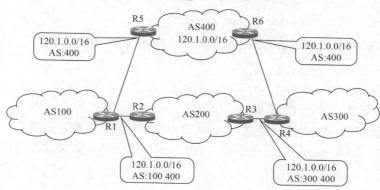

图 8.5　LOCAL_PREF 属性示例

7．BGP 的路由选择规则

BGP 选择最佳路由的规则如下。

1）若下一跳地址不可达，则该路由被忽略。

2）优先选具有最大 LOCAL_PREF 属性值的路由。

3）若多条路由具有相同的 LOCAL_PREF 属性值，则优先选由本路由器产生的路由。

4）若多条路由具有相同的 LOCAL_PREF 属性值，而且都不是本路由器产生的，则优先选最小 AS_PATH 属性值的路由。

5）若 AS_PATH 属性值也相同，则优先选具有最小 ORIGIN 属性值的路由。

6）若 ORIGIN 属性值也相同，则优先选具有最小 MULTI_EXIT_DISC 属性值的路由。

7）若 MULTI_EXIT_DISC 属性值也相同，则优先选 EBGP 通告的路由，再选 IBGP 通告的路由。

8）若以上条件都相同，则优先选在 AS 内部路径最短的路由。

9）若内部路径相同，则比较通告该路由的 BGP 路由器的 Router ID 的大小，选取具有最小 Router ID 的路由器通告的路由。

10）若以上条件都相同，则选取对端路由器端口地址小的路由。

注意，如果设置了负载均衡，可以同时设置多条 BGP 路由时，忽略规则 8）～10）。

8.1.6　BGP 的配置

BGP 的基本配置命令与配置内部路由协议所使用的命令类似，这里主要介绍 BGP 基本配置中常用的命令。

1）在全局模式下启动 BGP 进程。

```
router bgp  as-number
```

2）在路由配置模式下配置 BGP 邻居。

```
neighbor  ip-addr  remote-as number
```

3）在路由配置模式下使用 BGP 通告一个网络。

```
network  network-number  network-mask
```

4）设置 AS 号码，如果路由器在 AS100 中，配置 BGP 的方法如下。

```
route#config terminal
route(config)#router bgp 100
route(config-router)#
```

从路由器提示符可以看出已经进入 BGP 路由配置模式。值得注意的是，一台路由器只能属于一个 AS，因此 router bgp 命令后的 AS 号码是唯一的。如果输入其他 AS 号码，系统将提示出错。

1. 关闭同步

通常情况下，路由器学习路由，需要检查其在 IGP 中是否存在，若不存在，则不能把路由添加到全局路由表中，也不能把路由通告给 EBGP 邻居。要把从 IBGP 学习的路由加入全局路由表中，需要关闭 BGP 的同步功能。关闭 BGP 同步功能的配置如下。

```
route#config terminal
route(config)#router bgp 100
route(config-router)#no synchronization
```

2. 配置邻居

一台路由器可以有多个 BGP 邻居，如路由器 B 既有 IBGP 邻居路由器 C，又有 EBGP 邻居路由器 A，如图 8.6 所示。

1）路由器 A 的配置如下。

```
router bgp 100
neighbor 129.213.1.1 remote-as 200
```

2）路由器 B 的配置如下。

```
router bgp 200
neighbor 129.213.1.2 remote-as 100
neighbor 175.220.1.2 remote-as 200
```

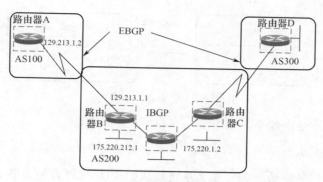

图 8.6　指定邻居示例

上述配置中，指定 BGP 邻居时，使用的都是对方的直连端口的 IP 地址。彼此之间是一定可以建立 TCP 连接的。通常在非直连的路由器之间配置 BGP 时，建议使用 LoopBack 端口地址作为两者建立 TCP 连接的地址，使用 LoopBack 端口地址时需要注意以下几点。

1）首先需要在两台路由器上配置 LoopBack 端口地址。

2）两台路由器之间的 LoopBack 端口地址必须互相可达，常通过静态路由配置或者 OSPF 通告的方式，使两台路由器能够学习到彼此的 LoopBack 端口地址。

3）使用以下命令来指定本地 LoopBack 端口地址作为建立 TCP 连接的源 IP 地址：

```
Neighbor x.x.x.x remote-as yyyy
Neighbor x.x.x.x update-source loopback1
```

这里 x.x.x.x 是指对端路由器的 LoopBack 端口地址。同样，对端路由器指定本路由器的 LoopBack 端口地址作为其邻居。

在图 8.7 中，路由器 A 使用 LoopBack1 端口地址（150.212.1.1）与路由器 B 的端口地址（190.225.11.1）建立 IBGP 连接，因此在路由器 A 的配置中，首先指定对端路由器 B 的某个端口地址作为邻居，然后注明本地 LoopBack1 端口的 IP 地址作为 TCP 连接的源地址。

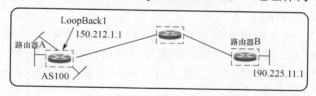

图 8.7　指定邻居示例 2

在路由器 B 的配置中，必须指定路由器 A 的 LoopBack1 端口地址（150.212.1.1）作为邻居，两者中的任何一方配置错误，都会导致 BGP 连接无法达到 Established 状态，而是停留在 Connect 状态。

在 EBGP 的连接中，一般两台路由器物理直连的情况比较多，这时可以使用互连端口的 IP 地址建立连接，也可以指定双方的 LoopBack 端口地址建立连接。如果使用 LoopBack 端口地址建立连接，那么必须指定"多跳"（Multihop）连接，因为在默认情况下，EBGP 连接时的 BGP 报文的 TTL 为 1。即使底层的 TCP 连接能够建立，Open 报文也无法被送到对端路由器的 CPU，导致 BGP 连接无法进入 Established 状态，如图 8.8 所示。

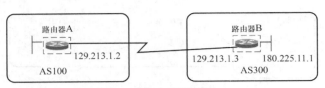

图 8.8　指定邻居示例 3

多跳概念的配置命令如下。

```
route(config-route)#neighbor x.x.x.x ebgp-multihop y
```

如果不指定具体的跳数 y 值，那么系统默认把 TTL 设置为最大值 255。在图 8.8 中，路由器 A 使用本地端口地址 129.213.1.2 和路由器 B 的非直连端口地址 180.225.11.1 建立 EBGP 连接，因此在路由器 A 上指定邻居后，还必须补充配置"多跳"连接。

```
RTA(config)#router bgp 100
RTA(config-router)#neighbor 180.225.11.1 remote-as 300
RTA(config-router)#neighbor 180.225.11.1 ebgp-multihop
```

而对于路由器 B 而言，其发出的 BGP 报文的 TTL 为 1，但目的端口是路由器 A 的直连端口，因此路由器 A 能够把 BGP 报文送达 CPU，BGP 连接能够进入 Established 状态。

3. 通告路由

在路由器 A 的路由表中存在 192.213.0.0/16 的路由或者其子网路由，无论它们是静态路由、动态路由或者直连路由，在 BGP 配置中使用 network 命令都可以把它们全部输出到 BGP 路由表中，再经过路由过滤或者选择控制，通告给 BGP 邻居或者丢弃。对于 network 命令通告的路由，其 ORIGIN 属性为 IGP。除了使用 network 通告路由，有时候还使用重分布路由的方式把 IGP 路由重分发到 BGP 中进行通告。

对于静态路由，只能单向重分布到 BGP 中；对于动态路由，可以实现双向重分布。在特殊的网络环境下，双向路由重分布容易导致路由环路，严重影响网络的正常运作，所以使用双向重分布要格外谨慎。

在图 8.9 中，AS200 中的路由器 B 和路由器 C 运行 OSPF，同时路由器 C 与 AS300 中的路由器 D 运行 EBGP。路由器 C 需要把 OSPF 通告给路由器 D，由于不同 AS 之间的网络不允许运行 IGP，所以，必须在路由器 C 上采用路由重分布的方式，把 OSPF 路由重分布到 BGP 中，并通告给路由器 D。

在以上配置中，路由器 C 运行在 OSPF 的骨干区域（区域 0）中；OSPF 的路由分为域内路由、域间路由和外部路由三种类型。若只需要把 OSPF 域内路由重分布到 BGP 中，则配置如下。

```
route (config)#router bgp 200
route (config-router)#neighbor 1.1.1.1 remote-as 300
route (config-router)#redistribute ospf-int
```

若还需要把 OSPF 外部路由也重分布到 BGP 中，则还需配置以下命令。

```
route (config-router)#redistribute ospf-ext
```

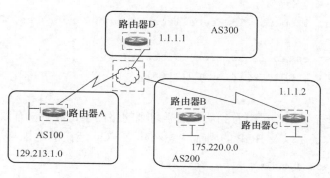

图 8.9 通告路由示例

4．BGP 命令显示

1）在 BGP 相关配置结束后，首先应该观察的是 BGP 的连接状态，其命令和输出如下：

```
GER#show ip bgp summary
Neighbor        Ver  As      MsgRcvd  MsgSend  Up/Down(s)    State
222.34.128.68   4    100     4        0        00:00:30      Established
```

可以看到，输出内容包括每个 BGP 邻居的 IP 地址、BGP 版本号、AS 号码、收发 BGP 的 Update 报文的数量、BGP 建立（关闭）连接的时间、当前连接的状态，只有 Established 状态才是 BGP 连接成功的状态。

2）然后，显示 BGP 邻居的详细信息。

在以下的部分显示中，可以看到 BGP 邻居的 AS 号码、BGP 版本号、Router ID 等信息，以及当前 BGP 建立连接后维持的时间、具体的 Keepalive 定时器的值（keepalive internal）和保持定时器的值（hold time）。

```
GER#show ip bgp neighbor
BGP neighbor is 222.34.128.68, remote AS 100, internal link
BGP version 4, remote router ID 222.34.129.12
BGP state = Established, up for 00:06:29
Last read update 00:05:59, hold time is 90 seconds, keepalive interval is 30
seconds
Neighbor capabilities:
Route refresh: advertised and received
Address family IPv4 Unicast: advertised and received
```

在以下的部分显示中，可以看到与该邻居之间历史上交换的全部 BGP 报文的数量。

```
All received 18 messages
5 updates, 0 errs；1 opens, 0 errs；12 keepalives；0 vpnv4 refreshs,
0 ipv4 refreshs, 0 errs；0 notifications, 0 other errs
After last established received 16 messages
5 updates, 0 errs；0 opens, 0 errs；11 keepalives；0 vpnv4 refreshs,
0 ipv4 refreshs, 0 errs；0 notifications, 0 other errs
All sent 19 messages
```

```
      5 updates, 1 opens, 13 keepalives； 0 vpnv4 refreshs, 0 ipv4 refreshs,
0 notifications
      After last established sent 17 messages
      5 updates, 0 opens, 12 keepalives； 0 vpnv4 refreshs, 0 ipv4 refreshs,
0 notifications
```

在以下的部分显示中，可以看到从邻居学习到的路由条目数量、有效的条目数量、发送出去的路由条目数量，以及 BGP 的当前状态和建立 TCP 连接的地址与端口号。

```
      For address family: IPv4 Unicast
      All received nlri 19, unnlri 0, 18 accepted prefixes
      All sent nlri 19, unnlri 0, 19 advertised prefixes； maximum limit
4294967295
      Minimum time between advertisement runs is 30 seconds
      Minimum time between origin runs is 15 seconds
      For address family: VPNv4 Unicast no activate
      All received nlri 0, unnlri 0, 0 accepted prefixes
      All sent nlri 0, unnlri 0, 0 advertised prefixes； maximum limit 4294967295
      Connections established 1
      Local host: 222.34.128.72, Local port: 1033
      Foreign host: 222.34.128.68, Foreign port: 179
```

如果 BGP 连接断开，该命令的最后将显示 Notification 报文的具体类型，为诊断故障提供便利。

3）最后，显示 BGP 路由表的详细信息：

```
GER#show ip bgp route
Status codes: *valid, >best, i-internal
Origin codes: i-IGP, e-EGP, ?-Incomplete
Dest                    NextHop             Metric    LocPrf  RtPrf   Path
*> 222.34.129.1/32      0.0.0.0                       110             i
*i 222.34.129.1/32      222.34.128.65                 100     200     i
*> 222.34.129.2/32      0.0.0.0                       110             i
*i 222.34.129.2/32      222.34.128.65                 100     200     i
*> 222.34.129.3/32      0.0.0.0                       110             i
*i 222.34.129.3/32      222.34.128.65                 100     200     i
```

BGP 路由表与路由器全局路由表不同，它是 BGP 学习到的所有有效路由，是根据 BGP 选择最佳路由的规则挑选出的最佳路由，这些最佳路由是否能够添加到全局路由表中，还要由不同协议的管理距离来决定。若 BGP 学习一条 IBGP 最佳路由，而 OSPF 也学习到了该路由，则全局路由表选择 OSPF 路由，因为 OSPF 的管理距离（100）比 IBGP 的管理距离（200）小。

在 show ip bgp route 命令的输出中可以看到，路由条目前边的"*"表示该路由为有效路由，">"表示该路由为最佳路由，"i"表示该路由是 IBGP 路由，没有"i"的路由则是 EBGP 路由或者本地产生的路由。NextHop 表示 BGP 路由的下一跳地址，全 0 的下一跳地址表示该路由是本路由器自己产生的。LocPrf 表示 BGP 学习到的路由的本地优先级，默认是 100。Path 字段表示该路由的起源，有 IGP，EGP，Incomplete 三种类型。

8.2 任务 2: 路由器 IBGP 连接的建立

8.2.1 任务描述

如图 8.10 所示，分别令两台路由器通过直连端口和 LoopBack 端口建立 IBGP 连接。

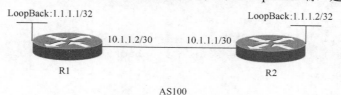

图 8.10 路由器 IBGP 的建立

8.2.2 任务分析

完成本任务的步骤如下。
1）对路由器进行基本配置。
2）启动 BGP，配置 AS 号码、配置邻居。
3）使用直连端口和 LoopBack 端口建立 IBGP 连接。
4）验证网络的连通性。

8.2.3 关键配置

两台路由器使用直连端口建立 IBGP 连接的配置如下。
1）R1 的配置如下。

```
router bgp 100
neighbor 10.1.1.1 remote-as 100 //建立 AS 号码为 100 的 IBGP 连接
neighbor 10.1.1.1 activate        //可不配置,系统自动配置
```

（2）R2 的配置如下。

```
router bgp 100
neighbor 10.1.1.2 remote-as 100
neighbor 10.1.1.2 activate
```

两台路由器使用 LoopBack 端口建立 IBGP 连接的配置如下。
1）R1 的配置如下。

```
ip route 1.1.1.2 255.255.255.255 10.1.1.1  //保证两边的 LoopBack 地址能互相
```

Ping 通

```
router bgp 100
neighbor 1.1.1.2 remote-as 100
neighbor 1.1.1.2 activate
neighbor 1.1.1.2 update-source loopback1 //指定使用 LoopBack 地址发送信息,
```
建立连接

2）R2 的配置如下。

```
ip route 1.1.1.1 255.255.255.255 10.1.1.2  //保证两边的 LoopBack 地址能互相
```
Ping 通
```
router bgp 100
neighbor 1.1.1.1 remote-as 100
neighbor 1.1.1.1 activate
neighbor 1.1.1.1 update-source loopback1 //指定使用 LoopBack 地址发送信息,
```
建立连接

8.2.4 任务验证

使用 show ip bgp neighbor 命令查看是否成功建立 IBGP 连接。

```
R1#show ip bgp neighbor
BGP neighbor is 10.1.1.1, remote AS 100, internal link
//R1 的邻居为 10.1.1.1,为 internal link
BGP version 4, remote router ID 1.1.1.2
BGP state = Established, up for 00:03:50
//BGP 状态为 Established,表示已成功建立 BGP 连接
hold time is 90 seconds, keepalive interval is 30 seconds
Neighbor capabilities:
Route refresh: advertised and received
Address family IPv4 Unicast: advertised and received
All received 9 messages
0 updates, 0 errs
1 opens, 0 errs
8 keepalives
0 vpnv4 refreshs, 0 ipv4 refreshs, 0 errs
0 notifications, 0 other errs
After last established received 7 messages
0 updates, 0 errs
0 opens, 0 errs
7 keepalives
0 vpnv4 refreshs, 0 ipv4 refreshs, 0 errs
0 notifications, 0 other errs
All sent 9 messages
```

```
0 updates, 1 opens, 8 keepalives
0 vpnv4 refreshs, 0 ipv4 refreshs, 0 notifications
After last established sent 7 messages
0 updates, 0 opens, 7 keepalives
0 vpnv4 refreshs, 0 ipv4 refreshs, 0 notifications
For address family: IPv4 Unicast
All received nlri 0, unnlri 0, 0 accepted prefixes
All sent nlri 0, unnlri 0, 0 advertised prefixes
maximum limit 4294967295
Minimum time between advertisement runs is 30 seconds
Minimum time between origin runs is 15 seconds
For address family: VPNv4 Unicast no activate
All received nlri 0, unnlri 0, 0 accepted prefixes
All sent nlri 0, unnlri 0, 0 advertised prefixes
maximum limit 4294967295
Connections established 1               //成功建立连接的次数
Local host: 10.1.1.2, Local port: 1024     //建立连接时使用的本地地址及端口
Foreign host: 10.1.1.1, Foreign port: 179 //建立连接时使用的外部地址及端口
```

如果使用的 LoopBack 地址建立 IBGP 连接，上面命令显示的最后两行如下：

```
Local host: 1.1.1.2, Local port: 179
Foreign host: 1.1.1.1, Foreign port: 1026
```

也可以使用 show ip bgp summary 命令查看是否成功建立 IBGP 连接，状态 State 为 Established 即表示连接成功。

```
R2#show ip bgp summary
Neighbor      Ver As   MsgRcvd   MsgSend   Up/Down(s)   State
10.1.1.2      4   100  1         1         00:00:37     Established
```

8.3 任务 3：路由器 EBGP 连接的建立

8.3.1 任务描述

如图 8.11 所示，要求两台路由器使用直连端口建立 EBGP 连接。

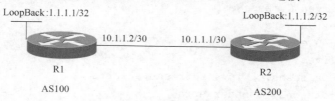

图 8.11　路由器 EBGP 的建立

8.3.2　任务分析

完成本任务的步骤如下。

1）对路由器进行基本配置；

2）启动 BGP，配置 AS 号码，配置邻居；

3）使用直连端口建立 EBGP 连接；

4）验证网络的连通性。

8.3.3　关键配置

两台路由器使用直连端口建立 EBGP 连接的配置如下。

1）R1 的配置如下。

```
router bgp 100
neighbor 10.1.1.1 remote-as 200
neighbor 10.1.1.1 activate
```

2）R2 的配置如下。

```
router bgp 200
neighbor 10.1.1.2 remote-as 100
neighbor 10.1.1.2 activate
```

8.3.4　任务验证

使用 show ip bgp neighbor 命令查看是否成功建立 EBGP 连接。

```
R2(config)#show ip bgp neighbor
BGP neighbor is 10.1.1.2, remote AS 100, external link //R2 的邻居为 10.1.1.2,
为 external link
BGP version 4, remote router ID 1.1.1.1
BGP state = Established, up for 00:01:06 //BGP 状态为 Established,表示成
功建立连接
hold time is 90 seconds, keepalive interval is 30 seconds
Neighbor capabilities:
Route refresh: advertised and received
Address family IPv4 Unicast: advertised and received
All received 3 messages
0 updates, 0 errs
1 opens, 0 errs
2 keepalives
0 vpnv4 refreshs, 0 ipv4 refreshs, 0 errs
0 notifications, 0 other errs
After last established received 1 messages
```

```
0 updates, 0 errs
0 opens, 0 errs
1 keepalives
0 vpnv4 refreshs, 0 ipv4 refreshs, 0 errs
0 notifications, 0 other errs
All sent 3 messages
0 updates, 1 opens, 2 keepalives
0 vpnv4 refreshs, 0 ipv4 refreshs, 0 notifications
After last established sent 1 messages
0 updates, 0 opens, 1 keepalives
0 vpnv4 refreshs, 0 ipv4 refreshs, 0 notifications
For address family: IPv4 Unicast
All received nlri 0, unnlri 0, 0 accepted prefixes
All sent nlri 0, unnlri 0, 0 advertised prefixes
maximum limit 4294967295
Minimum time between advertisement runs is 30 seconds
Minimum time between origin runs is 15 seconds
For address family: VPNv4 Unicast no activate
All received nlri 0, unnlri 0, 0 accepted prefixes
All sent nlri 0, unnlri 0, 0 advertised prefixes
maximum limit 4294967295
Connections established 1
Local host: 10.1.1.1, Local port: 1034      //建立连接时使用的本地地址及端口
Foreign host: 10.1.1.2, Foreign port: 179 //建立连接时使用的外部地址及端口
```

也可使用 show ip bgp summary 查看是否成功建立 EBGP 连接,状态 State 为 Established 即表示连接成功。

```
R2(config)#show ip bgp summary
Neighbor       Ver As   MsgRcvd   MsgSend   Up/Down(s)   State
10.1.1.2       4  100   2         2         00:01:25     Established
```

思考与练习

1. BGP 通过下面何种方式在两个对等体之间建立连接?(   )
A. Telnet   B. 发 Hello Packet   C. UDP   D. TCP
2. 在过渡 AS 内,为什么在核心路由器上需要运行 BGP?(   )
A. 为防止路由环路
B. 保证数据包可以被转发到其他 AS 中
C. 优化 AS 内部的网络
D. 保证只有一个出口指向外部区域

3. BGP 和自治系统之间的正确关系是（　　　）。

A.　BGP 只能被应用在自治系统之间，不能被应用在自治系统内部

B.　BGP 是运行在自治系统之间的路由协议，而 OSPF、RIP 及 IS–IS 等协议应用在自治系统内部

C.　BGP 通过在自治系统之间传播链路信息的方式来构造网络拓扑结构

D.　BGP 不能跨自治系统

4.　私有 AS 号码的范围为（　　　）。

A.　65410~65535　　　　B.　1~64511

C.　64512~65535　　　　D.　64511−65535

5. BGP 在传输层采用 TCP 来传送路由信息，使用的端口号是（　　　）。

A.　520　　　　　　　B.　89　　　　　　C.　179　　　　　　D.　180

6.　BGP 发送路由的方式是（　　　）。

A.　周期性广播所有路由　　　　　　　　B.　周期性组播发送所有路由

C.　只发送发生改变的路由　　　　　　　D.　对等体请求才发送

 实践活动：查看公网 BGP 路由器的路由表

1. 实践目的

掌握查看 BGP 信息的基本命令。

2. 实践要求

查看和分析 BGP 路由表。

3. 实践内容

1）在命令行窗口下输入：telnet　route-views3.routeviews.org。

2）使用 show ip bgp 等命令查看 BGP 信息。

IPv6 技术及应用

【项目引入】

经过一段时间的学习和积累，小李发现互联网技术的发展速度是非常惊人的，小李经常会听到物联网这个词。物联网，顾名思义，就是所有物品都要连接到网络，那么就需要给每个物品分配 IP 地址，这样势必会导致 IP 地址紧缺，于是小李开始担心了……

小李：主管，随着物联网的快速发展，将来 IP 地址不够用了怎么办呢？

主管：小李，你太杞人忧天了，你应该看看 IPv6，IPv6 的地址资源非常丰富，号称可以为地球上每粒沙子分配一个地址。

小李：真的吗？

不管小李信不信，通过本项目的学习他就会相信了。

【学习目标】

1．识记：IPv6 概述及其报文格式。

2．掌握：IPv6 的配置及路由配置。

3．领会：从 IPv4 到 IPv6 的过渡技术。

9.1　任务 1：IPv6 原理及基本配置

9.1.1　预备知识

1．IPv6 概述

在项目 3 中，我们已经介绍了 IPv4，从 IPv4 到 IPv6，主要的变化如下。

1）IPv6 的地址长度为 128 位，是 IPv4 地址长度的 4 倍，这解决了 IPv4 地址空间有限的问题。此外，IPv6 新增了一个编址层次，内置了自动配置机制，简化了用户配置。

2）对于 IPv4，"选项"集成于 IPv4 报头中，而对于 IPv6，这些选项被称为扩展报头。扩展报头是可选项，如果有必要，可以插入 IPv6 的报头和实际数据之间。这样，IPv6 报文的生成变得更灵活、高效，IPv6 的转发效率也会高很多。

3）IPv6 指定了对身份认证的支持，以及对数据完整性和数据保密性的支持。

目前 IPv6 相关的标准化文档如下。

RFC 2373: IP Version 6 Addressing Architecture.

RFC 2374: An IPv6 Aggregatable Global Unicast Address Format.

RFC 2460: Internet Protocol,Version 6 (IPv6) Specification.

RFC 2461: Neighbor Discovery for IP Version 6 (IPv6).

RFC 2462: IPv6 Stateless Address Autoconfiguration.

RFC 2463: Internet Control Message Protocol (ICMPv6) for the Internet Protocol Version 6 (IPv6) Specification.

RFC 1886: DNS Extensions to Support IP Version 6.

RFC 1887: An Architecture for IPv6 Unicast Address Allocation.

RFC 1981: Path MTU Discovery for IP Version 6.

RFC 2080: RIPng for IPv6.

RFC 2473: Generic Packet Tunneling in IPv6 Specification.

RFC 2526: Reserved IPv6 Subnet Anycast Addresses.

RFC 2529: Transmission of IPv6 over IPv4 Domains Without Explicit Tunnels.

RFC 2545: Use of BGP-4 Multiprotocol Extensions for IPv6 Inter-Domain Routing.

RFC 2710: Multicast Listener Discovery (MLD) for IPv6.

RFC 2740: OSPF for IPv6.

2．IPv6 地址

（1）IPv6 地址的表示方法

IPv6 地址由 8 组 16 位字段组成，中间由冒号隔开，每个字段由 4 个十六进制数字组成。下面给出了两个 IPv6 地址的示例：

FEDC:CDB0:7674:3110:FEDC:BC78:7654:1234

2101:0000:0000:0000:0006:0600:200C:416B

IPv6 地址空间非常大，不容易书写和记忆，其地址中往往会有很多零，在 16 位字段中，可以删除前面的零进行地址压缩，但每个字段至少要有一个数字（有一种情况是例外的，后面会提到）。上面示例中的第一个地址在任何字段中前面都没有零，因此不能被压缩。上面示例中的第二个地址可以被压缩为：

2101:0:0:0:6:600:200C:416B

在此基础上可以继续压缩多个字段的零，使用双冒号（::）代替多个字段的零，如下所示：

2101::6:600:200C:416B

注意，双冒号（::）在每个 IPv6 地址中只能使用一次，因为多个双冒号会引起歧义。例如，将 IPv6 地址

2101:0000:0000:3246:0000:0000:200C:416B

压缩为

2101::3246::200C:416B

会造成无法分清每个双冒号代表多少个零的问题。

IPv6 地址前缀的表示方法和 IPv4 相同，例如，56 位地址前缀 300A.0000.0000CD 的正确表示方法是：

300A::CD00:0:0:0:0/56

或

300A:0:0:CD00::/56

（2）IPv6 的地址类型

IPv6 地址有以下三种类型。

1）单播地址：标识单台主机，目的地址为单播地址的报文被转发到单台主机。

2）组播地址：标识一组主机，目的地址为组播地址的报文被转发到组里的所有主机。

3）任意播地址：标识一组主机，目的地址为任意播地址的报文被转发到组里的最近主机。

在 IPv6 中没有广播地址，广播地址的功能被组播地址所取代。IPv6 地址的开头几位是可变长的，称为格式前缀，决定了 IPv6 地址的类型，如表 9.1 所示。

表 9.1　IPv6 地址空间

分　配	前　缀	地址空间占用率
保留	00000000	1/256
未分配	00000001	1/256
为 NSAP 分配保留	0000001	1/128
为 IPX 分配保留	0000010	1/128
未分配	0000011	1/128
未分配	00001	1/32
未分配	0001	1/16
可聚合全球单播地址	001	1/8
未分配	010	1/8
未分配	011	1/8
未分配	100	1/8
未分配	101	1/8
未分配	110	1/8
未分配	1110	1/16
未分配	11110	1/32
未分配	111110	1/64
未分配	1111110	1/128
未分配	111111100	1/512
本地链路单播地址	1111111010	1/1024
本地站点单播地址	1111111011	1/1024
组播地址	11111111	1/256

① 单播地址

在 IPv6 中，单播地址的格式反映了 3 种预定义范围。

- 本地链路范围：在单个第 2 层域内，标识所有主机。在这个范围内的单播地址称为本地链路单播地址。
- 本地站点范围：在一个管理站点或域内，标识所有主机，在这个范围内的单播地址称为本地站点单播地址。
- 全球范围：在 Internet 中标识所有主机，在这个范围内的单播地址称为可聚合全球单播地址。

下面分别介绍这些单播地址。

A. 本地链路单播地址： 当支持 IPv6 的主机上线时，每个端口默认配置一个本地链路单播地址，该地址专门用来和相同链路上的其他主机通信。本地链路定义了这些地址的范围，因此报文的源地址或目的地址是本地链路单播地址的，不应该被发送到其他链路上。本地链路单播地址通常用于邻居发现协议（Neighbor Discovery Protocol，NDP）和无状态地址自动配置中。如表 9.2 所示，本地链路单播地址由前缀 FE80::/10（1111111010）、后续 54 位 0 和端口标识组成。

表 9.2　本地链路单播地址

10 位	54 位	64 位
1111111010	全 0	端口标识

端口标识的格式可以采用修改的 EUI-64 格式，包括以下两种情况：

Ⅰ．对于所有 IEEE 802 端口类型（如以太网 FDDI 端口），端口标识的前 3 字节（24 位）取自 48 位数据链路层地址（MAC 地址）的机构唯一标识（OUI），第 4 和第 5 字节是固定的十六进制数 FFFE，最后 3 字节（24 位）取自 MAC 地址的最后 3 字节。在完成端口标识前，需要设置通用/本地位（第 1 字节的第 7 位）为 0 或 1，设置为 0 时，定义了一个本地范围，设置为 1 时，定义了一个全球范围。

Ⅱ．对于其他端口类型（如串口、ATM、帧中继等），端口标识的形成方法和 IEEE 802 端口类型相同，不过使用的是设备 MAC 地址池中的第一个 MAC 地址，因为这些端口类型没有 MAC 地址。

B. 本地站点单播地址： 本地站点单播地址由前缀 FEC0::/10（1111111011）、后续 38 位 0、子网标识和端口标识组成，它可以被分配给一个站点使用，而不占用全球单播地址。本地站点单播地址与 IPv4 的私有地址类似，只能在本地站点内使用，其格式如表 9.3 所示。

表 9.3　本地站点单播地址

10 位	38 位	16 位	64 位
1111111011	全 0	子网标识	端口标识

C. 可聚合全球单播地址： 保留用于全球范围通信的可聚合全球单播地址由高 3 位 001（2000::/3）来识别。可聚合全球单播地址使用严格的路由前缀聚合，缩小了路由表中的条目，其格式如表 9.4 所示。

表 9.4　可聚合全球单播地址

3 位	45 位	16 位	64 位
001	全球路由前缀	站点级聚合标识	端口标识

表中站点级聚合标识被单个机构用于在自己的地址空间中划分子网,其功能与 IPv4 中的子网类似,可以支持多达 65535 个子网。

还有一些特殊用途的地址需要讨论。

A．未指定的地址:未指定的地址值为 0:0:0:0:0:0:0:0,相当于 IPv4 中的 0.0.0.0。它表示暂未指定的一个合法地址。例如,它可以被一台主机用来在其发出地址配置信息请求的启动过程中作为源地址。未指定的地址也可以缩写为"::",不能将此地址静态地或动态地分配给一个端口,也不能使之作为目的地址出现。

B．回环地址:在 IPv6 中,回环地址将其前 127 位全部设置为 0,最后一位设置为 1,值为 0:0:0:0:0:0:0:1,压缩形式为::1,回环地址被每台主机用来指其自身,它类似于 IPv4 中的 127.0.0.1。

C．映射到 IPv4 的 IPv6 地址:这类地址用来将一个 IPv4 地址表示成 IPv6 格式。一个 IPv6 主机可以使用这种地址向一个只存在 IPv4 的主机发送报文。该地址的低 32 位为 IPv4 地址,如表 9.5 所示。

表 9.5　映射到 IPv4 的 IPv6 地址

80 位	16 位	32 位
全 0	FFFF	IPv4 地址

② 组播地址

组播地址是一组主机的标识符,由高位字节 FF 或二进制表示的 11111111 来标识。一台主机可以属于多个组播组,IPv6 组播地址的格式如表 9.6 所示。

表 9.6　IPv6 组播地址的格式

8 位	4 位	4 位	112 位
11111111（FF）	标志	范围	组标识

说明如下:

- 第 1 字节的 8 位为全"1",标识其为组播地址;
- 标志字段的前 3 位必须是 0（为未来的使用而保留）,标志字段的最后一位表示该地址是否被永久分配,最后一位为 0,表示这是一个被永久分配的地址;最后一位为 1,表示这是一个临时地址。
- 范围字段用于限制组播组的范围,数值对应的范围如表 9.7 所示

表 9.7　IPv6 组播组的范围

数　值	范　围	数　值	范　围
1	本地端口	8	本地机构
2	本地链路	E	全球
5	本地站点		

- 最后 112 位为组标识。RFC 2375 定义了那些被永久分配的 IPv6 组播地址的初始分配方案。有些地址只在固定范围内有效,有些地址则在所有范围都有效。表 9.8 给出了目前为固定范围分配的地址。

表 9.8　固定范围的 IPv6 组播地址

组播地址	范围	范围内的组
FF01:0:0:0:0:0:0:1	本地主机	所有主机
FF01:0:0:0:0:0:0:2	本地主机	所有路由器
FF02:0:0:0:0:0:0:1	本地链路	所有主机
FF02:0:0:0:0:0:0:2	本地链路	所有路由器
FF02:0:0:0:0:0:0:5	本地链路	OSPF
FF02:0:0:0:0:0:0:6	本地链路	OSPF 指定路由器
FF02:0:0:0:0:0:0:D	本地链路	所有 PIM 路由器
FF02:0:0:0:0:0:0:16	本地链路	所有支持 MLDv2 的路由器
FF02:0:0:0:0:0:1:2	本地链路	所有 DHCP 代理服务器
FF02:0:0:0:0:1:FFXX:XXXX	本地链路	被请求的主机
FF05:0:0:0:0:0:0:2	本地站点	所有路由器
FF05:0:0:0:0:0:1:3	本地站点	所有 DHCP 服务器

　　每台主机必须将分配给它的每个单播地址和任意播地址加入一个请求主机组播组。请求主机组播地址的格式是 FF02::1:FF00:0000/104，其低 24 位与产生它的单播地址或任意播地址相同。

　　例如，一台主机的 IPv6 地址是 4037::01:800:200E:8C6C，相应的请求主机组播地址就是 FF02::1:FF0E:8C6C。如果该主机被分配了其他的 IPv6 单播地址或任意播地址，那么每个地址都将有一个相应的请求主机组播地址，该地址常用于重复地址检测（DAD）。

　　③ 任意播地址

　　当相同的单播地址被分配给多个端口时，该地址就成了一个任意播地址。目的地址为任意播地址的报文被送到拥有该地址的最近端口。

　　在任意播地址中定义了如下的规则：

- 任意播地址不能作为 IPv6 报文的源地址；
- 任意播地址不能被分配给 IPv6 主机，只能被分配给 IPv6 路由器。

　　可以为一个公司网络内提供 Internet 访问的所有路由器都配置一个专门的任意播地址。每当一个报文被发送到该任意播地址时，它就会被发送到距离最近的提供 Internet 访问的路由器上。

　　一个必需的任意播地址是子网路由器任意播地址，发送到这个地址的报文会被发送到该子网中的一台路由器上。所有路由器和与它们有端口连接的子网都必须支持子网路由器任意播地址。

3．IPv6 报文格式

（1）IPv6 基本报头

　　在介绍 IPv6 基本报头前，先来对比一下 IPv4 和 IPv6 的报头格式，IPv6 的报头格式如图 9.1 所示。

　　IPv6 报头与 IPv4 相比有如下改变：

　　1）固定长度。IPv6 的基本报头长度固定为 40 字节，有利于快速处理。

2）报文分片仅由源主机处理。IPv4 报头中与分片相关的 3 个字段（标识、标志和分段偏移）在 IPv6 报头中被删除。

3）无校验和。IPv6 报头中删除了头部校验和。

版本（4位）	流量类型（4位）	流标签（24位）		
净荷长度（16位）			下一报头（8位）	跳数限制（8位）
源地址（128位）				
目的地址（128位）				
扩展报头信息				

图 9.1　IPv6 报头格式

IPv6 报头中部分字段的说明如下。

1）版本：IP 协议版本号，其值设置为 6。

2）流量类型：与 IPv4 报头中的服务类型相同，该字段携带使网络设备能够以不同方式分类并转发报文的信息。它是用于实现服务质量（QoS）的一个重要的服务标识符。

3）流标签：标识一个流，其目的是不需要在报文中进行深度搜索，网络设备就能够识别应该以类似方式进行处理的报文。

4）净荷长度：表示整个报文的长度。

5）下一报头：该字段扩展了 IPv4 报头中协议号的功能，指明直接跟随基本报头的信息类型，可能是一个扩展报头或高层协议。

6）跳数限制：在 IPv6 中，IPv4 中的 TTL 被重命名为跳数限制，它是在每一跳都要减1 的变量，且不具有时间维度。

（2）IPv6 扩展报头信息

在 IPv6 报头和上层协议报头之间可以有一个或多个扩展报头，也可以没有。每个扩展报头由前面报头的下一报头字段标识。扩展报头只被 IPv6 报头的目的地址字段所标识的主机检查或处理。如果目的地址是组播地址，那么扩展报头可被属于该组播组的所有主机检查或处理。扩展报头只被目的主机处理，大大提高了报文的转发效率（有一个例外情况，那就是逐跳选项报头，其必须紧接在基本 IPv6 报头之后，其承载的信息必须被报文经过路径上的每台主机检查和处理）。主机是否检查或处理扩展报头取决于前一报头中的相关信息，若在单个报文中使用多个扩展报头，则应该使用如表 9.9 所示的报头顺序。

表 9.9　报头顺序

顺　序	报　头	前一报头的 Next-Header 数值
1	IPv6 基本报头	—
1	逐跳选项报头	0
2	目的选项报头	60
3	路由选择报头	43
4	分片报头	44
5	认证报头	51
6	封装安全净荷报头	50
7	目的选项报头	60

在表 9.9 中，目的选项报头出现了两次，它在不同的位置上的意义不同。当出现在路由选择报头之前时，它将被 IPv6 目的地址字段中第一个出现的目的地址及随后在路由选择报头中列举的目的地址处理。当目的选项报头出现时没有路由选择报头或者出现在路由选择报头之后时，它只被最终目的地址处理。

路由选择报头中包括以下字段。

1）下一报头：标识路由选择报头后的报头类型。

2）报头扩展长度：标识路由选择报头的长度。

3）路由类型：标识路由选择报头的类型。

4）剩余段：标识在到达目的地址之前还需经过的主机。

5）类型相关数据：该字段取决于路由类型。该字段的长度能够保证完整的报头长度为 8 字节的倍数。

6）IPv6 地址：包含多个中间主机地址。

处理路由选择报头的第一台主机由 IPv6 报头中的目的地址指定。该主机检查路由选择报头，如果剩余段字段中还包含任何要经过的主机，剩余段字段减 1，该主机把路由选择报头内的下一跳 IPv6 地址插入 IPv6 的目的地址字段，然后报文被转发到下一跳，下一台主机再次处理路由选择报头，直到到达最终目的地址。

分片报头用于确定在通往目的地址的路径上能使用的最大报文的大小。如果沿途任何链路的 MTU 小于报文，源主机负责对报文进行分片。与 IPv4 不同，IPv6 报文不会由传输路径上的路由器分片，IPv6 报文的分片只会在发送报文的源主机中进行。源主机使用 PMTU（链路 MTU，一种动态发现 Internet 上任意一条路径的 MTU 的技术）来确定到目的主机沿途的最小 MTU。一旦源主机得知最小 MTU，它也就得知了可以发送的最大报文的大小。

认证报头的作用是为 IPv6 报文提供完整性检查和认证。在数据传输过程中，IPv6 报文中的所有不变字段被用于认证计算，IPv6 报文中的可变字段或可选项（如跳数限制）在认证计算过程中被视为零。

封装安全净荷报头提供数据的完整性和保密性保护，同时使用认证报头和封装安全净荷报头可以进行数据认证。

4. ICMPv6

（1）ICMPv6 概述

ICMPv6 是 IPv6 体系结构中不可缺少的一部分，必须在每个 IPv6 主机上完全实现。它合并了 IPv4 中不同协议下支持的功能：ICMPv4、IGMP 和 ARP，还引入了邻居发现协议，使用 ICMPv6 报文是为了确定同一链路上邻居的 MAC 地址、发现路由器、随时跟踪哪些邻居是可连接的，以及检测更改的 MAC 地址。每个 ICMPv6 报文之前都是一个 IPv6 基本报头或多个 IPv6 扩展报头，位于 ICMPv6 报头之前的那个报头的下一报头字段的值为 58。

（2）ICMPv6 报文格式

ICMPv6 报文有两种类型。

1）ICMPv6 错误报文。错误报文的 Type（类型）字段中的最高位为 0，因此 ICMPv6 错误报文类型的范围是 0~127。

2）ICMPv6 信息报文。信息报文的 Type（类型）字段中的最高位为 1，因此 ICMPv6

信息报文类型的范围是 128~255。

无论报文类型如何，所有 ICMPv6 报文共用表 9.10 所示的相同的报头格式。

表 9.10　ICMPv6 报头格式

8 位	8 位	12 位	长度不定
类型	代码	校验和	报文体

说明如下：

1）类型：标识报文的类型，它决定该报文剩余部分的格式，表 9.11 和表 9.12 分别给出了错误报文和信息报文的报文号、报文类型和代码。

表 9.11　ICMPv6 错误报文

报文号	报文类型	代　码
1	目的地址不可达	0＝没有到达目的地址的路由
		1＝与目的地址的通信被管理性禁止
		3＝地址不可达
		4＝端口不可达
2	报文过大	发送方将代码字段设为 0，接收方忽略代码字段
3	超时	0＝传输过程中的跳数超出限制
		1＝分段重组超时
4	参数问题	0＝遇到错误的报头字段
		1＝遇到不可识别的下一报头类型
		2＝遇到不可识别的 IPv6 选项

表 9.12　ICMPv6 信息报文

报文号	报文类型	说　　明
128	回声请求	均用于 Ping 命令
129	回声应答	
130	组播侦听者查询	均用于组播组管理
131	组播侦听者报告	
132	组播侦听者完成	
133	路由器请求	均用于邻居发现和自动配置
134	路由器通告	
135	邻居请求	
136	邻居通告	
137	重定向	均用于邻居发现和自动配置
138	路由器重新编号	
139	ICMP 主机信息查询	
140	ICMP 主机信息响应	

2）代码：取决于报文类型，在特定情况下它提供更多详细的信息。

3）校验和：用来检测 ICMPv6 报头和部分 IPv6 报头中的数据错误，能够检查 IPv6 报头的完整性。

4）报文体：对于不同的类型和代码，报文体包含不同的数据。对于一个错误报文，在一个报文允许的大小范围内，它包含用来帮助排除故障的尽可能多的信息。ICMPv6报文的大小不能超出 IPv6 MTU 的最小值，即 1280 字节。

（3）IPv6 邻居发现协议

当连接到相同链路时，IPv6 邻居发现协议为路由器和主机的运行提供了许多集成的关键特征。这些特征中的某些特征（如地址解析和重定向）在 IPv4 中出现过，某些特征是新的（如前缀发现和邻居不可达性检测），IPv6 邻居发现协议的特征如表 9.13 所示。

表 9.13　IPv6 邻居发现协议的特征

特　　征	说　　明
路由器发现	使主机定位所连接链路上的路由器
前缀发现	使主机学习所连接链路上所用的前缀
参数发现	使主机学习参数如链路 MTU 或跳数限制
地址自动配置	使主机自动配置一个地址
地址解析	使主机为链路上的目的地址确定数据链路层地址
确定下一跳	使主机为一个给定的目的地址确定下一跳
邻居不可达性检测	使主机能够检测一个邻居是否不可达
重复地址检测	使主机能够检测地址是否已经在使用
重定向	使路由器通知主机存在到达特定目的地址的链路上的更合适的下一跳
默认路由器和更具体的路由选择	使路由器通知多点接入主机存在更合适的默认路由器和更具体的路由
代理主机	代表其他主机接收报文

邻居发现协议定义了五种报文类型。

1）路由器请求。当主机的一个端口被激活时，主机可以发送路由器请求报文，请求路由器立刻发送路由器通告报文，而不是等到下一个周期再发送。

2）路由器通告。路由器定期或在响应路由器请求报文时发送路由器通告报文，内容包括地址前缀、最大跳数、可选链路参数等。路由器通告报文中的地址前缀包括本地链路地址前缀和自动配置地址前缀，地址前缀中的标记决定了前缀类型。主机使用收到的本地链路地址前缀来建立和维护一个列表，用于决定报文的目的地址是本地链路中的地址还是需要通过路由器转发的其他地址。

3）邻居请求。邻居请求报文是一个组播包，其组播地址是目的主机的请求主机组播地址。邻居请求报文可以用于判断网络中是否有多台主机拥有同一个 IPv6 地址。

4）邻居通告。邻居通告报文是邻居请求报文的回复，目的主机在邻居通告报文中回复其 MAC 地址，邻居通告报文是单播报文。对于通信双方，通过一对邻居请求、邻居通告报文就可以获得对方的 MAC 地址。

5）重定向。重定向报文用于让路由器告知主机到达目的地址有更好的下一跳。

（4）IPv6 地址冲突检测

对于单播地址，在将其赋予端口之前，需要进行地址冲突检测。无论地址的分配方式是无状态自动配置、有状态自动配置还是手动配置，地址冲突检测都要进行，在此过程中，被赋予端口的地址称为暂时的地址。

在发送邻居请求报文前，主机的端口需要加入所有主机的组播组，确保该主机能收到已经使用该地址的邻居的邻居通告报文。主机还需要加入请求主机组播组，确保如果另一主机开始使用同一地址，双方都能知道对方的存在。

主机发送邻居请求报文时，该报文的源地址是未分配的地址，目的地址是暂时的地址（请求主机组播地址）。任何使用同一地址的邻居在收到请求报文后都会发送一个邻居通告报文，该报文的目的地址是暂时的地址（请求主机组播地址），主机收到这个邻居通告报文后，就会认为该暂时的地址是重复地址，不会被赋予端口。

（5）IPv6 自动配置

IPv6 的自动配置功能为网络管理员节省了大量的时间，它能够确保在把主机连接到网络之前不需要进行手动配置。IPv6 既能进行无状态自动配置，也能进行有状态自动配置。IPv6 真正的优势在于主机可以在不需要任何手动配置的情况下自动配置它们自己的 IPv6 地址，一些配置可以在路由器上完成，这种配置机制不需要任何 DHCP 服务器。

为了生成它们的 IP 地址，主机要使用本地信息的组合，如它们的 MAC 地址和来自路由器的信息。路由器可以通告多个前缀，主机从这些通告中获取前缀信息，这样就可以对一个站点进行简单的重新编号。

有状态自动配置采用"即插即用"方式，即无须任何人工干预就可以将一台主机加入 IPv6 网络，并在网络中启动。IPv6 使用两种不同的机制来支持"即插即用"的网络连接：

1）引导程序协议（Bootstrap Protocol，BOOTP）；

2）动态主机配置协议（DHCP）。

这两种机制允许主机从特殊的 BOOTP 服务器或 DHCP 服务器上获取配置信息，在这两种机制下，服务器必须保持每台主机的状态信息并管理这些保存的信息。

（6）PMTU 运行机制

PMTU 使用 ICMPv6 的报文过大报文。源主机发送报文时，沿途的任意主机如果认为该报文太大，它将发送一个报文过大报文给源主机，该报文中包含自己的链路 MTU。源主机收到报文过大报文后，按照报文中的链路 MTU 缩小报文并重新发送。这个过程将一直进行下去，直到报文到达目的主机。图 9.2 描述了 PMTU 的运行机制。

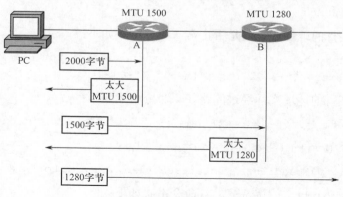

图 9.2　PMTU 的运行机制

说明如下：

1）PC 发送一个 2000 字节的报文，报文到达一个链路 MTU 为 1500 字节的路由器 A，该路由器认为报文过大，于是发送了报文过大报文给 PC，其中包含了它的链路 MTU 值：1500 字节。

2）PC 重新发送一个 1500 字节的报文，路由器 A 转发该报文，但路由器 B 的 MTU 是 1280 字节，它还是会发送报文过大报文给 PC。

3）PC 再次发送一个 1280 字节的报文，顺利到达两台路由器。

5．配置 IPv6 地址

配置 IPv6 地址的步骤如下。

1）进入三层端口配置模式，命令格式如下：

```
SWITCH(config)#interface <interface-name>
```

2）设置端口 IPv6 地址，命令格式如下：

```
SWITCH(config-if)#ipv6 enable   //启用 IPv6
SWITCH(config-if)#ipv6 address <ipv6-prefix>/<prefix-length>
//设置端口 IPv6 地址
```

3）设置端口发送 IPv6 报文的 MTU，命令格式如下：

```
SWITCH(config-if)#ipv6 mtu <bytes>
```

4）设置端口进行重复地址检测的次数，命令格式如下：

```
SWITCH(config-if)#ipv6 dad-attemps <number>
```

6．IPv6 的维护与诊断

为了方便 IPv6 的维护与诊断，路由器提供了相关查看和调试的命令。

1）显示 IPv6 端口的简要信息，命令格式如下：

```
show ipv6 interface [<interface-name>] brief
```

2）显示链路 MTU 缓存表的信息，命令格式如下：

```
show ipv6 mtu
```

3）诊断到某目的地址的链路是否正常，命令格式如下：

```
Ping  <ipv6-address> [{interface vlan <vlan interface number>} | {num
<1-65535>} | {size <64-8192>} | {timeout <1-60>}]
```

4）诊断到某目的地址实际经过的路径，命令格式如下：

```
Traceroute  <ipv6-address> [{max-ttl <1-254>} | {timeout  <1-100>}]
```

5）打开一个 IPv6 的 Telnet 连接，命令格式如下：

```
telnet  <ipv6-address> [interface vlan <vlan interface number>]
```

6）显示 ICMPv6 报文的调试信息，命令格式如下：

```
debug ipv6 icmp
```

7）显示系统接收和发送 IPv6 报文的信息，命令格式如下：

```
debug ipv6 packet [detail | interface | protocol]
```

8）设置建立、关闭 IPv6 TCP 连接相关信息的调试开关，命令格式如下：

```
debug ipv6 tcp driver
```

9）显示系统接收和发送 IPv6 TCP 报文的信息，命令格式如下：

```
debug ipv6 tcp packet
```

10）设置 IPv6 TCP 状态迁移等信息的调试开关，命令格式如下：

```
debug ipv6 tcp transactions
```

11）打开所有 IPv6 TCP 调试信息的开关，命令格式如下：

```
debug ipv6 tcp all
```

12）打开 IPv6 UDP 调试信息的开关，命令格式如下：

```
debug ipv6 udp
```

9.1.2　IPv6 的基本配置

假设路由器槽位 3 插有一个千兆以太网端口板，要在其中第二个端口上配置 IPv6 地址，具体配置如下。

```
SWITCH(config)#interface g3/2
SWITCH(config-if)#ipv6 address 2005:1234::1/64
```

或者

```
SWITCH(config)#interface g3/2
SWITCH(config-if)#ipv6 address link-local fe80::1111:2222:3333:4444
```

MTU 配置如下。

```
SWITCH(config)#interface f1/1
SWITCH(config-if)#ipv6 mtu 1400
```

使用 Ping 命令查看网络是否连通。

```
SWITCH#Ping 3ff::2
sending 64-bytes ICMP echos to 3ff::2,timeout is 1 seconds.
!!!!!
Success rate is 100 percent(5/5),round-trip min/avg/max= 0/1/9 ms
```

使用 show ipv6 route summary 和 show ipv6 route isis 命令查看路由器信息。

```
SWITCH#show ipv6 route summary
IPv6 Routing Table Summary - 13 entries
  3 connected, 1 static, 0 RIP, 0 BGP, 4 IS-IS, 5 OSPF
SWITCH#show ipv6 route isis
```

```
IPv6 Routing Table
Codes: C - connected, S - static, R - RIP, B - BGP,
    I1 - ISIS L1, I2 - ISIS L2, IA - ISIS interarea, IS - ISIS static,
    O - OSPF intra, OI - OSPF inter, E1 - OSPF ext 1, E2 - OSPF ext 2
Timers: Uptime

I1   ::/0 [115/10]
     via fe80::204, vlan11, 00:04:52
I1   2:2::/112 [115/20]
     via fe80::204, vlan11, 00:05:12
I1   2121::/64 [115/30]
     via fe80::204, vlan11, 00:05:02
I1   4444:4444:4444::/48 [115/30]
     via fe80::204, vlan11, 00:05:02
```

9.2　任务 2：RIPng 的配置

9.2.1　预备知识

　　RIP 作为一种成熟的路由协议，在 Internet 中有着广泛的应用，特别是在一些中小型网络中。基于这种现状，同时考虑到 RIP 与 IPv6 的兼容性问题，IETF 对现有技术进行改造，制定了 IPv6 下的 RIP 标准，即 RIPng（RIP next generation）。RIPng 是基于 UDP 的协议，使用端口号 521 发送和接收报文。RIPng 报文可分为两类：请求报文和更新报文。RIPng 的基本工作原理与 RIP 是一样的，但在以下方面与 RIP 有所不同。

　　1）路由地址长度。RIP 和 RIPv2 是基于 IPv4 的，使用的地址是 32 位的，而 RIPng 是基于 IPv6 的，使用的地址是 128 位的。

　　2）子网掩码和前缀长度。RIP 用于无子网的网络，因此没有子网掩码的概念，这就决定了 RIP 不能用于传播变长的子网地址或者 CIDR 的无类型地址。RIPv2 支持子网掩码以体现对子网路由的支持。IPv6 中的地址前缀有明确的含义，因此在 RIPng 中不再有子网掩码的概念，取而代之的是前缀长度，在 RIPng 中没有必要区分网络路由、子网路由和主机路由。

　　3）协议的使用范围。RIP 和 RIPv2 的使用范围不只局限于 TCP/IP 协议族，因此报文的路由表中包含网络协议族字段，但实际上很少被用于非 IP 的网络。因此 RIPng 删除了对这一功能的支持。

　　4）对下一跳的表示。在 RIP 中没有下一跳的信息，接收端路由器把报文的源地址作为到目的网络路由的下一跳。在 RIPv2 中明确包含了下一跳信息，便于选择最优路由。与 RIP 和 RIPv2 不同，为了防止路由表项（RTE）过长，同时也为了提高路由信息的传输效率，RIPng 中的下一跳字段是作为一个单独的 RTE 存在的。

　　5）报文长度。RIP 和 RIPv2 中对报文长度均有限制，规定每个报文最多只能携带 25

个 RTE。而 RIPng 对报文长度和 RTE 的数目都不做规定，报文的长度是由 MTU 决定的。RIPng 对报文长度的处理提高了路由信息的传输效率。

6）安全性。RIP 报文中不包含认证信息，因此是不安全的，任何通过 UDP 的 520 号端口发送报文的主机都会被邻居当成一台路由器，很容易造成路由器欺骗。RIPv2 设计了认证机制来增强安全性，进行路由交换的路由器之间必须通过认证才能接收彼此的路由信息。IPv6 本身就具有很好的安全性策略，因此 RIPng 中不再单独设计安全性认证报文，而是使用 IPv6 的安全性策略。

7）报文的发送方式。RIP 使用广播来发送路由信息，不仅路由器会接收到报文，同一局域网内的所有主机都会接收到报文，这样做是不必要的，也是不安全的。因此 RIPv2 和 RIPng 既可以使用广播也可以使用组播来发送报文，大大降低了网络中传播的路由信息的数量。

9.2.2 RIPng 的基本配置

1. 任务描述

如图 9.3 所示，要求完成 RIPng 的基本配置。

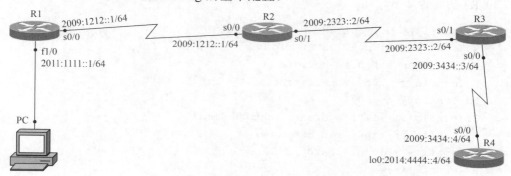

图 9.3 RIPng 的基本配置

2. 关键配置

1）R1 的配置如下。

```
R1(config)#ipv6 unicast-routing        //开启 IPv6 的路由功能
R1(config-if)#ipv6 router rip cisco
//启动 IPv6 RIPng 进程，RIP 进程名字为 cisco
R1(config-rtr)#split-horizon           //启用水平分割
R1(config-rtr)#poison-reverse          //启用毒化逆转
R1(config)#int f1/0
R1(config-if)#ipv6 address 2011:1111::1/64
R1(config-if)#ipv6 rip zte enable                    //在端口上启用 RIPng
R1(config-if)#no sh
R1(config)#int s0/0
R1(config-if)#ipv6 add 2009:1212::1/64
```

```
R1(config-if)#ipv6 rip cisco enable          //在端口上启用 RIPng
R1(config-if)#no sh
```

2）R2 的配置如下。

```
R2(config)#ipv6 unicast-routing
R2(config-if)#ipv6 router rip zte
R2(config-rtr)#split-horizon
R2(config-rtr)#poison-reverse
R2(config)#int s0/0
R2(config-if)#ipv6 address 2009:1212::2/64
R2(config-if)#ipv6 rip zte enable
R2(config-if)#clock rate 128000
R2(config-if)#no sh
R2(config)#int s0/1
R2(config-if)#ipv6 add 2009:2323::2/64
R2(config-if)#ipv6 rip zte enable
R2(config-if)#no sh
```

3）R3 的配置如下。

```
R3(config)#ipv6 unicast-routing
R3(config-if)#ipv6 router rip zte
R3(config-rtr)#split-horizon
R3(config-rtr)#poison-reverse
R3(config)#int s0/1
R3(config-if)#ipv6 address 2009:2323::3/64
R3(config-if)#ipv6 rip zte enable
R3(config-if)#clock rate 128000
R3(config-if)#no sh
R3(config)#int s0/0
R3(config-if)#ipv6 add 2009:3434::3/64
R3(config-if)#ipv6 rip zte enable
R3(config-if)#no sh
```

4）R4 的配置如下。

```
R4(config)#ipv6 unicast-routing
R4(config-if)#ipv6 router rip zte
R4(config-rtr)#split-horizon
R4(config-rtr)#poison-reverse
R4(config)#int lo0
R4(config-if)#ipv6 address 2014:4444::4/64
R4(config-if)#ipv6 rip zte enable
R4(config)#int s0/0
R4(config-if)#ipv6 add 2009:3434::4/64
R4(config-if)#ipv6 rip zte enable
```

```
R4(config-if)#ipv6 rip zte default-information originate
//向 IPv6 RIPng 区域注入一条默认路由
R4(config-if)#clock rate 128000
R4(config-if)#no sh
R4(config)#ipv6 route ::/0 null0                    //配置静态默认路由
```

3. 任务验证

1）如图 9.4 所示，在 R1、R2、R3、R4 上可以看到从相邻路由器学习到的 IPv6 RIPng 路由信息，而且可以看到 R1、R2、R3 上都有一条由 R4 注入的默认路由。

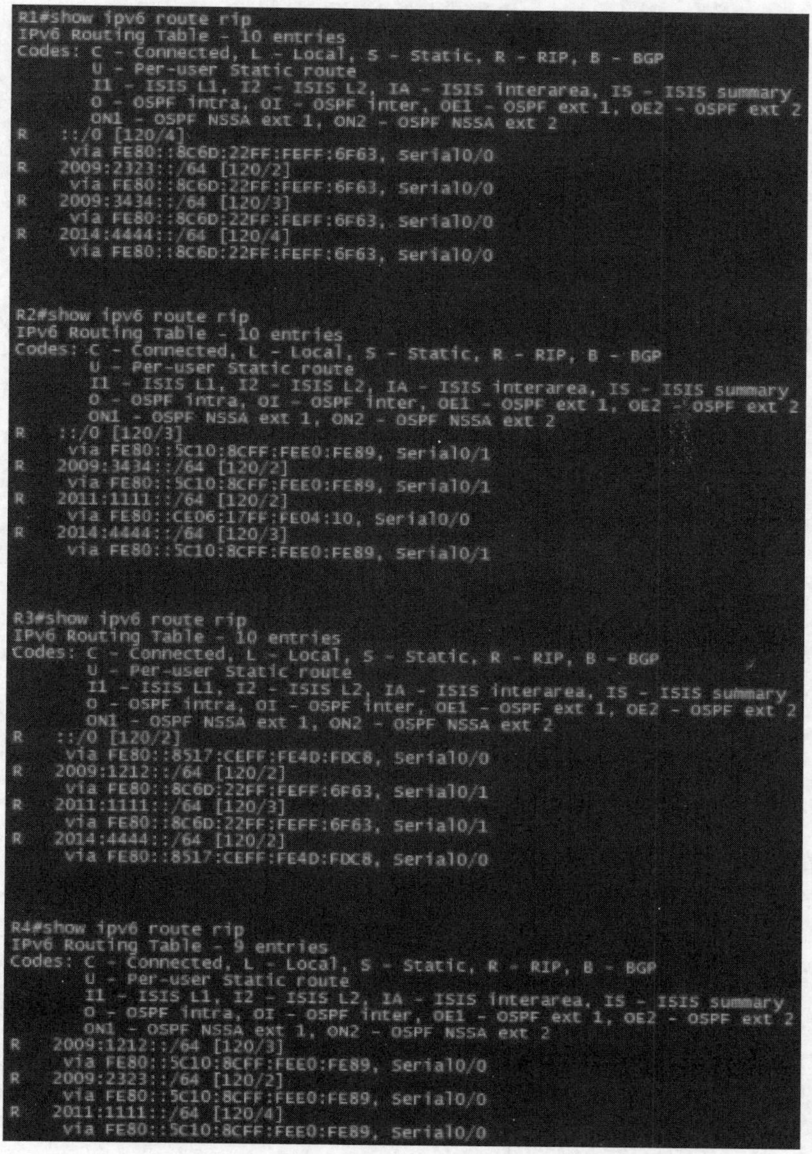

```
R1#show ipv6 route rip
IPv6 Routing Table - 10 entries
Codes: C - Connected, L - Local, S - Static, R - RIP, B - BGP
       U - Per-user Static route
       I1 - ISIS L1, I2 - ISIS L2, IA - ISIS interarea, IS - ISIS summary
       O - OSPF intra, OI - OSPF inter, OE1 - OSPF ext 1, OE2 - OSPF ext 2
       ON1 - OSPF NSSA ext 1, ON2 - OSPF NSSA ext 2
R   ::/0 [120/4]
     via FE80::8C6D:22FF:FEFF:6F63, Serial0/0
R   2009:2323::/64 [120/2]
     via FE80::8C6D:22FF:FEFF:6F63, Serial0/0
R   2009:3434::/64 [120/3]
     via FE80::8C6D:22FF:FEFF:6F63, Serial0/0
R   2014:4444::/64 [120/4]
     via FE80::8C6D:22FF:FEFF:6F63, Serial0/0

R2#show ipv6 route rip
IPv6 Routing Table - 10 entries
Codes: C - Connected, L - Local, S - Static, R - RIP, B - BGP
       U - Per-user Static route
       I1 - ISIS L1, I2 - ISIS L2, IA - ISIS interarea, IS - ISIS summary
       O - OSPF intra, OI - OSPF inter, OE1 - OSPF ext 1, OE2 - OSPF ext 2
       ON1 - OSPF NSSA ext 1, ON2 - OSPF NSSA ext 2
R   ::/0 [120/3]
     via FE80::5C10:8CFF:FEE0:FE89, Serial0/1
R   2009:3434::/64 [120/2]
     via FE80::5C10:8CFF:FEE0:FE89, Serial0/1
R   2011:1111::/64 [120/2]
     via FE80::CE06:17FF:FE04:10, Serial0/0
R   2014:4444::/64 [120/3]
     via FE80::5C10:8CFF:FEE0:FE89, Serial0/1

R3#show ipv6 route rip
IPv6 Routing Table - 10 entries
Codes: C - Connected, L - Local, S - Static, R - RIP, B - BGP
       U - Per-user Static route
       I1 - ISIS L1, I2 - ISIS L2, IA - ISIS interarea, IS - ISIS summary
       O - OSPF intra, OI - OSPF inter, OE1 - OSPF ext 1, OE2 - OSPF ext 2
       ON1 - OSPF NSSA ext 1, ON2 - OSPF NSSA ext 2
R   ::/0 [120/2]
     via FE80::8517:CEFF:FE4D:FDC8, Serial0/0
R   2009:1212::/64 [120/2]
     via FE80::8C6D:22FF:FEFF:6F63, Serial0/1
R   2011:1111::/64 [120/3]
     via FE80::8C6D:22FF:FEFF:6F63, Serial0/1
R   2014:4444::/64 [120/2]
     via FE80::8517:CEFF:FE4D:FDC8, Serial0/0

R4#show ipv6 route rip
IPv6 Routing Table - 9 entries
Codes: C - Connected, L - Local, S - Static, R - RIP, B - BGP
       U - Per-user Static route
       I1 - ISIS L1, I2 - ISIS L2, IA - ISIS interarea, IS - ISIS summary
       O - OSPF intra, OI - OSPF inter, OE1 - OSPF ext 1, OE2 - OSPF ext 2
       ON1 - OSPF NSSA ext 1, ON2 - OSPF NSSA ext 2
R   2009:1212::/64 [120/3]
     via FE80::5C10:8CFF:FEE0:FE89, Serial0/0
R   2009:2323::/64 [120/2]
     via FE80::5C10:8CFF:FEE0:FE89, Serial0/0
R   2011:1111::/64 [120/4]
     via FE80::5C10:8CFF:FEE0:FE89, Serial0/0
```

图 9.4　RIPng 路由信息验证

2）如图 9.5 所示，使用 show ipv6 rip next-hops 命令查看 RIPng 的下一跳地址。所有 IPv6 RIPng 路由条目的下一跳地址均为邻居路由器端口的 link-local 地址。

```
R1#show ipv6 rip next-hops
RIP process "zte", Next Hops
 FE80::C002:6CFF:FEEC:0/Serial0/0 [5 paths]
```

图 9.5　查看 RIPng 路由的下一跳地址

3）使用 show ipv6 protocols 命令查看 R2 的 IPv6 路由协议过程的参数和当前状态，如图 9.6 所示。

```
R2#show ipv6 protocols
IPv6 Routing Protocol is "connected"
IPv6 Routing Protocol is "static"
IPv6 Routing Protocol is "rip zte"
  Interfaces:
    Serial0/1
    Serial0/0
  Redistribution:
    None
```

图 9.6　查看 IPv6 路由协议过程的参数和当前状态

以上输出表明启动的 IPv6 RIPng 的进程为 zte，同时在 Serial0/1 和 Serial0/0 端口上启用 RIPng。

4）使用 show ipv6 rip database 命令查看 R2 的 IPv6 的数据库，如图 9.7 所示。

```
R2#show ipv6 rip database
RIP process "zte", local RIB
2009:1212::/64, metric 2
    Serial0/0/FE80::C001:6CFF:FEAC:0, expires in 169 secs
2009:2323::/64, metric 2
    Serial0/1/FE80::C003:76FF:FEE8:0, expires in 153 secs
2009:3434::/64, metric 2, installed
    Serial0/1/FE80::C003:76FF:FEE8:0, expires in 153 secs
2011:1111::/64, metric 2, installed
    Serial0/0/FE80::C001:6CFF:FEAC:0, expires in 169 secs
2014:4444::/64, metric 3, installed
    Serial0/1/FE80::C003:76FF:FEE8:0, expires in 153 secs
::/0, metric 3, installed
    Serial0/1/FE80::C003:76FF:FEE8:0, expires in 153 secs
```

图 9.7　查看 IPv6 的数据库

以上输出显示了 R2 的 RIPng 的数据库，其中 expires 表示距离路由条目过期的时间。

5）使用 show ipv6 rip 命令查看 R4 的当前 RIPng 的相关信息，如图 9.8 所示。

第 2 行：RIPng 进程名称为 zte，端口号为 UDP 的 521，组播更新地址为 FF02::9，进程号为 86。

第 3 行：管理距离为 120，默认最大等价负载均衡路径为 16 条。

第 4 行：更新周期为 30 秒，过期周期为 180 秒。

第 5 行：保持周期为 0 秒，垃圾回收周期为 120 秒。

第 6 行：水平分割与毒性逆转开启。

第 7 行：产生默认路由。

第 8 行：周期性更新 11 次，触发更新 3 次。

第 9~11 行：启用 RIPng 端口 Serial0/0、Loopback0。

第 12~13 行：没有重分布。

```
R4#show ipv6 rip
RIP process "zte", port 521, multicast-group FF02::9, pid 86
    Administrative distance is 120. Maximum paths is 16
    Updates every 30 seconds, expire after 180
    Holddown lasts 0 seconds, garbage collect after 120
    Split horizon is on; poison reverse is on
    Default routes are generated
    Periodic updates 11, trigger updates 3
Interfaces:
    Serial0/0
    Loopback0
Redistribution:
    None
```

图 9.8　查看 RIPng 的相关信息

6）在命令行窗口输入：ipconfig /all，按回车键，界面将显示计算机的网络连接情况，包括 IPv6 地址、DNS 服务器、DHCP、物理地址等信息。如图 9.9 所示，可以看到路由器 R1 为计算机分配了两个全球聚合单播地址，这两个地址都可用。

```
以太网适配器 测试用loopback网卡:

    连接特定的 DNS 后缀 . . . . . . . :
    描述. . . . . . . . . . . . . . : Microsoft KM-TEST 环回适配器
    物理地址. . . . . . . . . . . . : 02-00-4C-4F-4F-50
    DHCP 已启用 . . . . . . . . . . : 否
    自动配置已启用. . . . . . . . . : 是
    IPv6 地址 . . . . . . . . . . . : 2011:1111::3c73:d984:a2fa:6270(首选)
    临时 IPv6 地址 . . . . . . . . . : 2011:1111:f1ac:b724:c73b:c9ab(首选)
    本地链接 IPv6 地址 . . . . . . . : fe80::3c73:d984:a2fa:6270%20(首选)
    IPv4 地址 . . . . . . . . . . . : 192.1.1.2(首选)
    子网掩码 . . . . . . . . . . . . : 255.255.255.0
    默认网关. . . . . . . . . . . . : fe80::c001:6cff:feac:10%20
                                       192.1.1.100
    DHCPv6 IAID . . . . . . . . . . : 637665356
    DHCPv6 客户端 DUID . . . . . . . : 00-01-00-01-1B-CA-D0-92-AC-9E-17-01-D2-BF
    DNS 服务器 . . . . . . . . . . . : fec0:0:0:ffff::1%1
                                       fec0:0:0:ffff::2%1
                                       fec0:0:0:ffff::3%1
    TCPIP 上的 NetBIOS . . . . . . . : 已启用
```

图 9.9　查看计算机的 IPv6 地址信息

说明：由于路由器 R1 的端口默认启用了 "stateless autoconfig for addresses"（无状态自动配置）功能，所以计算机会自动获得 IPv6 地址。

7）在命令行窗口输入：Ping 2014:4444::4，按回车键，如图 9.10 所示，输出表明运行 IPv6 RIPng 的网络是连通的。

```
C:\Users\Administrator> Ping 2014:4444::4

正在 Ping 2014:4444::4 具有 32 字节的数据:
来自 2014:4444::4 的回复: 时间=33ms
来自 2014:4444::4 的回复: 时间=12ms
来自 2014:4444::4 的回复: 时间=23ms
来自 2014:4444::4 的回复: 时间=20ms

2014:4444::4 的 Ping 统计信息:
    数据包: 已发送 = 4, 已接收 = 4, 丢失 = 0 (0% 丢失),
往返行程的估计时间(以毫秒为单位):
    最短 = 12ms, 最长 = 33ms, 平均 = 22ms
```

图 9.10　Ping 测试

9.3 任务3：OSPFv3 的配置

9.3.1 预备知识

1. OSPFv3 概述

IPv6 的 OSPFv3 保留了 IPv4 的 OSPFv2 中的大部分算法，从 IPv4 到 IPv6，基本的 OSPF 机制不变，OSPFv2 的大多数概念被保留了下来，下面介绍 OSPFv3 和 OSPFv2 的主要区别。

1）OSPFv3 在每个链路而不是子网之间进行协议处理。IPv6 主机之间的通信是通过链路完成的，而不是子网。一台 IPv6 主机可以在端口上配置多个地址和前缀，即使两台主机不共享一个子网，它们在一个链路上也可以直接对话。

2）OSPFv3 删除了选址语义。IPv6 地址将不再出现于 OSPFv3 报头中，它们只被允许作为负载信息。

3）在 OSPFv3 中，每个 LSA 类型都包含一个明确的代码以确定其泛洪范围。OSPFv3 路由器即使不能识别某个 LSA 的类型，也知道如何泛洪报文。OSPFv3 有三种泛洪范围：本地链路、区域和 AS。OSPFv3 在扩展的 LSA 类型字段的前三位包含泛洪范围和未知类型处理位，通过设置未知类型处理位，路由器可以在本地链路范围内泛洪未知 LSA，或者将其当成已知 LSA 进行存储和泛洪。表 9.14 和表 9.15 给出了 OSPFv3 泛洪范围和未知类型处理位的数值。

表 9.14　OSPFv3 泛洪范围

泛洪范围数值（二进制）	范　　围
00	本地链路，仅在报文的始发链路上泛洪
01	区域，在报文的始发区域内泛洪
10	AS，在整个 AS 内泛洪
11	保留

表 9.15　OSPFv3 未知类型处理位

未知类型处理位数值	描　　述
0	在本地链路范围内泛洪未知 LSA
1	将未知 LSA 当成已知 LSA 进行存储和泛洪

4）每个链路上支持多个 OSPFv3 实例。多个 OSPFv3 实例可以在单个链路上运行，这在多个区域共享单个链路时非常有用。

5）OSPFv3 本地链路地址的使用。IPv6 路由器的每个端口都被分配了一个本地链路地址，OSPFv3 使用这些本地链路地址作为报文的源地址。本地链路地址共享相同的 IPv6 前缀（FE80::/64），因此 OSPFv3 主机之间可以很容易地通信和建立邻居关系。

6）OSPFv3 删除了认证。

7）新的 LSA 和 LSA 格式改变。在 OSPFv3 中，OSPFv2 LSA 的大部分功能被保留，但有的 LSA 字段被修改，有的 LSA 字段被重新命名。新的 LSA 被加到 OSPF v3 中，用于携带 IPv6 地址和下一跳信息。OSPFv3 LSA 将 OSPFv2 LSA 中的可选项字段从报头中移走，将其从 8 位扩展到 24 位，放在 Router-LSA、Network-LSA、Inter-Area-Router-LSA 和 Link-LSA 中。LSA 类型字段被扩展到 16 位，使用原来可选项字段的空间，剩下的报头字段保持不变。

LSA 类型字段由未知类型处理位 U、泛洪范围 S1、S2 和 LSA 功能代码组成。图 9.11 给出了 LSA 类型字段。

1bit	1bit	1bit	◄————— 13bits —————►
U	S2	S1	LSA功能代码

图 9.11　LSA 类型字段

U 定义了未知 LSA 类型字段的处理方式，见表 9.15。S2 和 S1 表示泛洪范围，见表 9.14。LSA 功能代码如表 9.16 所示。

表 9.16　LSA 功能代码

LSA 功能代码	数　值	LSA 类型
1	0x2001	Router-LSA
2	0x2002	Network-LSA
3	0x2003	Inter-Area-Prefix-LSA
4	0x2004	Inter-Area-Router-LSA
5	0x4005	AS-External-LSA
6	0x2006	Group-Membership-LSA
7	0x2007	Type-7-LSA
8	0x2008	Link-LSA
9	0x2009	Intra-Area-Prefix-LSA

可以看出，有两个 OSPFv2 LSA 已经被重新命名，另外出现两个新的 LSA：Link-LSA 和 Intra-Area-Prefix-LSA。

Router-LSA 类型的值为 0x2001，前三位是 001（二进制数），表示该 LSA 类型的 U 为 0，意味着如果该 LSA 类型对于接收路由器是未知的，它应该在本地链路范围内被泛洪；如果该 LSA 类型能够被路由器识别，它将被路由器根据 S2 和 S1 来泛洪。Router-LSA 类型的 S2、S1 的值为 0、1，说明该 LSA 应该在整个区域内被泛洪。

AS-External-LSA 类型的值为 0x4005，表示 S2、S1 的值为 1、0，LSA 应该在整个 AS 内被泛洪。

在 OSPFv3 中，OSPFv2 的类型 3 的网络汇总 LSA 被重命名为 Inter-Area-Prefix-LSA。该 LSA 用于将区域外的路由通告到区域中。

OSPFv2 的类型 4 的 ASBR 汇总 LSA 被重命名为 Inter-Area-Router-LSA。该 LSA 用于通告 ASBR 外部路由到区域中。

2. OSPFv3 配置

（1）启用 OSPFv3

启用 OSPFv3 的步骤如下。

1）启用 OSPFv3 进程，命令格式如下：

```
SWITCH(config)#ipv6 router ospf <process-id>
```

2）在 OSPFv3 路由配置模式下，配置 OSPFv3 进程的 Router ID，命令格式如下：

```
SWITCH(config-router)#router-id <router-id>
```

3）在端口配置模式下，配置端口到 OSPFv3 中，命令格式如下：

```
SWITCH(config-if)#ipv6 ospf <process-id> area <area-id> [instance-id
<0-255>]
```

（2）配置 OSPFv3 端口属性

配置 OSPFv3 端口属性过程中的常用命令如下。

1）指定端口上 Hello 报文的时间间隔，命令格式如下：

```
SWITCH(config-if)#ipv6 ospf hello-interval <interval> [instance-id
<0-255>]
```

2）指定端口重传 LSA 的时间间隔，命令格式如下：

```
SWITCH(config-if)#ipv6 ospf retransmit-interval <interval> [instance-id
<0-255>]
```

3）指定端口传输一个链路状态更新报文的迟延，命令格式如下：

```
SWITCH(config-if)#ipv6 ospf transmit-delay <interval> [instance-id
<0-255>]
```

4）指定端口上邻居的老化时间，命令格式如下：

```
SWITCH(config-if)#ipv6 ospf dead-interval <interval> [instance-id
<0-255>]
```

5）设置端口的花销值，命令格式如下：

```
SWITCH(config-if)#ipv6 ospf cost <cost-value> [instance-id <0-255>]
```

6）设置端口的优先级，命令格式如下：

```
SWITCH(config-if)#ipv6 ospf priority <value> [instance-id <0-255>]
```

（3）配置 OSPFv3 协议属性

配置 OSPFv3 协议属性过程中的常用命令如下。

1）配置区域的默认度量值，命令格式如下：

```
SWITCH(config-router)#area <area-id> default-cost <cost-value>
```

2）配置区域的聚合地址范围，命令格式如下：

```
SWITCH(config-router)#area     <area-id>     range     {X:X::X:X/<0-128>}
[advertise|not-advertise]
```

3）定义一个区域为 stub 区域（末梢区域），命令格式如下：

```
SWITCH(config-router)#area <area-id> stub [no-summary]
```

4）定义 OSPF 虚拟链路，命令格式如下：

```
SWITCH(config-router)#area     <area-id>     virtual-link     <router-id>
[hello-interval <seconds>] [retransmit-interval <seconds>] [transmit-delay
<seconds>] [dead-interval <seconds>]
```

5）设置 OSPFv3 的默认度量值，该值分配给重分布路由，命令格式如下：

```
SWITCH(config-router)#default-metric <metric-value>
```

6）禁止启用 OSPFv3 的端口发送 OSPFv3 报文，命令格式如下：

```
SWITCH(config-router)#passive-interface <ifname>
```

7）将其他协议的路由重分布到 OSPFv3 中，命令格式如下：

```
SWITCH(config-router)#redistribute <protocol> [metric <metric-value>]
[metric-type <type>] [route-map <name>]
```

8）设置 OSPFv3 计算路由的时间间隔，命令格式如下：

```
SWITCH(config-router)#timers spf <delay> <holdtime>
```

参数<delay>设置从收到路由更新报文到重新计算路由的时间间隔；参数<holdtime>设置前后两次路由计算之间的时间间隔。

3．OSPFv3 的维护与诊断

OSPFv3 的维护与诊断过程中的常用命令如下。

1）显示 OSPFv3 的实例信息，命令格式如下：

```
show ipv6 ospf <tag>
```

2）显示 OSPFv3 实例的数据库信息，命令格式如下：

```
show ipv6 ospf database
```

3）显示 OSPFv3 实例的端口信息，命令格式如下：

```
show ipv6 ospf interface [<ifname>]
```

4）显示 OSPFv3 实例的邻居信息，命令格式如下：

```
show ipv6 ospf neighbor
```

5）显示 OSPFv3 实例计算出的路由信息，命令格式如下：

```
show ipv6 route ospf
```

6）显示 OSPFv3 实例的虚拟链路信息，命令格式如下：

```
show ipv6 ospf virtual-links
```

对 OSPFv3 进行调试可使用 debug 命令，跟踪相关信息。

1）对 OSPFv3 运行的邻居情况进行跟踪，命令格式如下：

```
debug ipv6 ospf adj
```

2）对 OSPFv3 运行的 LSA 情况进行跟踪，命令格式如下：

```
debug ipv6 ospf lsa-generation
```

3）对 OSPFv3 运行的报文收发情况进行跟踪，命令格式如下：

```
debug ipv6 ospf packet
```

9.3.2　OSPFv3 的基本配置

1．任务描述

如图 9.12 所示，分别在路由器 R1、R2、R3 上配置三个环回端口，分别配置三个全球单播范围内的 IPv6 地址，模拟三个不同的 IPv6 前缀（类似于 IPv4 的子网），然后在三台路由器上启用 OSPFv3，最后观察 IPv6 的路由学习结果，查看 OSPFv3 的邻居关系。

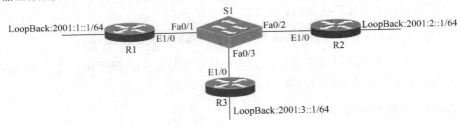

图 9.12　OSPFv3 的基本配置

2．任务分析

进行 OSPFv3 的基本配置，步骤如下：

1）划分区域，启用 OSPFv3 进程；

2）进入端口，配置 OSPFv3 协议属性；

3）验证网络的连通性。

3．关键配置

步骤 1　完成路由器 R1、R2、R3 的 IPv6 基础配置，包括启用 IPv6、配置 IPv6 端口地址、激活端口等，具体配置如下。

1）R1 的配置如下。

```
R1(config)#ipv6 unicast-routing   //启用 IPv6 路由功能
R1(config)#interface e1/0          //进入 e1/0 端口模式
```

```
R1(config-if)#ipv6 enable        //在端口下启用 IPv6，将自动生成本地链路地址
R1(config-if)#no shutdown        //激活该端口
R1(config-if)#exit
R1(config)#interface loopback1
R1(config-if)#ipv6 address 2001:1::1/64
```

2）R2 的配置如下。

```
R2(config)#ipv6 unicast-routing
R2(config)#interface e1/0
R2(config-if)#ipv6 enable
R2(config-if)#no shutdown
R2(config-if)#exit
R2(config)#interface loopback1
R2(config-if)#ipv6 address 2001:2::1/64
```

3）R3 的配置如下。

```
R3(config)#ipv6 unicast-routing
R3(config)#interface e1/0
R3(config-if)#ipv6 enable
R3(config-if)#no shutdown
R3(config-if)#exit
R3(config)#interface loopback1
R3(config-if)#ipv6 address 2001:3::1/64
```

步骤 2　在完成基础配置的基础上，在各台路由器上启用 OSPFv3，具体配置如下。

1）R1 的配置如下。

```
R1(config)#ipv6 router ospf 1          //启用 OSPFv3 的路由进程 1
R1(config-rtr)#router-id 1.1.1.1       //为 OSPFv3 配置 Router ID（RID）
R1(config-rtr)#exit                    //退出 OSPFv3 的路由配置模式
R1(config)#interface e1/0              //进入 e1/0 端口
R1(config-if)#ipv6 ospf 1 area 0       //使该端口加入 OSPFv3 进程 1 并声明区域为 0
R1(config-if)#exit
R1(config)#interface loopback1
R1(config-if)#ipv6 ospf 1 area0
R1(config-if)#exit
```

2）R2 的配置如下。

```
R2(config)#ipv6 router ospf 1
R2(config-rtr)#router
R2(config-rtr)#router-id2.2.2.2
R2(config)#interface e1/0
R2(config-if)#ipv6 ospf 1 area0
R2(config-if)#exit
```

```
R2(config)#interface loopback1
R2(config-if)#ipv6 ospf 1 area0
R2(config-if)#exit
```

3）R3 的配置如下。

```
R3(config)#ipv6 router ospf 1
R3(config-rtr)#router-id 3.3.3.3
R3(config-rtr)#exit
R3(config)#interface e1/0
R3(config-if)#ipv6 ospf 1 area0
R3(config-if)#exit
R3(config)#interface loopback1
R3(config-if)#ipv6 ospf 1 area0
R3(config-if)#exit
```

4．结果验证

可以使用 show ipv6 ospf neighbor 命令查看 OSPFv3 的邻居关系，如图 9.13 所示，可知路由器 R3 是 DR（指定路由器），R2 是 BDR（非指定路由器）。

```
R1#show ipv6 ospf neighbor

Neighbor ID    Pri   State        Dead Time    Interface ID    Interface
2.2.2.2        1     FULL/BDR     00:00:36     4               Ethernet1/0
3.3.3.3        1     FULL/DR      00:00:31     4               Ethernet1/0
```

图 9.13　查看 OSPFv3 的邻居关系

可以使用 show ipv6 route 命令查看路由器 R1 的 IPv6 路由表，如图 9.14 所示，可知 R1 成功学习到了路由器 R2 和 R3 通告的 OSPFv3 路由信息，其中"O"表示通过 OSPFv3 学习到的路由信息。

```
R1#show ipv6 route
IPv6 Routing Table - default - 5 entries
Codes: C - Connected, L - Local, S - Static, U - Per-user Static route
       B - BGP, HA - Home Agent, MR - Mobile Router, R - RIP
       I1 - ISIS L1, I2 - ISIS L2, IA - ISIS interarea, IS - ISIS summary
       D - EIGRP, EX - EIGRP external, ND - Neighbor Discovery
       O - OSPF Intra, OI - OSPF Inter, OE1 - OSPF ext 1, OE2 - OSPF ext 2
       ON1 - OSPF NSSA ext 1, ON2 - OSPF NSSA ext 2
C   2001:1::/64 [0/0]
       via Loopback1, directly connected
L   2001:1::1/128 [0/0]
       via Loopback1, receive
O   2001:2::1/128 [110/10]
       via FE80::C801:7FF:FE44:1C, Ethernet1/0        成功地学到IPv6环境
O   2001:3::1/128 [110/10]                            中的OSPFv3路由
       via FE80::C802:23FF:FEBC:1C, Ethernet1/0
L   FF00::/8 [0/0]
       via Null0, receive
```

图 9.14　查看 IPv6 路由表

最后在路由器 R1 上通过 Ping 命令检测其与路由器 R2 和 R3 上相关 IPv6 前缀的连通性，如图 9.15 所示。

```
R1#ping 2001:2::1

Type escape sequence to abort.
Sending 5, 100-byte ICMP Echos to 2001:2::1, timeout is 2 seconds:
!!!!!
Success rate is 100 percent (5/5), round-trip min/avg/max = 12/26/56 ms
R1#ping 2001:3::1

Type escape sequence to abort.
Sending 5, 100-byte ICMP Echos to 2001:3::1, timeout is 2 seconds:
!!!!!
Success rate is 100 percent (5/5), round-trip min/avg/max = 8/29/60 ms
```

图 9.15   检测连通性

9.4   任务 4：6in4 手工隧道

9.4.1   任务描述

6in4 是一种 IPv6 转换传输机制，是指将 IPv6 报文直接封装在 IPv4 报文中，通过一条明确配置的隧道进行传输的机制，相应的定义在 RFC 4213 文档中。

如图 9.16 所示，在 R1 和 R2 上配置路由协议 RIPng；在 R1 和 R2 之间配置 6in4 隧道；在 R1 和 R2 连接 PC 的端口上配置前缀通告；在 PC1、PC2 上配置 IPv6 协议；测试 PC1、PC2 的连通性。

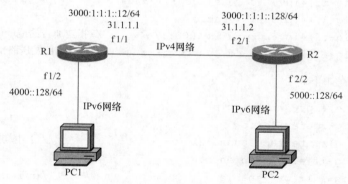

图 9.16   配置 6in4 手工隧道

9.4.2   任务分析

完成本任务的步骤如下。

1）在 R1 和 R2 上配置 RIPng、6in4 隧道、前缀通告。

2）在 PC1、PC2 上配置 IPv6 协议，根据 IPv6 邻居发现协议自动发现链路上的路由器并配置 IPv6 地址。

3）测试 PC1、PC2 的连通性。

9.4.3 关键配置

步骤 1　在 R1 和 R2 上配置 RIPng、6in4 隧道、前缀通告。

1）R1 的配置如下。

```
R1(config)#ipv6 router rip
R1(config-router)#exit
R1(config)#interface tunnel11                        //启用隧道端口
R1(config-if)#ipv6 rip enable
R1(config-if)#ipv6 enable                            //在端口上启用 IPv6 协议
R1(config-if)#ipv6 address 3000:1:1:1::12/64         //在端口上配置 IPv6 地址
R1(config-if)#tunnel mode ipv6ip                     //配置隧道的模式为 6in4
R1(config-if)#tunnel source ipv4 31.1.1.1            //配置隧道源地址
R1(config-if)#tunnel destination ipv4 31.1.1.2       //配置隧道目的地址
R1(config-if)#exit
R1(config)#int f1/1
R1(config-if)#ip address 31.1.1.1 255.255.255.0
R1(config-if)#exit
R1(config)#int f1/2
R1(config-if)#ipv6 enable                            //在端口上启用 IPv6 协议
R1(config-if)#ipv6 address 4000::128/64              //在端口上配置 IPv6 地址
R1(config-if)#ipv6 rip enable
R1(config-if)#ipv6 nd prefix 4000::/64               //指定通告的地址前缀为 4000::/64
R1(config-if)#no ipv6 nd suppress-ra                 //允许端口发送路由器通告报文
```

2）R2 的配置如下。

```
R2(config)#ipv6 router rip
R2(config-router)#exit
R2(config)#interface tunnel22                        //启用隧道端口
R2(config-if)#ipv6 rip enable
R2(config-if)#ipv6 enable                            //在端口上启用 IPv6 协议
R2(config-if)#ipv6 address 3000:1:1:1::128/64        //在端口上配置 IPv6 地址
R2(config-if)#tunnel mode ipv6ip                     //配置隧道的模式为 6in4
R2(config-if)#tunnel source ipv4 31.1.1.2            //配置隧道源地址
R2(config-if)#tunnel destination ipv4 31.1.1.1       //配置隧道目的地址
R2(config-if)#exit
R2(config)#interface f2/1
R2(config-if)#ip address 31.1.1.2 255.255.255.0
R2(config-if)#exit
R2(config)#interface f2/2
R2(config-if)#ipv6 enable                            //在端口上启用 IPv6 协议
R2(config-if)#ipv6 address 5000::128/64              //在端口上配置 IPv6 地址
R2(config-if)#ipv6 rip enable
```

```
R2(config-if)#ipv6 nd prefix 5000::/64      //指定通告的地址前缀为 5000::/64
R2(config-if)#no ipv6 nd suppress-ra        //允许端口发送路由器通告报文
```

步骤2　在 PC1、PC2 上配置 IPv6 协议，根据 IPv6 邻居发现协议自动发现链路上的路由器并配置 IPv6 地址。下面以 PC1 为例，说明 IPv6 邻居发现协议的配置过程。

1）进入 PC1 命令行窗口，输入如下命令配置 IPv6 协议。

```
C:\>ipv6 install
Installing...
Succeeded.
```

2）配置成功后，检查网卡是否已经获得 IPv6 地址。

```
C:\>ipconfig
Windows IP Configuration
Ethernet adapter 本地连接:
        Connection-specific DNS Suffix:
        Autoconfiguration IP Address: 169.254.0.149
        Subnet Mask          : 255.255.0.0
        IP Address           : 4000::6ce0:a6c7:b425:73b0
        IP Address           : 4000::222:15ff:fe9b:fe65
        IP Address           : fe80::222:15ff:fe9b:fe65%5
        Default Gateway      : fe80::21e:73ff:fe9b:4c2d%5
```

其中，地址后面的"%5"指的是第 5 个 IPv6 端口，通过 ipv6 if 命令可以查看 PC1 上有哪些 IPv6 端口。

当 PC1 收到 R1 对外定期发布的 IPv6 地址前缀 4000::/64 时，无须任何命令，就会自动生成以 4000::/64 为前缀的全球单播地址。

通过上面的信息可以看出，PC1 获得的本地链路地址为 fe80::222:15ff:fe9b:fe65；IPv6 全球单播地址为 4000::6ce0:a6c7:b425:73b0 和 4000::222:15ff:fe9b:fe65；默认网关为 R1 的端口 f1/2 的本地链路地址 fe80::21e:73ff:fe9b:4c2d。

PC1 为什么会有两个 IPv6 全球单播地址？

获得网络地址前缀后，PC1 的操作系统会生成两个全球单播地址，其中一个地址的端口 ID 是根据端口的 MAC 地址自动生成的，另一个地址的端口 ID 为随机生成的，通信时可以选用随机生成的全球单播地址，以确保根据 MAC 地址自动生成的端口 ID 不会被泄露。

9.4.4　任务验证

测试 PC1、PC2 的连通性，步骤如下。

1）在 PC2 上查看 IPv6 地址。

```
C:\>ipconfig
Windows IP Configuration
Ethernet adapter 本地连接:
```

```
Connection-specific DNS Suffix  . :
Autoconfiguration IP Address   : 169.254.189.250
Subnet Mask               : 255.255.0.0
IP Address                : 5000::dc7b:e01e:28df:e1fa
IP Address                : 5000::21f:c6ff:fe74:15a8
IP Address                : fe80::21f:c6ff:fe74:15a8%5
Default Gateway           : fe80::21e:73ff:fe9b:523d%5
```

2）在 PC1 上 Ping PC2 的两个全球单播地址。

```
C:\>Ping 5000::dc7b:e01e:28df:e1fa
Pinging 5000::dc7b:e01e:28df:e1fa with 32 bytes of data:
Reply from 5000::dc7b:e01e:28df:e1fa: time<1ms
Reply from 5000::dc7b:e01e:28df:e1fa: time<1ms
Reply from 5000::dc7b:e01e:28df:e1fa: time<1ms
Reply from 5000::dc7b:e01e:28df:e1fa: time<1ms
Ping statistics for 5000::dc7b:e01e:28df:e1fa:
    Packets: Sent = 4, Received = 4, Lost = 0 (0% loss),
Approximate round trip times in milli-seconds:
    Minimum = 0ms, Maximum = 0ms, Average = 0ms

C:\>Ping 5000::21f:c6ff:fe74:15a8
Pinging 5000::21f:c6ff:fe74:15a8 with 32 bytes of data:
Reply from 5000::21f:c6ff:fe74:15a8: time=1ms
Reply from 5000::21f:c6ff:fe74:15a8: time<1ms
Reply from 5000::21f:c6ff:fe74:15a8: time<1ms
Reply from 5000::21f:c6ff:fe74:15a8: time<1ms
Ping statistics for 5000::21f:c6ff:fe74:15a8:
    Packets: Sent = 4, Received = 4, Lost = 0 (0% loss),
Approximate round trip times in milli-seconds:
    Minimum = 0ms, Maximum = 1ms, Average = 0ms
```

通过上面的信息可以看出，PC1 可以 Ping 通 PC2；同样，PC2 也可以 Ping 通 PC1。

9.5 任务 5：6to4 自动隧道配置

9.5.1 任务描述

6to4 是一种 IPv6 转换传输机制，是指将 IPv6 报文直接封装在 IPv4 报文中，并通过内嵌于 IPv6 地址的 IPv4 地址信息，实现无须显式配置隧道就能直接在 IPv4 网络上传输 IPv6 报文的机制。

如图 9.17 所示，在 R1 和 R2 上配置路由协议 RIPng；在 R1 和 R2 之间配置 6to4 隧道；在 R1 和 R2 连接 PC 的端口上配置前缀通告；在 PC1、PC2 上配置 IPv6 协议；测试 PC1、PC2 的连通性。

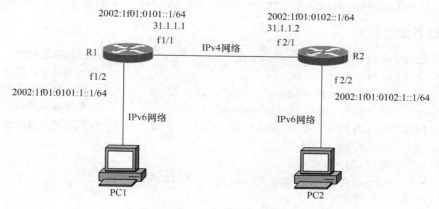

图 9.17　配置 6to4 自动隧道

9.5.2　任务分析

完成本任务的步骤如下。

1）在 R1 和 R2 上配置静态路由、6to4 隧道、前缀通告；

2）在 PC1 和 PC2 上配置 IPv6 协议，根据 IPv6 邻居发现协议自动发现链路上的路由器并配置 IPv6 地址。

3）测试 PC1、PC2 的连通性。

9.5.3　关键配置

步骤 1　在 R1 和 R2 上配置静态路由、6to4 隧道、前缀通告。

1）R1 的配置如下。

```
R1(config)#interface tunnel11                        //启用隧道端口
R1(config-if)#ipv6 enable                            //在端口上启用 IPv6 协议
R1(config-if)#ipv6 address 2002:1f01:0101::1/64      //在端口上配置 IPv6 地址
R1(config-if)#tunnel mode ipv6ip 6to4                //配置隧道的模式为 6to4
R1(config-if)#tunnel source ipv4 31.1.1.1            //配置隧道源地址
R1(config-if)#exit
R1(config)#int f1/1
R1(config-if)#ip address 31.1.1.1 255.255.255.0
R1(config-if)#exit
R1(config)#int f1/2
R1(config-if)#ipv6 enable                            //在端口上启用 IPv6 协议
R1(config-if)#ipv6 address 2002:1f01:0101:1::1/64    //在端口上配置 IPv6 地址
R1(config-if)#ipv6 nd prefix 2002:1f01:0101:1::/64
```

```
//指定通告的地址前缀为 2002:1f01:0101:1::/64
R1(config-if)#no ipv6 nd suppress-ra          //允许端口发送路由器通告报文
R1(config-if)#exit
R1(config)#ipv6 route 2002:1f01:0102:1::/64 tunnel11
```

2）R2 的配置如下。

```
R2(config)#interface tunnel22                         //启用隧道端口
R2(config-if)#ipv6 enable                             //在端口上启用 IPv6 协议
R2(config-if)#ipv6 address 2002:1f01:0102::1/64 //在端口上配置 IPv6 地址
R2(config-if)#tunnel mode ipv6ip 6to4             //配置隧道的模式为 6to4
R2(config-if)#tunnel source ipv4 31.1.1.2         //配置隧道源地址
R2(config-if)#exit
R2(config)#interface f2/1
R2(config-if)#ip address 31.1.1.2 255.255.255.0
R2(config-if)#exit
R2(config)#interface f2/2
R2(config-if)#ipv6 enable                             //在端口上启用 IPv6 协议
R2(config-if)#ipv6 address 2002:1f01:0102:1::1/64 //在端口上配置 IPv6 地址
R2(config-if)#ipv6 nd prefix 2002:1f01:0102:1::/64
//指定通告的地址前缀为 2002:1f01:0102:1::/64
R2(config-if)#no ipv6 nd suppress-ra              //允许端口发送路由器通告报文
R2(config-if)#exit
R2(config)#ipv6 route 2002:1f01:0101:1::/64 tunnel22
```

步骤 2　在 PC1、PC2 上配置 IPv6 协议，根据 IPv6 邻居发现协议自动发现链路上的路由器并配置 IPv6 地址。下面以 PC1 为例，说明 IPv6 邻居发现协议的配置过程。

1）进入 PC1 命令行窗口，输入如下命令配置 IPv6 协议。

```
C:\> ipv6 install
Installing...
Succeeded.
```

2）配置成功后，检查网卡是否已经获得 IPv6 地址。

```
C:\> ipconfig
Windows IP Configuration
Ethernet adapter 本地连接:
        Connection-specific DNS Suffix  :
        Autoconfiguration IP Address    : 169.254.0.149
        Subnet Mask           : 255.255.0.0
        IP Address            : 2002:1f01:101:1:567:5bfd:98e7:7b2d
        IP Address            : 2002:1f01:101:1:222:15ff:fe9b:fe65
        IP Address            : fe80::222:15ff:fe9b:fe65%5
        Default Gateway       : fe80::21e:73ff:fe9b:4c2d%5
```

9.5.4 任务验证

测试 PC1、PC2 的连通性。

1）在 PC2 上查看 IPv6 地址。

```
C:\> ipconfig
Windows IP Configuration
Ethernet adapter 本地连接:
        Connection-specific DNS Suffix     :
        Autoconfiguration IP Address       : 169.254.189.250
        Subnet Mask            : 255.255.0.0
        IP Address             : 2002:1f01:102:1:ad3f:7e8a: bd36:815c
        IP Address             : 2002:1f01:102:1:21f:c6ff:fe74: 15a8
        IP Address             : fe80::21f:c6ff:fe74:15a8%5
        Default Gateway        : fe80::21e:73ff:fe9b:523d%5
```

2）在 PC1 上 Ping PC2 的一个全球单播地址。

```
C:\>Ping 2002:1f01:102:1:21f:c6ff:fe74:15a8
Pinging 2002:1f01:102:1:21f:c6ff:fe74:15a8 with 32 bytes of data:
Reply from 2002:1f01:102:1:21f:c6ff:fe74:15a8: time=1ms
Reply from 2002:1f01:102:1:21f:c6ff:fe74:15a8: time<1ms
Reply from 2002:1f01:102:1:21f:c6ff:fe74:15a8: time<1ms
Reply from 2002:1f01:102:1:21f:c6ff:fe74:15a8: time<1ms
Ping statistics for 2002:1f01:102:1:21f:c6ff:fe74:15a8:
    Packets: Sent = 4, Received = 4, Lost = 0 (0% loss),
Approximate round trip times in milli-seconds:
    Minimum = 0ms, Maximum = 1ms, Average = 0ms
```

通过上面的信息可以看出，PC1 可以 Ping 通 PC2；同样，PC2 也可以 Ping 通 PC1。

思考与练习

1. IPv6 地址 2101:0000:0000:0000:0006:0600:200C:416B 最简单的写法是什么？
2. IPv6 有哪三种地址类型？
3. IPv6 基本报头中的下一报头字段的作用是什么？
4. ICMPv6 有哪两种类型？
5. 如何配置 OSPFv3 进程的 Router ID？
6. 在 IPv6 中，未指定地址为（   ）。
A. ::
B. ::127.0.0.1
C. FFFF:FFFF:FFFF:FFFF:FFFF:FFFF:FFFF:FFFF

D. ::1

7. IPv6 基本报头长度固定为（　　）字节。

A. 40　　　　　　　B. 20　　　　　　C. 60　　　　　　D. 30

8. 在 IPv6 EUI-64 地址中端口 ID 的长度为（　　）。

A. 48 位　　　　　　B. 64 位　　　　　C. 96 位　　　　　D. 128 位

9. ICMP 用于 IPv6 中的版本是（　　）。

A. ICMPv6　　　　　B. ICMPv2　　　　C. ICMPv3　　　　D. ICMPv1

10. 下面哪一个不是 IPv6 的特性?（　　）

A. 巨大的地址空间　　　　　　　　　B. 支持 IP 地址自动分配

C. 支持 QOS 自动分配　　　　　　　D. 简化、高效的报文结构

11. 下面哪一个是有效的 IPv6 地址?（　　）

A. 2001:1:0:4F3A:206:AE14　　　　　B. 2001:1:0:4F3A:0:206:AE14

C. 2001:1:0:4F3A::206:AE14　　　　　D. 2001:1::4F3A::206:AE14

12. 下面哪一个不是有效的 IPv6 地址?（　　）

A. FEDC:BA98:7654:4210:FEDC:BA98:7654:3210

B. 2001:0:0:0:8:800:201C:417A

C. BACD::8139:800:201C:417A

D. FEC1::0::0:8:800:201C:417A

13. 在 IPv6 中，回环地址是（　　）。

A. ::

B. ::127.0.0.1

C. FFFF:FFFF:FFFF:FFFF:FFFF:FFFF:FFFF:FFFF

D. ::1

14. 下面哪些是嵌入 IPv4 地址的 IPv6 地址?（　　）

A. ::202.201.32.29　　　　　　　　　B. ::FFFF.202.201.32.30

C. FFFF::202.201.32.30　　　　　　　D. FEFE::202.201.32.30

 实践活动：调研 IPv6 的运行现状

1. 实践目的

1）熟悉国内 IPv6 的部署情况。

2）了解 IPv6 的发展趋势。

2. 实践要求

通过收集网络数据等方式调研 IPv6 的运行现状。

3. 实践内容

1）调研中国科研机构和高校在 IPv6 方面的研究与应用。

2）调研其他国家在 IPv6 方面的研究和应用。

3）讨论 IPv6 在发展过程中面临的主要问题和对策。

参 考 文 献

[1]   谢希仁. 计算机网络（第 7 版）[M]. 北京：电子工业出版社. 2017.
[2]   梁昆淼. 计算机网络技术（第 2 版）[M]. 北京：高等教育出版社. 2010.
[3]   滕桂法. 计算机网络[M]. 北京：中国农业出版社. 2011.
[4]   许童羽. 计算机网络[M]. 北京：中国农业出版社. 2018.
[5]   张彬，段国云. 计算机网络[M]. 北京：中国铁道出版社. 2017.
[6]   王翔，宋剑杰，等. 计算机网络技术基础[M]. 长春：吉林出版社. 2016.
[7]   朱乃立，杨尚森. 计算机网络实用技术（第 2 版）[M]. 北京：高等教育出版社. 2003.
[8]   杨龙麟. 计算机网络通信技术[M]. 重庆：重庆大学出版社. 2015.
[9]   姚重华. 计算机网络原理、技术及应用[M]. 北京：高等教育出版社. 2010.
[10]   王相林. 计算机网络——原理、技术与应用（第 2 版）[M]. 北京：机械工业出版社. 2016.
[11]   何小东. 计算机网络原理与应用（第二版）[M]. 北京：中国水利水电出版社. 2018.
[12]   吴功宜. 计算机网络教程（第 6 版）[M]. 北京：电子工业出版社. 2018.
[13]   陈培里，等. 计算机网络（第 2 版）[M]. 北京：高等教育出版社. 2009.
[14]   冯博琴，陈文革. 计算机网络（第 3 版）[M]. 北京：高等教育出版社. 2016.
[15]   聂庆华. 计算机网络：原理与实践[M]. 北京：高等教育出版社. 2010.
[16]   张雪平. 计算机网络：原理与实践[M]. 北京：高等教育出版社. 2014.
[17]   詹姆斯·F. 库罗斯，基思·W. 罗斯. 计算机网络：自顶向下方法（第 7 版）[M]. 北京：机械工业出版社.
       2018.
[18]   何莉，许林英. 计算机网络概论（第 3 版）[M]. 北京：高等教育出版社. 2008.
[19]   黎连业，王萍. 计算机网络工程[M]. 北京：清华大学出版社. 2017.
[20]   倪绍祥，等. 计算机网络基础[M]. 北京：高等教育出版社. 2009.
[21]   段标. 计算机网络基础（第 5 版）[M]. 北京：电子工业出版社. 2018.
[22]   蔡京玫，宋文官. 计算机网络基础（第二版）[M]. 北京：中国铁道出版社. 2018.
[23]   杨法东. 计算机网络基础[M]. 北京：机械工业出版社. 2017.
[24]   蒋建峰，张娴，张运嵩. 计算机网络基础项目教程[M]. 北京：高等教育出版社. 2019.
[25]   刘勇. 计算机网络基础与实践[M]. 北京：机械工业出版社. 2016.
[26]   别文群，李山伟. 计算机网络技术[M]. 北京：高等教育出版社. 2012.
[27]   曾兰玲. 计算机网络技术[M]. 北京：机械工业出版社. 2013.
[28]   施晓秋. 计算机网络技术（第 3 版）[M]. 北京：高等教育出版社. 2018.
[29]   宋贤钧，张贵强. 计算机网络技术[M]. 北京：高等教育出版社. 2014.
[30]   王苒. 计算机网络技术基础项目化教程[M]. 北京：电子工业出版社. 2019.
[31]   方洁编. 计算机网络技术及应用[M]. 北京：机械工业出版社. 2017.
[32]   陈志刚. 计算机网络技术及应用[M]. 北京：高等教育出版社. 2005.
[33]   束梅玲. 计算机网络技术及应用（一体化教材）[M]. 北京：高等教育出版社. 2017.
[34]   李畅，吴洪贵，裴勇. 计算机网络技术实用教程（第 4 版）[M]. 北京：高等教育出版社. 2017.
[35]   蒋翠清. 计算机网络技术与应用[M]. 北京：机械工业出版社. 2015.
[36]   魏权利. 计算机网络技术与应用[M]. 北京：机械工业出版社. 2012.
[37]   董吉文. 计算机网络技术与应用（第 3 版）[M]. 北京：电子工业出版社. 2018.
[38]   许圳彬，等. IP 网络技术[M]. 北京：人民邮电出版社，2012.